浙江省高职院校"十四五"重点立项建设教材

U0653765

0—3岁婴幼儿

生活照护与回应

（第二版）

主 编◎郝焕香 陆 艳

副主编◎赵芝芝 肖苗苗 周 如

参 编（按姓氏笔画排序）

于 飞 王红灵 闫迎芝 杨 桔 赵燕芝

祝 悦 高玉英 郭钊洁 蒋雨琪

上海交通大学出版社
SHANGHAI JIAO TONG UNIVERSITY PRESS

内容提要

本书是婴幼儿托育专业核心课程的教材,以回应性照护为核心,系统阐述 0—3 岁婴幼儿生活照护的实践方法。全书突出职业特色与实操性,融入情境化教学理念,适应职业教育需求。全书共包含八个项目模块,分别为 0—3 岁婴幼儿回应性照护概述、婴幼儿进餐照护与回应、婴幼儿饮水照护与回应、婴幼儿清洁照护与回应、婴幼儿睡眠照护与回应、婴幼儿出行照护与回应、婴幼儿家庭日常护理与回应、婴幼儿家庭常见意外伤害照护与回应。每个模块包含以下教学环节,包括任务情境、任务目标、知识储备、任务实施、任务评价 5 大部分,另有教学设计方案、课件等资源可供教学参考。书中有大量的微课资源,读者可扫描书中二维码进行观看。本书既可作为职业院校中婴幼儿托育服务与管理、早期教育、学前教育等相关专业的教材,也可供托育机构的管理人员及保教人员参考使用。

图书在版编目(CIP)数据

0—3 岁婴幼儿生活照护与回应 / 郝焕香,陆艳主编.
2 版 . —— 上海:上海交通大学出版社,2025.6.
ISBN 978-7-313-32933-2
Ⅰ.TS976.31
中国国家版本馆 CIP 数据核字第 2025DF5926 号

0—3 岁婴幼儿生活照护与回应(第二版)
0-3 SUI YINGYOU'ER SHENGHUO ZHAOHU YU HUIYING(DI-ER BAN)

主　　编:郝焕香　陆　艳
出版发行:上海交通大学出版社　　　　　地　　址:上海市番禺路 951 号
邮政编码:200030　　　　　　　　　　　电　　话:021-64071208
印　　制:上海万卷印刷股份有限公司　　经　　销:全国新华书店
开　　本:787mm×1092mm　1/16　　　　印　　张:13.75
字　　数:323 千字
版　　次:2023 年 8 月第 1 版　2025 年 6 月第 2 版　　印　　次:2025 年 6 月第 3 次印刷
书　　号:ISBN 978-7-313-32933-2　　　　电子书号:ISBN 978-7-89564-341-3
定　　价:72.00 元

　　本书是婴幼儿托育服务与管理、早期教育、学前教育等相关专业核心课程的教材，聚焦婴幼儿生活照护与回应，属于"婴幼儿托育服务与管理"系列精品教材。第一版于2023年8月由上海交通大学出版社出版，使用后教学反馈效果良好，得到相关高校、行业和企事业单位学习者的高度认可，2024年入选浙江省高职院校"十四五"第二批重点立项建设教材。

　　在第一版的基础上，本版主要在以下方面作了补充和修订：

　　1. 课证贯通、精选真题

　　遵循"岗课赛证"融通理念，教材实训模块增加历届"一带一路"暨金砖国家技能发展与技术创新大赛、各省市职业院校技能大赛等赛事真题。通过"以赛促学"方式，强化学生实操能力，深度融合"产教融合、科教融汇"的要求。教材内容重点选取婴幼儿进餐照料、睡眠护理、清洁照护、出行照护等核心技能，并同步对接保育师、婴幼儿发展引导员等职业资格标准，助力学生实现"课证贯通"的培养目标。

　　2. 探新求变、智汇云端

　　参照国家卫生健康委《婴幼儿早期发展服务指南（试行）》（2024年）的核心要求，教材以"回应性照护"和"早期学习机会"为双主线，有机融入神经科学、发展心理学及教育学的前沿成果。同时，依托人工智能技术（如DeepSeek数据优化），联合行业、企业共建"德技并修"课程资源体系。教材更新图片、甄选案例，并通过真实场景、情景模拟等教学手段，建设校级在线精品课程"婴幼儿回应性照护"，打造"思政融入、虚实结合"的线上线下立体化学习环境。

　　3. 科学编排、知行合一

　　立足"教、学、做、评"一体化，教材转化为学材。每一章节梳理以工作任务为中心的项目化任务，包含任务情境、任务目标、知识储备、任务实施、任务评价等环节，并结合岗课赛证真题演练，由浅入深、由简单到复杂。同时，增添演练环节实操步骤与任务评价，实现从"会"到"懂"、从理论到实践的转化。在内容更新上，增加项目一"婴幼儿回应性照护概述"，详细介绍回应性照护的内涵、理论依据、发展过程和评估方法等内容，并与其他项目相互衔接、相得益彰，同时补充思政专栏，以提升学生对婴幼儿照护服务理念的理解力。此外，与其他项目相互衔接、相得益彰。在内容选取上，注重工作实例与知识点的结合，推动学习内容向学习活动转化。评价方式结合形成性评价与终结性评价，兼顾学生增值性评价。

本书共包含八个项目，陆艳负责项目一、项目二的编写；郭钊洁负责项目三的编写；闫迎芝、肖苗苗负责项目四的编写；于飞负责项目五的编写；杨桔负责项目六的编写；周如、蒋雨琪负责项目七的编写；赵芝芝负责项目八的编写；赵燕芝、祝悦、王红灵负责拍摄、更新在线资源；陆艳、高玉英、郝焕香负责审定全稿。

本书编写得到了嘉兴诺米职业技能培训有限公司、嘉兴新灵职业技能培训学校、嘉兴优爱蓓母婴服务有限公司、嘉兴喜悦嫂母婴服务有限公司等校企合作单位的大力支持，同时，本书参考借鉴了诸多前辈、同行的研究成果，在此一并致以诚挚谢意。

本书出版工作获得浙江省高等教育学会教材建设分会高职院校"十四五"第二批重点教材建设项目、浙江省教育厅访问工程师项目（幼儿社会情感技能问题行为个案研究、非遗技艺在手工课程中的探索实践）、嘉兴南洋职业技术学院智慧康养专业群优势专业建设等项目的支持与指导。

由于编写水平有限，书中或存在不足之处，敬请广大读者批评指正。

编写组

2025 年 1 月

目 录

项目一　婴幼儿回应性照护概述

任务一　婴幼儿回应性照护的内涵及理论依据

一、任务情境

在某托育机构中，教师观察到 2 岁幼儿轩轩有一些特殊的行为表现。在自由活动时，轩轩总热衷于反复将积木垒高又推倒，对于其他小朋友邀请他一起玩新游戏的提议置若罔闻。进行集体活动唱歌时，轩轩会突然大声尖叫，打断活动进程；当老师试图安抚他时，他会哭闹并推开老师。用餐时，轩轩只吃自己喜欢的几种食物，对其他食物一概不碰，若老师劝说，他就会把碗推开。

请结合回应性照护的内涵和不同理论视角，分析轩轩的行为，并提出相应的照护建议。

二、任务目标

知识目标：（1）掌握回应性照护的内涵。
（2）掌握不同理论视角下回应性照护与儿童发展的关系。
技能目标：能够判断照护方式是否符合回应性照护原则，并提出改进建议。
素养目标：（1）树立科学的婴幼儿照护观念，认识到回应性照护的重要价值。
（2）培养关爱婴幼儿的情感和社会责任感，以积极、耐心、敏感的态度为其提供优质的回应性照护。

三、知识储备

（一）回应性照护的内涵

2019 年 4 月 17 日，国务院办公厅正式发布《关于促进 3 岁以下婴幼儿照护服务发展的指导意见》（以下简称《指导意见》），首次提出"婴幼儿照护"的概念，拉开了托育元年的帷幕。随着全面"二孩""三孩"政策等相

知识链接
静止脸效应

关政策的出台，提供高质量的托育照护服务逐渐成为婴幼儿托育机构普遍的价值追求。在 2018 年的世界卫生大会上，世界卫生组织等国际机构明确了以"健康、营养、安全、回应性照护和早期学习机会"为核心内容的养育照护策略，将回应性照护纳入五大养育要素之一，如图 1-1 所示。国家卫生健康委 2021 年颁布的《托育机构保育指导大纲（试行）》将"积极回应"作为托育机构保育工作应遵循的基本原则之一正式提出，由此凸显了回应性照护在婴幼儿早期发展中的重要地位。

图 1-1　五大养育要素

目前，学术界对回应性照护这一概念的表述不完全一致。美国学者芭芭拉（Barbara）认为，回应性照护是指照护者为婴幼儿提供温暖、稳定且回应及时的学习环境，采用适合婴幼儿发展阶段的方式，以积极、尊重、接纳的态度，及时、快速且恰当地对婴幼儿的需求作出反应。拉希德（Rasheed）和兰德瑞（Landry）等学者认为，回应性照护是照护者对婴幼儿的行为及信号提供适当反馈的一种互动性的积极照护实践。这些阐释都十分关注照护者对婴幼儿感受、想法、能力的敏感性，以及对婴幼儿当前状态回应与支持的适宜性。其中特别强调，照护者要注意观察婴幼儿的表情、声音、动作和口头请求等线索，并在敏感了解和准确解读的基础上，通过眼神、微笑、肌肤接触、言语等形式对其生理和心理需求做出及时且恰当的回应。

综上所述，我们将回应性照护概括地界定为：照护者在营造积极情感氛围的基础上，有意识地观察并敏感捕捉婴幼儿发出的暗示或信号，准确解读其需求，进而以适合其发展阶段及个体特征的方式，作出及时、恰当的反馈和应答，从而满足婴幼儿身心需求，支持其学习与发展的互动性照护方式。

（二）不同理论视角下的回应性照护与儿童发展

0—3 岁的婴幼儿处于身心发育与发展的重要时期，其大脑的发育以及依恋、安全感、自我意识、认知、语言等方面的发展都十分迅速。各种发展理论及大量实证研究都证实了回应性照护对婴幼儿学习与发展的重要价值。其中比较有代表性的理论包括：婴幼儿早期大脑发育理论、依恋理论、人本主义理论和社会文化理论。

1. 早期大脑发育相关理论视角下的回应性照护

婴幼儿时期是大脑发育最快的阶段。新生儿的脑重量为 350～400 克，1 岁时约达成人脑重量的 2/3，3 岁时脑重量接近成人水平。婴幼儿大脑发育主要表现为神经元分化、突触的形成与修剪、神经纤维发育、神经纤维髓鞘化的过程，其中环境刺激对于脑组织的发育具有关键作用。大脑神经细胞的突触数目在出生后呈快速增长趋势，2 岁时达到峰值。神经突触的延伸促进神经元间的相互连接，这是大脑发育的基础，早期的环境刺激能有效促进神经元突触的形成。婴幼儿通过与环境的充分互动获得充足刺激，从而推动神经元突触数量的快速增长。

　　镜像神经系统的脑功能成像研究表明，人类大脑中的镜像神经系统能够将他人行为的感觉表征转化为观察者大脑中对应的运动表征，这一机制构成了人类模仿学习的神经基础。新生儿在早期发展阶段即可通过观察照护者的行为进行动作模仿，如目光对视、皱眉、吐舌等。日常亲子互动中，照护者变换面部表情和语调能够有效激活新生儿镜像神经系统，这种神经激活不仅有助于新生儿建立安全型依恋关系，更能促进其早期人际交往能力的发展和情绪智力的培养。

　　婴幼儿时期是遗传和环境因素相互作用的关键阶段，遗传因素赋予儿童生长发育的潜在可能性，而回应性照护则通过照护者在日常照料、喂养和陪伴中，提供有利于婴幼儿早期学习和发展的环境与条件，使其发展潜能得到最大限度的开发和发挥。新生儿在体格发育、认知发展、情绪调节及社会适应方面均在此阶段快速发展，这一关键时期的环境刺激不仅能促进各器官系统生物学功能的完善，更将对其终身发展轨迹产生具有代际传递效应的影响。因此，回应性照护对于婴幼儿大脑的发育具有不可替代的作用，充分体现环境因素在神经发育过程中的关键影响力。

　　2. 依恋理论视角下的回应性照护

　　依恋通常是指婴幼儿与特定的照护者（通常是父母）之间形成的感情联结。英国精神分析师约翰·鲍尔比（John Bowlby）认为，婴儿在母婴互动中所建立的依恋行为系统对婴儿来说具有重要的意义，这一系统不仅能协调并维持婴儿与依恋对象的亲近状态，更能通过获得依恋对象的积极回应，帮助婴儿建立依恋安全感，从而成为婴儿与他人交往和探究物理环境的"安全基地"。研究婴幼儿依恋行为的玛丽·安斯沃思（Mary Ainsworth）认为，感情联结建立的关键变量是照护者对婴儿所发出的信号的敏感性及敏锐反应。由此可见，依恋理论证实了早期回应性照护对建立良好依恋关系的重要性，进而为婴幼儿提供安全感。这也很好地解释了回应性照护中所强调的积极、温暖的相互关系与持续、恰当回应的重要性。

知识拓展

安斯沃斯"陌生情境"实验

　　为了验证和扩展鲍尔比的理论，安斯沃斯设计了"陌生情境"实验，用以研究照护者的教养特征对亲子依恋类型形成的影响。安斯沃斯将婴儿的依恋类型划分为3种：安全型依恋属于良好、积极的依恋模式，而矛盾型和回避型依恋则属于消极、不安全的不良依恋。后续研究者在原有分类基础上提出了第四种类型——混乱型依恋，其特点是婴儿对母亲的行为缺乏一致的应对策略，表现出混乱且矛盾的行为特征（见表1-1）。

表 1-1   不同依恋类型与父母教养特征的关系

类型	特点				教养特征
	母亲在身边时	陌生人在场时	母亲离开时	母亲回来时	
安全型依恋（65%）	自由地对周围环境进行探索，不总是依靠在母亲身边	友好地接近陌生人并对其作出积极反应	探索行为明显受到影响，会感到焦虑与痛苦	立刻主动寻求与母亲亲近，经安抚后很容易从痛苦中恢复，并继续玩游戏	（1）父母对婴幼儿的需要比较敏感，态度积极（2）经常与婴幼儿互动，一起做相同的事，为婴幼儿的活动提供情绪的支持，并常常激励婴幼儿
回避型依恋（20%）	不在乎母亲是否在身边，与母亲没有形成亲密的感情联结	更容易离开母亲，融入陌生环境中	没有表现出明显的反抗与分离焦虑	不予理会，更不会主动接近母亲，对于母亲主动亲近自己的行为，他们会采取转身离开等回避行为	（1）父母对婴幼儿的需求不敏感，表现消极，很少满足婴幼儿的需求（2）很少从与婴幼儿的亲密接触中获得乐趣（3）对婴幼儿过分热情、刺激过度，经常对婴幼儿喋喋不休，强行给他们制造某些需要，让婴幼儿不堪其扰
矛盾型依恋（10%）	常依偎在母亲身边，不能自由地探索环境	对陌生人保持警戒，即使母亲在身边也是如此	母亲离开前就表现出高度的警惕，一旦母亲离开，就会出现强烈的分离焦虑与反抗	很难从痛苦中恢复，同时表现出寻求与母亲的接近和反抗接近的矛盾态度与行为	父母的教养方式通常不一致，对婴幼儿时而热情时而冷淡。如此，婴幼儿会对父母的态度和方式感到绝望，为了获得关注，他们要么黏住父母，要么哭闹，如果一切努力都无效，他们就会变得愤怒、怨恨
混乱型依恋（5%）	这是最不安全的依恋类型，混合了回避型与反抗型两种类型的特点，常表现出矛盾与混乱的行为反应：他们想接近母亲，但当母亲靠近时又离开；当接近母亲时表现出茫然和忧郁的表情或奇怪的姿势；被安抚后可能又会大哭起来。在多数情况下，他们看起来不知所措，并常用一些迷茫的表情来表达自己的情绪				通常会忽视婴幼儿的需求，或者对婴幼儿有身体上的虐待。这样的父母常可能患有严重的抑郁症，自己就会经常出现恐惧的、矛盾的、令人不愉快的情绪

已有的研究表明，托育教师对婴幼儿信号的敏感捕捉与恰当回应，有助于婴幼儿建立对教师的信任感和在托育机构中的安全感。而这种安全感对婴幼儿的同伴关系、情绪健康及认知发展均具有积极影响。因此，在托育机构中，托育教师与婴幼儿通过回应性照护与婴幼儿建立安全依恋关系，对婴幼儿的学习与发展具有至关重要的作用。

知识链接
哈洛恒河猴
实验

3. 人本主义理论视角下的回应性照护

人本主义强调人的自我实现、情感和主观体验等。二十世纪三四十年代，美国心理学家、行为主义心理学创始人约翰·华生（John Watson），提出了一个颇具影响力的理论："孩子对爱的需求，源自他对食物的需求，满足了他对食物的需求，就满足了他对爱的需求，所以母亲只需要给宝宝提供足够食物就可以了。母亲不能和孩子过度亲密，过度亲密会阻碍孩子的成长，使孩子在成人后非常依赖母亲，从而难以独立，难以成才。"为此，华生还专门撰写了《婴儿和儿童的心理学关怀》一书。这套理论在二十世纪三四十年代风靡美国，进而影响到西方多国，其衍生出哭声免疫法、延迟满足法及婴儿独立睡眠法等育儿方法均源于此核心理念。美国著名的比较心理学家哈里·哈洛（Harry Harlow）提出了质疑，并通过著名的"哈洛恒河猴实验"推翻了这一观点。哈洛认为爱源于接触，而非食物供给。接触所带来的安慰感是构成母爱的核心要素之一。母爱的本质，绝对不是简单地满足婴幼儿的心理需求，其本质在于接触性关怀——包括拥抱、抚摸、亲昵。所以，父母对孩子的养育，不能仅停留在喂的层次上，要想孩子能够健康成长，就一定要为他提供触觉、视觉、听觉等多种接触性关怀。

哈洛的研究关注到了恒河猴的情感需求、安全感等方面，如证明了"接触所带来的安慰感"是爱最重要的元素，这与人本主义心理学重视情感体验和个体内心体验的观点有相通之处。基于这一研究成果我们提出以下建议：最大限度保持母婴亲密接触，尽可能采用母乳喂养，并尽可能多地与婴幼儿进行肌肤、目光的接触，拥抱、抚摸等肢体互动会让婴幼儿体会到照护者的关心，满足其对温暖、安全及爱的需求；在婴幼儿的成长过程中，照护者要多陪伴孩子，与婴幼儿进行游戏互动，并及时恰当地回应婴幼儿的各种需求信号，使婴幼儿建立积极的自我价值感；尽量避免照护者与婴幼儿的长期分离，长期分离造成的"分离焦虑"对婴幼儿心理的正常发展有明显的消极影响。照护者应主动承担起抚养、教育婴幼儿的责任，如果必须分离，应与婴幼儿做好沟通并果断离开。

当然，过度依赖对婴幼儿的成长只会有害无益，因此，一定要帮助他们改掉依赖他人的习惯。比如，教育婴幼儿自己的事情自己做，并坚持让他们做一些力所能及的事情。一些照护者很享受婴幼儿的依赖，觉得婴幼儿是因为爱自己才依赖自己，如果婴幼儿突然不依赖自己或依赖他人反而觉得失落。这样的想法是错误的。由于年龄小，婴幼儿很多事情其实并不能真正做好，面对这样的情况，照护者不可一味地批评，而是要多给予肯定、鼓励，给婴幼儿以独立做事的勇气和积极性。

4. 社会文化理论视角下的回应性照护

维果茨基（Лев Семёнович Выготский）的社会文化理论强调文化环境及人际互动对儿童发展的重要影响。这一理论解释了回应性照护过程中教师为婴幼儿提供认知刺激与教学支持的重要性，即当教师对婴幼儿当前的需求、兴趣和"最近发展区"保持敏感，并提供适当水平的支持和挑战时，他们的学习与发展就会得到优化。例如，已有研究表明，教师在回应性照护过程中使用的语言、对婴幼儿反馈的质量，以及对婴幼儿信息推理和分析的帮助与促进，在塑造儿童的接受性语言、早期读写能力和解决问题能力方面发挥着重要作用。此外，大量研究表明，成人对儿童的认知、情感状态等方面保持敏感回应，有助于促进其认知、自我调节、社会性和语言等方面的发展。

四、任务实施

（一）任务分析

任务情景中的轩轩行为是他表达自身需求和情绪的信号。反复垒高又推倒积木，可能是他对探索物体运动和空间关系感兴趣；集体活动时的尖叫可能是他难以融入活动，通过这种方式引起关注；用餐时的挑食和抗拒，是对食物选择的明确表达。但当时的照护者可能没有及时、准确地解读这些信号并作出恰当的回应。

（1）早期大脑发育相关理论视角：这个阶段的轩轩正处于大脑快速发育时期，反复进行垒积木动作，可能是通过这种方式刺激大脑神经突触的形成和发展，锻炼空间认知能力。而尖叫和抗拒等行为，可能是他还尚未具备足够的能力来调节自己的情绪和表达需求，大脑的情绪调节和语言表达相关区域发育尚不完善。

（2）依恋理论视角：轩轩推开老师的安抚，可能反映出他与老师之间尚未建立起安全型依恋关系。在以往与照护者的互动中，照护者可能对他的需求回应不够及时和敏感，导致他缺乏安全感，从而对他人的安抚产生抗拒。

（3）人本主义理论视角：轩轩在行为中展现出对自身兴趣（积木）和食物偏好的坚持，这体现了他的主观体验和情感需求。但照护者可能没有充分尊重他的这些需求，只是从常规的集体活动和饮食要求出发，没有给予他足够的情感关怀和自主空间。

（4）社会文化理论视角：轩轩难以融入集体唱歌活动，可能与他所处的家庭文化环境和托育机构的文化氛围差异有关。家庭可能较少参加集体唱歌这类活动，导致他不适应托育机构的集体活动形式，不知道如何参与。

（二）任务操作

回应性照护实践：老师需要更加细心地观察轩轩的行为。当他垒积木时，可以在旁边用温和的语言与他交流，比如，"轩轩，你看积木垒得这么高，好厉害！要是再放一块会怎么样呢？"对他的行为给予积极回应。在集体活动中，可以先了解轩轩不参与的原因，可以轻声询问："轩轩，你为什么不想唱歌呀？"并根据他的回答给予个性化引导。用餐时，要尊重他的食物选择，但可以用有趣的方式介绍其他食物，比如："这个胡萝卜像小兔子最爱吃的，你要不要尝一口？说不定你也会喜欢呢。"而不是强行劝说。

早期大脑发育相关理论应用：提供更多种类的积木和其他探索类玩具，充分满足轩轩对空间关系的探索需求，促进神经突触的联结和大脑发育；当轩轩情绪激动时，通过轻柔的触摸、平稳的语调帮助他调节情绪，促进大脑情绪调节中枢的发育。

依恋理论实践：老师在日常多给予轩轩温暖的陪伴，如每天固定时间一起看绘本，帮助建立信任关系；当轩轩需要安抚时，以耐心和温柔的态度回应，让他逐渐接受并依赖老师的安抚，从而形成安全型依恋。

人本主义理论实践： 尊重轩轩的兴趣和选择，在保证安全和基本规则的前提下，给予他适度的自主空间；当他完成一项任务（如成功搭好积木造型）时，及时给予肯定和鼓励，增强他的自我价值感。

社会文化理论实践： 与轩轩家长充分沟通，了解其家庭的日常活动和文化氛围，并在托育机构中适当融入一些家庭熟悉的元素，帮助轩轩更好地适应集体环境；在集体活动开始前，可用简单易懂的语言向轩轩说明活动内容和规则，提前建立心理预期。

赛证真题
1-1

五、任务评价

从自评、他评和教师评价等角度对任务实施过程进行点评（见表1-2）。

表1-2 任务实施评价

项目	操作要求	回应性照护要点/说明	是否做到
操作准备	语言表达是否清晰、有条理，各理论视角的分析和建议之间过渡是否自然，是否存在逻辑混乱或前后矛盾的情况	/	□是□否
	是否能提出独特、新颖的观点或方法，不拘泥于常规思路	/	□是□否
操作过程	观察记录是否涵盖轩轩在托育机构一天中的各个活动环节，行为细节记录是否详细准确	了解现状	□是□否
	能否准确运用回应性照护内涵及不同理论对轩轩的问题进行分析，分析是否全面、深入	从不同理论视角下分析回应性照护的重要性	□是□否
	提出的照护建议是否具有针对性、可操作性和实际指导意义，如针对依恋理论分析出轩轩与老师尚未建立安全型依恋关系，提出每天在固定的时间一起看绘本建立信任关系的建议	实际需求	□是□否
	是否符合托育机构的实际情况和轩轩的个体需求	尊重、个性化	□是□否
操作整理	观察照护计划实施后，轩轩在社交互动、情绪调节、集体活动参与度等方面的实际改善情况，轩轩主动与其他小朋友互动的次数是否增加，在集体活动中的焦虑情绪是否明显减少，参与集体活动的积极性是否提高	/	□是□否

任务二　0—3岁婴幼儿回应性照护的要素、实施路径及测量工具

一、任务情境

　　某托育机构中，2岁的明明在自由玩耍时，不小心把积木弄倒了。他看着散落的积木，有点不知所措。此时，托育老师走过去，对明明说："没关系，我们一起把积木捡起来，重新搭一个更漂亮的，好不好？"明明听后点了点头，和老师一起捡起积木。在搭建积木过程中，明明搭得不太稳，积木总是倒。老师没有立刻帮忙，而是鼓励他说："你已经做得很棒啦，想想怎么搭能更稳呢？"最后，明明在老师的鼓励下，成功搭出了一个小房子。

　　任务：请根据上述案例，分析托育老师的行为体现了回应性照护的哪些要点。

二、任务目标

知识目标： 掌握婴幼儿回应性照护的要素，实施路径及测量工具。

技能目标： 能准确将回应性照护要素应用于实践。

素养目标：（1）树立科学的儿童发展观，尊重婴幼儿发展的自然规律。

　　　　　　（2）具备跨文化意识，思考如何结合我国文化背景开发本土化评估工具。

三、知识储备

（一）婴幼儿回应性照护的要素

1. 积极的相互关系是回应性照护的前提

　　"教育的本质是一棵树摇动另一棵树，一朵云推动另一朵云，一个灵魂唤醒另一个灵魂"。唤醒的力量发轫于良好的情感氛围与积极的关系，而这种氛围与积极的关系正源于日常活动。日常生活中，有很多人认为回应性照护强调的是照护者的被动反应，却忽视

了照护过程中的主动行为。"反应"通常是指由外界刺激引起的相应活动,往往是不假思索的,倾向于一种固定的行为模式。

然而,回应性照护绝不应是机械的流水线操作,婴幼儿的需求是因人而异、因时而变、因情况而变的。因此,回应性照护是一个由照护者发挥重要作用的、双方"有来有往"的良性互动过程。教师应把自身视为回应性照护环境的主动发起者与创造者,并在互动中发挥促进后续沟通的重要作用。照护者在每次照护前,应先用恰当的语言及肢体动作向婴幼儿表明即将要做什么,待婴幼儿通过表情、动作、眼神或声音回应后,照护者再进行进一步的解读与互动。这样的互动链有助于照护者和婴幼儿之间形成以关系为核心的回应性照护。在这段高质量的互动中,婴幼儿获得充分的安全感与信任感,为其日后自主性、主动性的发展奠定基础。由此可见,建立"关系"是婴幼儿回应性照护的前提。

那么如何建立积极的相互关系呢?无论入户托育还是机构式托育,照护者都应具备真诚与温情、尊重与共情、接纳但不纵容的态度,以此营造温馨的情感氛围,建立积极的关系(见图1-2)。

首先,照护者要对婴幼儿表现出发自内心的关注、兴趣与友好,通过微笑、轻抚等非言语方式传递温暖,并坦诚、适时地鼓励婴幼儿,根据不同的婴幼儿的特点及具体情境作出恰当回应,从而让婴幼儿感受到真诚与温情。

图1-2　良好的情感氛围与积极的关系(WPS AI生成)

其次,照护者要尊重婴幼儿并能与之共情,相信他们的学习和行动能力,允许婴幼儿自由探索、独立思考和解决问题,设身处地地站在婴幼儿的角度看待和理解问题,与他们保持交流,了解他们的感受。在日常照料中,我们可以看到,虽然婴幼儿需要被照护、被呵护,但这种印象往往容易让照护者忘记他们同样需要被尊重的事实。照护者应以尊重为前提的、双向的互动方式,帮助婴幼儿建立安全感和信任感。这种尊重体现在照护时的态度和行为中,比如在喂养12个月左右的婴儿时,若照护者忽视其自主进餐的需求,禁止其触摸食物,且一言不发地将其抱到餐椅上,生硬地将食物送入其口中……

这时，婴儿的体验一定是被动而消极的。也就是尽管照护者认为自己提供了"关爱的照料行为"，但对婴幼儿而言，他们未必能感受到真正的关爱与尊重。照护者与婴幼儿之间的互动应如同一场乒乓球比赛，通过"发球—接球—发球"的方式形成良性互动链。

再次，照护者要无差别地接纳所有婴幼儿，无论他们表现出何种行为状态、气质或性格，都应做好心理、认知与行为的回应准备。这种接纳不等于纵容婴幼儿的破坏性或伤害性行为，而是要做到既充分接纳个体特点，又适时引导其发展适宜行为。

知识拓展

营造良好的情感氛围，建立积极的师幼关系

北北入托的第二天，哭闹仍然很严重。带班的两位老师便采取了一系列应对措施来缓解北北的分离焦虑。首先，老师真诚地接纳北北的紧张、不安与烦躁情绪，在与她交流时语气充满爱意，关切地问道："你很想妈妈，是吗？""妈妈不在身边，你有点烦躁对不对？"同时，尝试环抱、抱起来、轻抚头部、拍背等肢体接触。尽管北北一直哭闹要"找妈妈"，老师仍耐心告诉她："妈妈在上班，下班后来接你。"虽然北北尚不能接受这个解释，但老师知道她能理解，只是需要时间适应。随后，老师通过灵活而有层次的方式转移北北的注意力。例如，老师表现出对玩具的浓厚兴趣，以此感染北北，激发其好奇心。在此过程中，老师时刻关注着北北注意力的变化，当发现她又要陷入分离焦虑时，便立刻用其他的玩具、图书或身边的小朋友来转移其注意力。最终，北北在两位老师的耐心陪伴下逐渐平静，最终加入了其他小朋友的游戏中。

在此案例中，教师对婴幼儿情绪的接纳、安抚与陪伴，有助于婴幼儿确信教师是关爱自己的可信赖人，周围环境也是安全的，即使父母暂时不在身边，也会有值得信赖的人来照顾自己。帮助婴幼儿适应托育机构生活并非一朝一夕之事。教师不仅要充满爱心、温情与耐心，保持敏感，更要根据婴幼儿的具体反应灵活调整应对策略。

2. 敏感观察与需求识别是回应性照护的基础

日常生活中，照护者对婴幼儿行为信号的敏感性存在显著差异。主要表现为：对婴幼儿直接的语言和非语言求助信号的敏感回应表现尚可，但容易忽视其困惑、心不在焉、没有直接求助时的各种暗示及其他非求助信号。观察发现，当婴幼儿主动寻求帮助时，照护者一般会有所关注，但当个体因兴趣丧失、情绪低落、能力缺乏而需要关注、安慰和支持时，照护者往往难以注意到。婴幼儿一些"悄无声息"、不会扰乱班级秩序且符合成人期待的表现，照护者也容易忽略。

在回应性照护实践中，照护者既是婴幼儿发展的引导者，也是其发展进程的支持者。所有回应行为都应基于对婴幼儿的真实需求的准确理解。由于婴幼儿年龄尚小，往往无法用语言清楚地表达自身需求。因此，观察是照护者对婴幼儿进行回应性照护的基础，而如何观察则是照护者应首要关心的问题。从理念上说，照护者不仅要客观地用"苍鹰一般的视角俯瞰"关注婴幼儿的整体发展，也要以"蚂蚁般的触觉"敏锐细致地观察、分析婴幼儿某一方面的发展。不仅要观察婴幼儿"说了什么，怎么说的"，还要观察他们

"做了什么，怎么做的"，从言行举止、表情动作、手势和声音中了解婴幼儿的内心需要，有意识地运用所有感官来捕捉婴幼儿释放的各种信号。

在方法上，照护者要在明确观察什么（观察的目标）、观察谁（观察对象）、怎么观察（观察方法）以及确定观察的时间及地点（观察的场景）等方面做好充分准备。在烦琐的生活照料中，照护者很难抽出一段完整的时间，静下心来观察婴幼儿，这就要求照护者具备敏锐的观察力快速捕捉其行为信号，然后进行快速且细致认真的分析。如在日常喂养中，照护者要敏锐地观察婴幼儿拿勺的动作、上厕所时的表情以及讲话时的音量、语气等外显行为，然后根据这些具体的行为线索细致分析婴幼儿的发展需求，并提供相应的照护支持（见图 1–3）。

图 1–3　敏感观察和需求识别（WPS AI 生成）

3. 精准解读和回应适宜是回应性照护的关键

在日常生活中，一些照护者将回应性照护理解为婴幼儿发出信号后照料者一定要有所作为，不能"不作为"。例如，当婴幼儿在自由游戏环节发生冲突时，托育教师倾向于选择立即介入并将双方分开，他们认为"短暂的等待"——给婴幼儿自行解决问题的时间和空间不符合回应性照护的要求。事实上，回应性照护的核心是照护者可以准确感知婴幼儿的感受、想法及能力水平，并能提供适合其当前状态的回应与支持，既增强照护者的积极性与主动性，又以回应与支持的适宜性为关键。因此，切不可为了"及时回应"而忽视了"适宜性"。

如何才能保证回应的适宜性呢？这就需要照护者能精准解读婴幼儿的真实需求。

首先，照护者应熟悉 0—3 岁婴幼儿学习与发展领域的相关内容，这直接影响对婴幼儿行为的解读视角。照护者应在把握其年龄特点的基础上，对所发生的事件进行合理解释，根据婴幼儿的气质、个性特点、行为状态搜集关键线索，通过持续有效的积极关注和真诚沟通，逐步实现对其需求的准确理解。若缺乏相关专业知识，照护者可能会下意识地将 9 个月左右的婴儿抢成人勺子的行为视为"不乖"，而忽视了其手部小肌肉动作的发展及自主意识的萌芽。准确解读婴幼儿发出的信号，需要我们熟练、灵活地运用经过实践检验的婴幼儿发展理论，将专业实践认知和婴幼儿的具体行为有机结合。

其次，要在具体情境中解读婴幼儿的行为。婴幼儿的行为总会受到周围环境和事物的影响。不同情境下，婴幼儿做出同一行为或许有不同的原因；同一情境下，不同婴幼儿的行为反应也可能完全不一样。例如，同样是进食过程中的抗拒行为，可能源于已经吃饱了，有时是因为想独立进餐，也有可能是受情绪影响而不愿意进餐。借助具体的生活照料活动，活用婴幼儿发展理论，我们才能从"走近"婴幼儿到真正"走进"婴幼儿的世界。

最后，照护者应基于婴幼儿年龄特点与身心发展规律，结合具体情境灵活运用回应策略。例如，当婴幼儿入托后，托育教师可主动问候，有意识地创造对话机会，耐心倾听，提出有意义的问题并作出回应来扩展互动的内容，同时注重语言的丰富性。当婴幼儿通过自身努力获得小成就时，教师应给予积极、恰当的表扬。教师的反馈越具体和个性化，说清楚到底哪里做得好，就越能让婴幼儿感受到自己的努力带来的喜悦，从而增强自我效能感。此外，托育教师除了要对那些主动、反应灵敏的婴幼儿积极回应外，也要去主动关照那些不太活跃、沉默、胆怯的婴幼儿，根据婴幼儿不同能力水平制订富有弹性的活动计划，不断调整自己的言语表达以适应婴幼儿之间不同的理解水平，努力确保班上所有的婴幼儿都能对游戏与活动保持兴趣，都能理解教师的意图和要求，都能获得愉悦感和能力感。

> **知识拓展**
>
> ### 提升回应性照护的适宜性与灵活性
>
> 派派面对抓娃娃机不知如何下手，他带着疑惑的表情抬起头，小声说了句："老师，你看……"教师回应道："怎么了？老师来看一看……这个需要你投币，然后摇把手就可以啦。"派派多次尝试后还是没有成功，心急之下便将手伸向出口去掏娃娃。教师看到后再次提示他："先投币，再左右移动，而不是画圆。"派派在教师的示范、引导下不断尝试，终于学会了玩抓娃娃机。
>
> 在自由游戏时，乐乐、水水在区角玩变形金刚。阳阳也很喜欢变形金刚，他看到水水手上的大黄蜂后就跑过去伸手抢。水水瞬间把大黄蜂举得很高。乐乐在一旁说："这是我俩一起玩的游戏，你不能玩！"阳阳开始蹦跳起来抢。水水把大黄蜂紧紧地抱在怀里。一顿拉扯之后，阳阳气愤地说："好！你不给我的话我就不跟你做朋友了！"最后水水也没有把大黄蜂给阳阳，而阳阳去了建构区。
>
> 在第一个案例中，教师给予幼儿引导和示范，而在第二个案例中，教师看似没有参与冲突的解决过程，但她对冲突的过程始终保持关注，基于她对这几位幼儿的了解和对当时情形的把握，作出了"不立刻介入"的回应，给了婴幼儿与同伴交往和解决冲突的机会。在两个案例中，教师基于具体情境采用了不同的策略，但都促进了婴幼儿的学习与发展。

4. 促进发展是回应性照护的落脚点

回应性照护旨在"促发展"。作为照护者，应树立科学的儿童发展观。首先，婴幼儿的发展是与周围环境相互作用的结果，我们要遵循其发展的自然规律。婴幼儿第一次照镜子时的咯咯大笑、第一次跌跌撞撞地走路……他们从一个什么都要依赖照护者的柔弱生命，成长为逐渐能独立行走、探索周围世界、操作周围各种事物、与周围人建立亲密关系的独立个体，这种发展并非完全是照护者有目的、有计划教育的结果，照护者刻意教授的内容也未必是婴幼儿感兴趣的、需要的，因此要警惕过分强调教育意图的活动，而是要将发展机会融入婴幼儿的日常照护之中。其次，要用耐心和欣赏的眼光看待婴幼儿的点滴进步。无法用清晰的言语表达自己、动作慢吞吞、自理能力差是婴幼儿在这一年龄段的典型特点，这时需要照护者耐心等待、细致观察，用心欣赏婴幼儿发展过程中的精彩和美妙，感受婴幼儿内在成长的力量，进而因材施教，促进他们全面发展（见图1-4）。

图1-4　促进发展（WPS AI 生成）

（二）婴幼儿回应性照护的实施路径

1. 创设真实、自然、可互动的日常照料环境

丰富适宜的环境能够有效刺激婴幼儿的感知觉发展，促进其社会性及情绪情感的成长，同时锻炼使粗大动作和精细动作技能得到有效锻炼。创设真实、自然、可互动的日常照料环境是照护者的核心任务之一。"真实"不仅意味着环境创设要像家一般，给予婴幼儿亲切、温馨与舒适的体验，还希望照护者能用一颗纯净的初心和婴幼儿一同感受彼此的生命历程，坦诚面对并接纳自身及婴幼儿的不足。"自然"一方面强调要尽量投放低结构、纯天然的自然物，避免使用过多技术加工后的材料；另一方面还要求照护者尊重婴幼儿发展的内在规律，专注于婴幼儿所处的发展阶段，引导其自然发展。"可互动"是指保证环境、材料的丰富性和多元性，比如高与低、干与湿、喧闹与安静、软与硬等维度，注重环境可能引发的婴幼儿互动行为和人际交往。此外，还要营造宽松、安全的心理环境，引导婴幼儿与照护者、同伴之间形成以"关系"为核心的积极互动，帮助其建立对周围环境的信任感和安全感，以及发展自主性。

2. 学会等待，设定适宜的日常照料活动任务

日常生活照料活动往往是重复而烦琐的，照护者的重要任务之一就是在看似重复的生活照料中为婴幼儿提供不一样的经验。一方面，要适当放慢日常照料的速度，引导婴幼儿专注地感受当下的活动。照护者应将生活照护视为需要与婴幼儿合作完成的

过程。当婴幼儿出现"不合作"行为时，要谨慎使用成人惯用的转移注意力法来追求更快地完成照料任务，而是要敏锐地觉察婴幼儿行为背后彰显的个性和独立性，此时应放慢速度，不催促、不强加，鼓励婴幼儿积极参与当下的照料任务，以此增强其作为主动参与者、合作者的体验。

例如，面对 9 个月嘴里发出"哼啊"声并伸手着急要勺子的婴儿，照护者应放慢喂养速度，让其尝试自主进餐，而不是拿玩具转移其注意力以便快速完成喂养任务。另一方面，可通过设定照料任务来提高婴幼儿的参与度，让其逐渐从被照护者成为日常照料活动的主人。例如，对于 1.5 岁的幼儿，在脱裤子时可以示范性地只帮忙脱一半，剩下部分让他们自己尝试完成；对 2 岁左右的幼儿，在准备用餐时，可让其帮忙拿取餐盘和勺子。总之，尽可能地将照料任务分解成婴幼儿不同阶段"最近发展区"内可自主操作的活动。

3. 重新定义自身角色，做婴幼儿"脚手架"的提供者

照护者对自身角色的定位会影响其对婴幼儿照料时的态度和行为。照护者既不同于幼儿园阶段主要承担保育工作的保育员，也不同于专注于教育教学的教师。他们是婴幼儿生活的照料者，是与婴幼儿抱持、共情的陪伴者，是跟随婴幼儿发展的守护者，也是与婴幼儿共同活动的互动者，这些角色定位都指向促进婴幼儿的全方位发展。婴幼儿由于身心发展的不成熟，在日常生活中会面对很多问题，如不能熟练地进餐、不能熟练地提裤、穿鞋……但这些"问题"都是婴幼儿发展的机会。照护者要做婴幼儿"脚手架"的提供者。照护者在发现"问题"时，要准确判断介入时机，学会有选择地干预，既要避免打断婴幼儿的全身心投入，也不能因介入过晚而导致危险发生。照护者要意识到"脚手架"不仅能激发婴幼儿探索的积极性，也能支持其专注当下，并持续探究下去，使其获得实际体验与精神层面的双重满足。满足感是婴幼儿成长的内在精神奖励，它能够在下次遇到问题时被自动唤醒，继而成为问题解决的源动力。

（三）婴幼儿回应性照护的测量工具

国际上已有许多研究关注婴幼儿回应性照护的评估，应用较多的评估工具有母子互动观察（Observation of Mother-Child Interactions，OMCl）、回应性学习互动（Responsive Interactions for Learning，RIFL）、亲子互动评估量表（Caregiver-Child Interaction Rating Scale，IRS）。

1. 母子互动观察

母子互动观察由拉希德等于 2015 年编制完成，通过围绕绘本活动进行的 5 分钟母子互动的现场评分，用来评估 12 月龄和 24 月龄婴幼儿母亲回应性照护能力。该量表共 19 个条目（12 个母亲条目、6 个儿童条目、1 个共同条目），条目中涉及母亲和儿童行为两方面，包括母亲的情感、触摸、言语表达、敏感性等，儿童感受、注意力、沟通等内容。条目评分是基于观察到的行为的发生频率，0：从未发生；1：很少发生（1~2 次）；2：有时出现（3~4 次）；3：频繁出现（>5 次）。一个条目的得分范围为 0~3，总分范围为 0~57。分数越高，说明母亲对婴幼儿的回应性越高。量表具有良好的内部一致性，量表的总 Cronbach's α 系数为 0.88，母亲和儿童的维度 Cronbach's α 系数分别为 0.82 和 0.78，且具有良好的内容效度。

2. 回应性学习互动

回应性学习互动是由普赖姆（Prime）等于2015年编制，是一种观察性工具，用于量化照顾者的回应性照护水平。量表主要衡量照顾者的沟通清晰性、读心术与建立相互关系三个方面的能力。在评估过程中，评分者需要对母子二人5分钟的日常互动视频进行编码，条目的评分是基于观察到的回应性互动行为，每段视频评分为3分钟。量表共计11个条目，所有条目均采用Likert 5级评分，得分范围从1（"完全不真实"）到5（"非常真实"）。量表的Cronbach's α系数为0.92，且具有良好的内容效度。针对不同的照顾者，工具可分为父母版本和兄弟姐妹版本。该量表有巴西、葡萄牙及英语等多种语言版本。

3. 亲子互动评估量表

亲子互动评估量表由Anme等于2007年编制，是一种观察性的测量工具，由评估人员通过5分钟的养育者与儿童互动观察进行评估。量表涉及养育者和儿童各5个维度。养育者维度包括对儿童的敏感性、对儿童的回应性、尊重儿童的自主权、社会情感发展的培养、认知能力的培养。儿童的5个维度包括自主性、回应性、同理心性、运动管理、情感控制。量表采用Likert5级评分法，从"非常不同意"到"非常同意"分别计1～5分，得分加总后经线性转换为0～100分，得分越高表明亲子互动质量越高。此外，量表总Cronbach's α系数为0.94，各维度的Cronbach's α系数为0.62～0.80，具有良好的结构效度。

4. 婴幼儿回应性照护评价量表

该量表由黄楹等于2021年编制，用来评估0—4岁儿童家长的回应性照护水平。量表由16个条目组成，包括促进认知与情感发展、回应性、尊重儿童的自主性3个维度。采用Likert 5级评分法，从"非常不符合"到"非常符合"分别计1～5分，得分越高表示儿童家长的回应性照护水平越好。该量表的内部一致性良好，Cronbach's α系数为0.97，3个维度的Cronbach's α系数分别为0.95、0.93、0.91，并具有良好的结构效度和内容效度。

国外关于回应性照护的测量工具大多是观察性量表，需要经过专门培训的人员进行实施，可能受到观察者偏倚的影响。同时，开展回应性照护评价耗时长，且大多数评估父母回应性照护的工具是在西方国家开发和应用的，并不能完全适用于我国的基本情况。未来应结合我国文化背景，开发本土化的回应性照护质量评估工具，以更好地测量回应性照护的真实效果。

四、任务实施

（一）任务分析

2岁的幼儿明明正处于自我意识逐渐增强、好奇心旺盛、开始尝试探索和解决问题的阶段，但他们的动手能力和认知能力还不够成熟，因而需要照护者的引导和支持。在案例中，老师通过恰当的回应，帮助明明缓解情绪，引导幼儿积极面对问题，在解决问题的过程中促进其动作技能、认知能力、情感和社会交往能力的全面发展。

（二）任务操作

1. 建立关系与情感安抚

老师立即走到明明身边，蹲下身面带微笑，用温和、亲切的语气说"没关系"，通过语言和表情传递接纳与关心，让明明感受到老师的真诚与温情。接着主动提出"我们一起把积木捡起来"，以邀请明明共同参与，用平等的姿态建立互动基础，营造积极的相互关系，为明明提供情感支持与安全感。

2. 敏锐观察与需求捕捉

托育老师在托育机构日常活动中，时刻保持对婴幼儿行为的高度关注，用"苍鹰一般的视角俯瞰全局"关注整体，同时用"蚂蚁般的敏锐触觉"捕捉细节。当明明弄倒积木表现出不知所措时，老师立即察觉这一行为信号，准确识别出明明可能存在的情绪困扰以及对解决问题的需求。

3. 精准解读与适宜回应

老师根据2岁幼儿发展特点，精准解读明明搭建不稳积木这一行为。明白这个阶段幼儿正处于探索和发展动手能力、解决问题能力的关键期，直接帮忙不利于其成长。采用鼓励思考的方式回应，如说"你已经做得很棒啦，想想怎么搭能更稳呢"，既肯定明明的努力，又引导他自主思考解决问题的方法，符合其年龄特点和身心发展规律，做到回应适宜。

4. 持续引导与促进发展

在整个事情过程中，老师持续关注明明的行动和反应，适时给予指导和鼓励。当明明尝试不同方法搭建时，老师及时给予肯定和建议，帮助他不断调整策略，并与明明保持互动交流，分享搭建积木经验，如讲解不同形状积木的特点和用途，促进明明在认知、动作技能和社交能力等多方面的发展。

五、任务评价

从自评、他评和教师评价等角度对任务实施过程进行点评（见表1-3）。

赛证真题
1-2

表1-3　任务实施评价表

项目	操作要求	回应性照护要点/说明	是否做到
操作准备	建立积极的关系。明明与老师互动的主动性和亲密程度，如是否主动与老师交流想法、是否愿意听从老师的建议、是否表现出对老师的信任	—	□是□否
	敏感观察和需求识别。老师发现明明问题的及时性，以及对明明需求判断的准确性	—	□是□否
操作过程	精准解读和适宜回应。观察明明在接受回应后，是否尝试从不同角度思考问题，是否最终成功解决搭建问题	—	□是□否

项目	操作要求	回应性照护要点/说明	是否做到
操作过程	分析老师的鼓励话语和引导方法。判断是否符合2岁幼儿的认知水平和能力范围	—	□是□否
操作整理	开展促进发展评价。明明在活动前后各方面能力的变化，包括动手能力、认知能力、社交能力和解决问题能力等	—	□是□否

项目二　婴幼儿进餐照护与回应

任务一　婴幼儿营养及消化系统

一、任务情境

在某早教机构的餐饮区，家长和孩子们三三两两地坐在小餐桌旁，大家都在愉快地吃饭。2.5岁的派派慢慢地嚼着嘴里的饭，眼看上课的时间就要到了，妈妈只好快速地将剩余的油炸花生塞进派派嘴里。派派咽不下去，委屈地哭起来。

请问派派可以吃油炸花生吗？请为派派合理搭配一日三餐及两次点心。

二、任务目标

知识目标：（1）掌握人体必需的七大营养素及婴幼儿对营养素的参考摄入量。

（2）掌握婴幼儿消化系统的结构特点、功能及发育过程。

技能目标：（1）能够根据婴幼儿的年龄和身体活动水平，依据参考摄入量，为其合理规划每日所需的能量及各类营养素的摄入量。

（2）学会根据婴幼儿消化系统的发育特点，判断哪些食物适合不同年龄段的婴幼儿食用，哪些不适合，从而为婴幼儿选择合适的食物种类和烹饪方式。

素养目标：培养对婴幼儿营养与健康的关注和责任感，认识到科学喂养对婴幼儿成长的重要性，树立正确的婴幼儿喂养观念。

三、知识储备

（一）婴幼儿的能量消耗

婴幼儿的能量消耗主要体现在基础代谢、食物热效应、活动消耗、生长发育和排泄损失等方面。基础代谢是经过10～12小时空腹和良好的睡眠、清醒仰卧、恒温条件下（一般为22℃～26℃），无任何身体活动和紧张的思维活动，全身肌肉放松时所需要的能量消耗。婴幼儿基础代谢率相对较高，用于维持生命的基本生理功能，包括心跳、呼吸、体温调节、各器官组织和细胞的基本功能等。研究表明，婴幼儿时期基础代谢所需能量约占总能量的 1/3。且年龄越小，基础代谢率越高，随着年龄增长基础代谢率逐渐降低。

食物的热效应（Thermic Effect of Food，TEF）也称食物特殊动力作用，是指人体摄食过程中引起的额外能量消耗，即摄食后对营养素进行消化、吸收、合成、代谢转化过程中所消耗的能量。婴幼儿食物的热效应占总能量的 7% ~ 8%，研究显示，不同营养素的热效应不同，蛋白质的热效应最高。

活动消耗与婴幼儿的活动量和活动类型密切相关。婴儿期活动量相对较少，能量消耗相对较低；随着年龄增长，活动能力逐渐增强，活动范围扩大，其能量的消耗也相应增加。例如学步期幼儿的爬行、行走等活动都会显著消耗能量。

生长发育所需的能量是婴幼儿时期能量消耗的特殊需求，也是与成人能量消耗的重要区别之一。婴幼儿处于快速生长发育阶段，需要能量来合成新的组织细胞、增加体重和身高。生长发育所需能量与生长速度成正比，在出生后的前几个月生长速度最快，能量需求相对较高。一般来说，这部分能量消耗在婴儿期占总能量的 1/3，随着年龄增长消耗的能量逐渐减少。

婴幼儿消化功能尚未完善，食物在肠道内不能完全被消化吸收，有一部分会随粪便排出体外。排泄损失的能量一般占总能量的 10% 左右，如果存在腹泻等消化系统发育紊乱的情况，排泄损失的能量会增加。

（二）婴幼儿营养素需求

人体所需营养素主要包括蛋白质、脂类、碳水化合物、矿物质、维生素、水和膳食纤维七大类。其中，蛋白质、脂类、碳水化合物在体内代谢过程中可产生能量，可成为产能营养素，它们是人体必需的营养素，不仅具有重要的生理作用，还是机体热能的来源。矿物质、维生素、水和膳食纤维是非产能营养素。

婴幼儿正处于快速生长发育阶段，对各种营养素有其独特的需求，以下是具体介绍：

1. 产能营养素

蛋白质对于婴幼儿的生长发育至关重要，有助于其身体组织的建造和修复。母乳中的蛋白质是优质蛋白质，生物利用率较高。婴幼儿在 6 个月后添加辅食时，鸡蛋、鱼肉、鸡肉、豆类等都是优质的蛋白质来源。

知识链接
蛋白质的
互补作用

脂类是婴幼儿能量的重要来源，对大脑和神经系统发育也非常重要。母乳和配方奶中都含有丰富的脂肪。随着辅食的添加，可逐渐引入一些富含健康脂肪的食物，如橄榄油、鱼油、坚果等。婴幼儿脂肪摄入量占总能量的比例较高，0—6 个月时，摄入的脂肪约占 48%，6—12 个月约占 40%，1—3 岁约占 35%。

碳水化合物是婴幼儿能量的重要来源。0—6 个月婴儿，乳糖是主要的碳水化合物来源，主要存在于母乳或配方奶中。6 个月后的婴幼儿，开始添加辅食，可逐渐引入淀粉类食物，如米粉等。婴幼儿对碳水化合物的需求量会随年龄增长而增加，一般占总能量的 50% ~ 65%。

2. 非产能营养素

1）矿物质

钙是构成骨骼和牙齿的重要成分，对婴幼儿的骨骼发育至关重要。母乳和配方奶是

婴幼儿钙的主要来源，随着年龄增长，可通过添加奶制品、豆制品、绿叶蔬菜等辅食来增加钙的摄入。钙缺乏可能引起婴幼儿肌肉痉挛、骨骼钙化生长迟缓、新骨结构异常。0—6个月婴儿每日钙摄入量为 200 ~ 250 mg，6—12 个月为 250 ~ 600 mg，1—3 岁约为 600 mg。

铁对于预防缺铁性贫血非常重要。婴儿出生后 4—6 个月内，体内储存的铁基本能满足需求，6 个月后需从辅食中获取铁。红肉、动物肝脏、豆类、绿叶蔬菜等都是铁的良好来源。1—3 岁幼儿每日铁摄入量约为 9 mg。

碘的主要生理功能是参与甲状腺激素的合成。甲状腺激素对于调节人体的新陈代谢、生长发育、神经系统兴奋性等诸多生理过程都至关重要。婴幼儿时期，甲状腺激素能促进大脑和骨骼的发育，保证婴幼儿正常的生长和智力发育。海产品是碘的良好来源，如海带、紫菜、带鱼、干贝等都是含碘量较高的。碘缺乏表现为智力低下、听力障碍、生长迟缓、身材矮小等症状。碘过量可能会导致甲状腺功能亢进，出现心慌、手抖、多汗、烦躁等症状。1—3 岁婴幼儿每日碘摄入量约为 90 μg。

锌参与多种酶的合成和代谢，对婴幼儿的生长发育、免疫功能等有重要作用。富含锌的食物有肉类、海鲜、坚果等。锌缺乏表现为发育迟缓、味觉减退，异食癖，男性性发育迟缓、伤口愈合缓慢，免疫力低下等。0—6 个月婴儿每日锌摄入量约为 2 mg，6—12 个月婴儿约为 3.5 mg，1—3 岁幼儿约为 4 mg。

2）维生素

维生素 A 对婴幼儿的视力发育、免疫功能等有重要的作用。母乳、动物肝脏、奶类、胡萝卜、菠菜等都是维生素 A 的良好来源。维生素 A 缺乏表现为夜盲症、眼干燥症。1—3 岁婴幼儿每日维生素 A 推荐摄入量为 310 μgRAE。

维生素 D 有助于促进钙的吸收和利用，对骨骼发育至关重要。人体皮肤经阳光中的紫外线照射可合成维生素 D，但婴幼儿户外活动少，需从食物或补充剂中获取。母乳中维生素 D 含量较低，配方奶中一般会强化维生素 D。此外，可适当给婴幼儿补充维生素 D 制剂。维生素 D 缺乏可表现为婴幼儿夜惊、佝偻病等。1—3 岁婴幼儿每日维生素 D 推荐摄入量为 10 μg。

维生素 C 具有抗氧化作用，有助于铁的吸收，增强免疫力。新鲜的水果和蔬菜是维生素 C 的良好来源，如橙子、草莓、猕猴桃、西蓝花等。维生素 C 缺乏表现为坏血病。1—3 岁婴幼儿每日维生素 D 推荐摄入量为 40 mg。

3）其他营养素

水对婴幼儿的新陈代谢、消化吸收等生理功能至关重要。0—6 个月婴儿主要通过母乳或配方奶获取水分，一般不需要额外喂水。6 个月后，随着辅食的添加，需要逐渐增加水分的摄入。一般来说，1—3 岁幼儿每日总需水量为 1 200 ~ 1 600 mL，包括食物中的水分和饮水。

膳食纤维有助于促进肠道蠕动，预防便秘。随着辅食的添加，可逐渐给婴幼儿提供一些富含膳食纤维的食物，如蔬菜、水果、全谷类等。但婴幼儿的消化系统尚未完全发育成熟，膳食纤维摄入量不宜过多。

（三）婴幼儿能量需要量

能量需要量是指长期保持良好的健康状态，维持良好的体形、机体构成以及理想活动水平的个体或群体，达到能量平衡时所需要的膳食能量摄入量。婴幼儿能量需要量主要用于两方面：一是每日总能量消耗量，二是组织生长的能量储存量。

2013 版的《中国居民膳食营养素参考摄入量》对 0—3 岁婴幼儿的膳食能量需要量进行了说明，如表 2-1 所示。国际上通用的能量单位是焦耳（J）、千焦耳（kJ）和兆焦耳（MJ）。营养学习惯使用的能量单位是卡（cal）和千卡（kcal）。单位换算关系如下：1 J=0.239 cal。

知识链接
0—3 岁婴幼儿蛋白质等营养素需求

表 2-1　0—3 岁婴幼儿的膳食能量需要量　　　　　　　　　单位：（kcal/d）

年龄	能量					
	男			女		
	身体活动水平（轻）	身体活动水平（中）	身体活动水平（重）	身体活动水平（轻）	身体活动水平（中）	身体活动水平（重）
1 岁		900			800	
2 岁		1 100			1 000	
3 岁		1 250			1 200	

2021 年底，在国家卫生健康委编写的《托育机构婴幼儿喂养与营养指南（试行）》中，对托育机构婴幼儿每日食物量提出了建议，如表 2-2 所示。

表 2-2　托育机构婴幼儿每日食物量

年龄	7—8 月龄	9—12 月龄	12—24 月龄	24—36 月龄
餐次安排	母乳喂养 4~6 次，辅食喂养 2~3 次	母乳喂养 3~4 次，辅食 2~3 次	学习自主进食，逐渐适应家庭的日常饮食。幼儿在满 12 月龄后应与家人一起进餐，在继续提供辅食的同时，鼓励尝试家庭食物，类似家庭的饮食	三餐及两次点心
母乳喂养	先母乳喂养，婴儿半饱时再喂辅食，然后再根据需要哺乳。随着婴儿辅食量增加，满 7 月龄时，多数婴儿的辅食喂养可以成为单独一餐，随后过渡到辅食喂养与哺乳间隔的模式	600 mL	在母乳喂养的同时，可以逐步引入鲜奶、酸奶、奶酪等乳制品。不能母乳喂养或母乳不足时，仍然建议以合适的幼儿配方奶作为补充，可引入少量鲜奶、酸奶、奶酪等作为幼儿辅食的一部分。奶量应维持在 500 mL 左右	—
奶及奶制品	>600 mL	600 mL	500 mL	300~500 mL

续表

年龄	7—8月龄	9—12月龄	12—24月龄	24—36月龄
鱼畜禽蛋类	开始逐渐每天添加1个蛋黄或全蛋和50 g肉禽鱼，如果对蛋黄/鸡蛋过敏，需要额外再增加肉类30 g	鸡蛋50 g、肉禽鱼50 g	鸡蛋25～50 g、肉禽鱼50～75 g	鸡蛋50 g、肉禽鱼50～75 g
谷物类	20～50 g	50～75 g	50～100 g	75～125 g
蔬菜、水果类	根据婴儿需要适量	碎菜50～100 g、水果50 g，水果可以是片状、块状，或是能用手指拿起的指状食物	蔬菜50～50 g、水果50～150 g	蔬菜100～200 g水果100～200 g
大豆				5～15 g
烹调油	0～5 g	5～10 g	5～15 g	10～20 g
精盐			0～1.5 g	<2 g
水				600～700 mL

（四）婴幼儿消化系统的发育

消化系统由消化管和消化腺两部分组成。如图2-1所示，消化管是一条起自口腔延续为咽、食管、胃、小肠、大肠到肛门的肌性管道，其中经过的器官包括口腔、咽、食管、胃、小肠（十二指肠、空肠、回肠）及大肠（盲肠、结肠、直肠）等部分。消化腺有唾液腺、胃腺、肝脏、胰腺和肠腺5个。

1. 口腔

口腔是消化管的起始部，包括牙齿、舌、唇、颊、颌骨和唾液腺。口腔承担着咀嚼、消化、味觉、感觉和语言功能。新生儿口腔没有牙齿，但是牙胚已经出齐，不能咀嚼但能吞咽，吞咽功能已发育完善。新生儿从出生至3月龄期间，唾液分泌较少时，婴儿应多进食液体食物，以补充水分、便于吞咽。新生儿的口腔黏膜细嫩，血供丰富。但因唾液腺发育不完善、唾液分泌少，黏膜较干燥且易受损伤，可能继发细菌感染。出生后3—4个月唾液腺发育完全，唾液的分泌量增加，淀粉酶含量增多；由于婴儿口腔较浅且尚不能调节唾液量，因而出现流涎现象，即所谓生理性流涎。婴儿在6—7个月开始长门牙，下门牙是最先长出的两颗，至1周岁时通常已长出8颗切牙了。此阶段除母乳喂养外需

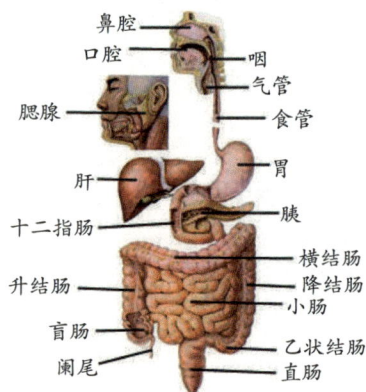

图2-1　人体消化系统

（鼻腔、口腔、腮腺、肝、十二指肠、升结肠、盲肠、阑尾、咽、气管、食管、胃、胰、横结肠、降结肠、小肠、乙状结肠、直肠）

逐步添加辅食，唾液中的淀粉酶与食物混合后可促进淀粉分解并辅助吞咽。

2. 食管、胃

食管的功能主要有两个：一是推进食物和液体由口腔进入胃；二是防止胃内容物反流。新生儿和婴儿的食管呈漏斗状，长度为 10 ~ 11 cm，缺乏腺体，食管壁肌肉发育不完善且弹性较差，易损伤。

新生儿的胃有以下特点：一是呈水平位，当开始行走后逐渐变为垂直位。二是贲门和胃底肌张力低，幽门括约肌发育较好，故婴儿易发生呕吐和溢乳。三是胃内酶活性低。对比成人，婴儿分解乳糖的乳糖酶仅为成人的 70%，帮助消化蛋白质的肠激酶仅为成人的 25%，酶活性低容易导致乳糖和蛋白质消化不良进而引起胀气。四是胃容量小。刚出生的新生儿胃容量只有 5 ~ 13 mL，相当于 1 个小樱桃；第 3 ~ 6 天胃容量为 22 ~ 27 mL，相当于一个小草莓；1 周之后，胃容量可达 60 mL；到满月时能达到 120 mL。满月后，胃容量持续增长，直到 6 个月后，大约达到 240 mL。由于胃很容易胀满，如果奶量过多，就会被吐出来。具体如图 2-2 所示。

婴儿胃排空时间因食物种类的不同而有所差异，水喂养为 1 ~ 1.5 小时，母乳喂养为 2 ~ 3 小时，人工配方奶粉喂养为 3 ~ 4 小时。此外，由于母乳中富含脂肪酶，故母乳中的脂肪较易消化，而人工配方奶粉会在胃中停留更长一些。

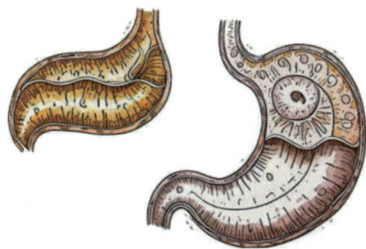

图 2-2　新生儿的胃和成人的胃

3. 肠

婴儿期的宝宝肠壁肌肉功能较弱，易出现肠道胀气。其肠管较长，为身长的 5 ~ 7 倍（成人仅为身高的 4 倍）。婴儿每千克体重对营养量的需求要比成年人高，由于肠道比较长，营养就容易被摄入体内。肠黏膜血管丰富，小肠绒毛发育较好，有利于营养吸收。但肠黏膜肌层发育差，肠壁柔软且长，固定性差，易发生肠胀气、肠套叠和肠扭转。

知识链接
肠胀气

小肠的运动形式有 3 种：紧张性收缩可维持肠道基本形态和压力，为其他运动提供基础。

分节运动是以环形肌为主的节律性收缩与舒张，可混合食糜与消化液，促进化学性消化和吸收。蠕动则是将食糜向大肠缓慢或快速推进。

大肠的运动形式也有三种：袋状往返运动使环形肌自发性收缩，研磨内容物并促进水、电解质吸收。分节推进运动是规律性收缩将内容物分段推进至相邻肠段。蠕动是缓慢推动内容物向肛门方向移动，常伴随集团运动发生。集团运动对食糜的刺激可增强肠蠕动。食物通过肠道的时间，有很大的个体差异，12 ~ 36 小时不等，人工喂养者可延长到 48 小时。

除此之外，婴儿消化能力比较弱，1 周岁内的婴儿除了按需喂奶，还要合理增加辅食，不要随意给婴儿吃难以消化的食物，避免引起婴儿腹泻。

4. 肝脏

婴儿的肝脏重量占体重比例较大，约占整个身体的 5%，而成年人的肝脏仅占身体重量的 2.5%。一方面，肝脏具有参与脂肪代谢的功能，肝脏分泌的胆汁能够将大分子的

乳脂分解为小分子的乳糜颗粒，促进脂肪的消化吸收。另一方面，肝脏还具有解毒功能，由食物及药物代谢产生的有毒有害物质需要通过肝脏代谢分解，再随胆汁或尿液排出体外。

新生儿肝脏尚未发育成熟，其酶系统尚不完善，容易出现生理性黄疸。婴儿时期肝脏细胞发育尚未完全，胆汁分泌不足，对脂肪的消化与吸收能力较弱。肝脏结构较脆弱，且肝内分布丰富的毛细血管，容易充血，导致解毒能力不足，抗感染能力较差。

5. 胰腺

胰腺与消化功能有关，具备内分泌和外分泌两大功能。内分泌功能指的是分泌胰岛素，主要参与糖代谢调节。外分泌功能指的是分泌胰液，其中含有胰蛋白酶、胰脂肪酶、胰淀粉酶。这三种胰腺酶在新生儿和小婴儿的活性均较低，因此对蛋白质、脂肪的消化吸收功能较弱，较容易发生消化不良。

（五）婴幼儿进食技能发育

婴幼儿进食技能的发育是其摄取食物、获得营养的基础，这一过程需要口唇、舌、咽肌肉的协调配合以及手—口协调活动能力的支撑。其核心内容包括口腔反射发育、吸吮与吞咽发育和咀嚼发育三个方面。

1. 口腔反射发育

婴幼儿时期的原始口腔反射主要有觅食反射和舌挤压反射，这些反射通常在6个月之后逐渐消退。口腔反射发育始于胎儿28周时出现的觅食反射，是婴儿出生时具备的一种最基本的进食反射。舌挤压反射，也叫挺舌反射，是一种先天性非条件反射。当婴儿成长至3—4个月之后（部分婴儿可持续至7个月），舌头会对进入口腔的固体食物产生推出动作，以防止异物进入喉部导致窒息。婴儿期的这种对固体食物的排斥反应可被认为是一种保护性反射。该反射的消失一般会看作可以开始适当喂养婴儿半固体或者固体辅食的重要标志。注意：在转乳期用勺添加新的泥状食物时一般要尝试8~10次才能成功。

2. 吸吮与吞咽发育

孕15周至出生后2月龄的婴儿吸吮动作已发育成熟，而有效的吞咽动作随后发育。让婴儿较早感觉愉快的口腔刺激（如进食、咬东西、吃拇指等），有利于之后进食固体食物种类和食物转换。

3. 咀嚼发育

咀嚼是由各咀嚼肌按顺序收缩完成复杂条件反射性活动。咀嚼动作的发育是婴幼儿食物转换的必要条件。咀嚼功能发育需要适时的生理刺激，并配合后天的学习训练。出生后4—7个月是婴儿咀嚼能力发育的关键期，引入固体食物前，进行1—2个月的咀嚼和吞咽训练。错过此关键期，婴幼儿易表现出咀嚼吞咽功能不协调，如进食固体食物时出现呛、吐出或者含在嘴里不吞的现象。因此，在4—5月龄时，要鼓励婴儿吸吮手指，抓物到口，用唇感觉物体。7月龄时有意训练婴儿咀嚼指状食物，从杯中咽水。8月龄以后让婴幼儿开始学用杯喝奶、感受不同食物的质地。9月龄时开始学习使用勺子自主进食。1岁后断离奶瓶并开始养成刷牙习惯。这些方法都有利于降低婴幼儿的口腔敏感性，提高婴幼儿口腔肌肉协调性，促进婴幼儿咀嚼功能的发育。

食物转换有助于婴幼儿神经心理发育，摄入半固体和固体食物时，应注意培养婴幼儿的进食技能，如用勺、杯进食，可促进口腔动作协调，学习吞咽；从泥糊状食物过渡到碎末状食物可帮助婴儿学习咀嚼，并可增加食物的能量密度；用手抓食物，既可增加婴幼儿对进食的兴趣，又有利于促进手眼协调和培养婴幼儿独立进食的能力。在食物转换过程中，婴幼儿进食的食物质地和种类逐渐接近成人食物，进食技能亦逐渐成熟。

四、任务实施

（一）任务分析

在早教机构餐饮区，2.5岁的派派在正常吃饭过程中，因妈妈赶时间强行喂油炸花生导致噎食而哭闹。这一情境反映家长对幼儿饮食安全和营养搭配知识的欠缺，同时也突显了合理安排幼儿进餐时间和正确选择食物的重要性。

任务：判断2.5岁的派派能否吃油炸花生且阐述原因，并为派派合理搭配一日三餐两点。

要求：准备时间8分钟，测试时间8分钟。

（二）任务操作

教师示范操作，学生分组练习。

1.准备工作

1）个人准备

着装整洁、修剪指甲、去除首饰、洗净双手、仪容仪表符合职业要求。

2）环境准备

室内干净、整洁、安全、温湿度及光线、声音强度适宜。

3）物品准备

各类食物。

2.实施步骤

1）判断派派能否吃油炸花生并说明原因

婴幼儿消化系统特点分析：2.5岁幼儿的口腔咀嚼功能尚未完全成熟，牙齿数量和咀嚼能力有限，且油炸花生质地坚硬，难以充分嚼碎。食管管壁肌肉发育不完善，弹性差，较窄且短，若大块未嚼碎的花生进入食管，容易损伤其黏膜。胃呈水平位，贲门括约肌发育不全，强行喂食油炸花生易引发呕吐、溢乳，增加噎食的风险。肠道消化酶活性低，对高脂肪的油炸花生消化吸收能力弱，易导致消化不良、腹胀等问题。

从营养角度分析：油炸花生脂肪含量高，过量摄入易造成脂肪堆积，加重幼儿消化系统负担，并影响其他营养素的吸收。同时，花生是常见过敏原，且幼儿消化系统黏膜通透性高，食用花生的过敏风险相对较高，严重时可能影响幼儿正常生长发育和身体健康。综合以上分析，应明确告知家长2.5岁的派派不适合吃油炸花生。

2）为派派合理搭配一日三餐两点

根据2.5岁幼儿的营养需求、消化系统特点，为派派合理搭配一日三餐两点，确保营养均衡、易于消化，促进派派健康成长（见表2-3）。

表 2-3　派派一日三餐两点

餐次	食物类别	具体食物	食材及分量	营养成分及功效
早餐	主食	小米南瓜粥	小米 20 g、南瓜 30 g	小米富含碳水化合物、B 族维生素等，南瓜含有丰富的胡萝卜素、膳食纤维，易于消化
	蛋白质食物	蒸鸡蛋羹	鸡蛋 1 个	鸡蛋是优质蛋白质的良好来源，富含多种人体必需氨基酸，适合幼儿食用
	水果	苹果	半个苹果切成小块	苹果富含果胶、维生素 C 等，有助于促进肠道蠕动
点心	乳制品	酸奶	一小杯（100 g）	富含蛋白质、钙和益生菌，有助于肠道健康
	水果	草莓	5 颗	含有丰富的维生素和矿物质，补充上午所需能量
午餐	主食	软米饭	大米 50 g	提供碳水化合物作为主要能量来源
	蛋白质食物	虾仁冬瓜汤	虾仁 30 g、冬瓜 50 g	虾仁富含优质蛋白质和钙，冬瓜有利水消肿的作用，易于消化吸收
	蔬菜	清炒西蓝花	西蓝花 50 g	富含维生素 C、维生素 K、膳食纤维和多种矿物质，营养丰富
点心	谷物	全麦饼干	一小包（20 g）	富含膳食纤维和碳水化合物，补充下午活动消耗的能量
	饮品	鲜榨橙汁	一杯（100 mL）	富含维生素 C，补充能量
晚餐	主食	菠菜瘦肉粥	大米 20 g、菠菜 30 g、瘦肉 20 g	菠菜富含铁等矿物质，瘦肉提供优质蛋白质，粥类容易消化
	蛋白质食物	豆腐鱼汤	豆腐 30 g、鱼肉 30 g	豆腐富含植物蛋白，鱼肉富含优质蛋白质和不饱和脂肪酸，对幼儿大脑发育有益
	蔬菜	胡萝卜炒土豆丝	胡萝卜 30 g、土豆 30 g	胡萝卜富含胡萝卜素，土豆含有碳水化合物和维生素，色彩丰富，增加食欲

五、任务评价

从自评、他评和教师评价等角度对任务实施过程进行点评（见表 2-4）。

赛证真题 2-1

表 2-4　任务实施评价表

项目	操作要求	回应性照护要点/说明	是否做到
操作准备	自身准备：着装整洁、修剪指甲、去除首饰、洗净双手、仪容仪表符合职业要求	语言流畅，语音标准，态度亲和，陈述完整	□是□否
	环境准备：室内干净、整洁、安全、温湿度及光线、声音强度适宜	提供健康、安全、全面的食物	□是□否
	物品准备：物品准备齐全，放置合理	—	□是□否

续表

项目		操作要求	回应性照护要点/说明	是否做到
操作过程	判断专业性	从专业角度评价对派派能否吃油炸花生的判断是否准确，依据是否科学、全面	科学、全面	□是□否
		评估阐述原因时对幼儿消化系统和营养知识的运用是否恰当，是否能准确指出关键问题	—	□是□否
		对派派不能吃油炸花生原因的解释是否清晰易懂，是否通过形象的比喻或实例让其更好地理解幼儿消化系统的脆弱性和食物选择的重要性	通俗易懂	□是□否
	饮食搭配科学性	审查一日三餐两点的搭配是否严格遵循 2.5 岁幼儿的营养需求标准，各类营养素的比例是否合理，是否存在营养缺失或过量的风险	营养需求标准	□是□否
		评价食谱中食材的选择是否符合幼儿的消化能力和生长发育阶段，烹饪方式是否有助于保留食物营养	符合消化能力和生长发育阶段	□是□否
		根据派派的饮食习惯和口味偏好，评价为派派搭配的一日三餐两点是否合理、可行，是否愿意尝试按照这个食谱为派派准备食物	饮食习惯和口味偏好	□是□否
		询问家长对食谱中食材选择和烹饪方式的接受程度，是否有其他特殊需求或建议	接受程度	□是□否
操作整理		整理用物，分类处理	操作规范，动作熟练，过程清晰有序	□是□否

任务二　0—6月龄婴儿喂养照护

一、任务情境

派派3个月时，体重12斤，出生后一直是配方奶喂养。派派睡后会出现哭闹、吃手、咂嘴等行为，托育师王老师查看其喂奶记录后，按派派的日常进食量进行了奶粉冲泡。

作为托育师，请用正确的方法进行奶粉冲调，并实施喂奶照护。

二、任务目标

知识目标：（1）了解母乳喂养的益处，掌握按需喂养的概念。

（2）了解混合喂养的两种方式。

（3）掌握配方奶喂养的技巧。

技能目标：能正确冲泡奶粉、喂奶并拍嗝。

素养目标：（1）加深对母乳喂养重要性的认识，树立科学的育儿观念。

（2）了解《千金方》中关于哺乳的记载，认识到中华传统文化在育儿领域的深厚底蕴和智慧，增强文化自信和民族自豪感。

三、知识储备

（一）母乳喂养

1.母乳喂养的益处

母乳是婴儿最理想的天然食物，它既可提供优质、全面、充足和数量适宜的营养素，满足0~6个月婴儿生长发育的需要，又能完美地适应其尚未成熟的消化能力，促进其器官发育和功能成熟，且不增加肾脏的负担。6月龄内婴儿需要完成从宫内依赖母体营养到宫外依赖食物营养的过渡，而来自母体的乳汁是完成这一过渡最好的食物，任何其他喂养方式都不能与母乳喂养相媲美。母乳中丰富的营养素和多种生物活性物质构成一个特殊的生物系统，为婴儿提供全方位呵护和支持，帮助其在离开母体保护后，仍能顺利地适应自然环境，健康成长。母乳喂养可以降低婴儿患感冒、腹泻、肺炎等疾病的风险，促进婴儿体格和大脑发育，同时减少母亲产后出血、乳腺癌、卵巢癌的发生风险。其中，初乳尤其富含营养和免疫活性物质，有助于婴儿肠道成熟和功能发展，并提供免疫保护。

毋庸置疑，新生儿及婴儿期的肠内营养均应首选母乳喂养，若无法实现自身母乳喂养，次选捐赠母乳。仅因特殊情况不能母乳喂养时方可选择替代喂养，以保证婴儿获得足够的营养摄入。婴儿 6 月龄内应纯母乳喂养，无须给婴儿添加水、果汁等液体和固体食物，以免影响婴儿的母乳摄入量，进而导致母乳分泌减少。从 6 月龄起，在合理添加辅食的基础上，继续母乳喂养至 2 岁或 2 岁以上。

2. 按需喂养

母亲分娩后应即刻开始观察新生儿觅食表现，并保持不间断的母婴肌肤接触。建议在生后 1 小时内让新生儿开始吸吮乳头和乳晕，这除了尽快获得初乳外，还可刺激乳头和乳晕神经感受器，向垂体传递母乳需求的信号，刺激催乳素的分泌，促进乳汁分泌（下奶），这是确保母乳喂养成功的关键。婴儿出生时具有一定的能量储备，可满足至少 3 天的代谢需求；在开奶过程中无须担心新生儿饥饿，但须密切关注新生儿体重变化，若体重下降幅度不超过出生体重的 7% 就应坚持纯母乳喂养。

母乳喂养的婴儿通常每 24 小时哺乳 8 ~ 12 次，部分婴儿甚至更多。母乳喂养应遵循按需喂养原则，而非按时喂养。按需喂养有助于婴儿调节能量摄入，满足正常生长发育需求，也有利于促进乳汁分泌，预防急性乳腺炎的发生，更有利于婴儿安全感的建立，增加婴儿对妈妈的信任和依恋。按需喂养的最佳哺乳时间应由婴儿自主决定。识别饥饿信号是实施按需喂养的关键，早期信号包括警觉、身体活动增加、面部表情增加，饥饿的后续信号为哭闹。建议在婴儿发出饥饿信号时及时哺乳，避免婴儿哭闹后才进行哺乳，这会增加喂养的困难。喂养过程中需观察婴儿的饮食信号，包括：停止吸吮、张嘴、头转开等。出现这些表现时应立即停止哺乳并避免强迫喂养（见图 2-3）。

按需喂养，双侧乳房交替喂养，避免刻意控制哺乳频次和时长，这对 3 月龄内的婴儿尤为重要。婴儿出生后 2 ~ 4 周就基本建立了自己的进食规律，照护者应明确感知其进

早期表现

警觉

张嘴

中期表现

吮手指

身体活动增加

后期表现

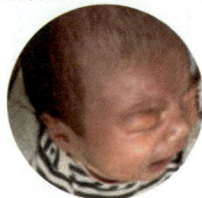
面红

哭闹

图 2-3　婴儿饥饿不同阶段的表情及动作图

食规律的时间信息。一般2月龄后，婴儿胃容量逐渐增加，单次摄乳量也随之增加，哺乳间隔则会相应延长，特别是在夜间，喂奶次数减少，婴儿睡眠节律更好，逐渐建立起哺乳和睡眠的规律。如果婴儿哭闹明显不符平日进食规律，应该首先排除非饥饿原因，如胃肠不适等。非饥饿原因哭闹时，增加哺乳次数只能缓解婴儿的焦躁心理，并不能解决根本问题，应及时就医。

思政专栏

《千金方》——喂奶是按时还是按需？

《千金方》又名《备急千金要方》，作者孙思邈（581—682），人称"药王"，京兆华原（今陕西铜川市耀州区）人。他自幼多病，立志于学习经史百家著作，尤立志于钻研医学知识。青年时期即开始行医于乡里，并赢得良好的声誉。他对待病人，不管贫富贵贱都一视同仁，无论风雨寒暑，饥渴疲劳，有求必应，一心赴救，深为群众崇敬。在《千金方》里就提到"视儿饥饱，节度，知一日中几乳而足，以为常""不欲极饥而食，食不可过饱"，支持按需哺乳。此外，哺乳的姿势也有讲究。《千金方》里提到："儿若卧，乳母当以臂枕之，令乳与儿头平乃乳之，令儿不噎。母欲寐则夺其乳，恐填口鼻，又不知饥饱也。"哺乳时妈妈要用手臂托着婴儿的头，让乳房与婴儿头部平行，这样就不会呛着婴儿。如果妈妈想睡觉，就应停止哺乳，否则容易塞住婴儿口鼻，导致窒息，而且此时婴儿的饥饱感觉并不灵敏，容易吃撑。可见，中华优秀传统文化博大精深，源远流长。

3. 喂养充足的信号

判断婴儿是否喂养充足有三大核心要素：大便、小便和体重。

检查大便：生后的前几天，新生儿排出的大便是黑色黏稠的胎便，24小时内至少排胎便1次，之后逐渐排出，一般情况下3天左右胎便排完。出生后3~4天，婴儿的大便量会逐渐增加，每天至少2~3次量较多的黄色或黄绿色大便。母乳喂养的婴儿大便的形状是黄色软便，每天大便2~4次，这表明奶量充足，婴儿已吃饱。如果母乳喂养的宝宝大便量少，并呈绿色泡沫便，则可能是奶量不够。

检查小便：出生后头1~2天可能只有1~2次小便。4~5天后，如果喂养充足，24小时内至少有6次小便，尿液清澈；若喂养不足，24小时内小便次数不足6次，且尿液颜色深黄，气味较重。

观察体重：体重的变化可以直观体现婴儿是否吃饱。新生儿体重通常在第一周会有所下降，这是正常现象。这种体重下降称之为生理性体重下降。这是由于新生儿出生后排出胎便和尿液，且通过皮肤、肺等途径丢失了许多水分，加之出生后前几天吃奶较少等原因造成的生理性体重下降。这种体重下降不会超过新生儿出生体重的10%，常于生后7~10天恢复到出生时的体重。最初3个月，每周体重增长180~200克，4~6个月时每周增长150~180克，6~9个月时每周增长90~120克，9~12个月时每周增长60~90克。6个月时的体重是出生时的两倍，一岁时体重是出生时的3倍。如果婴儿体重增长持续几周低于最低增长标准，则需考虑奶量摄入不足。

除了上述三大核心要素外，还可以通过观察哺乳前后婴儿的情绪状态和乳房的状态来判断婴儿是否吃饱。

婴儿情绪状态：婴儿吃饱后会主动放开或吐出奶嘴，表现出满足感，精神愉悦或者很快就能睡着，说明喂养充足。

乳房的状态：在哺乳前，乳房有饱胀感，表面静脉明显，用手按乳房很容易挤出乳汁。婴儿吃完母乳后，乳房松软，轻微下垂。

（二）混合喂养

一般情况下，通过及时、有效排空乳房和专业指导，绝大部分婴儿都可以获得成功的纯母乳喂养。但在某些医学状况下，如婴儿患有某些代谢性疾病或母亲患有某些传染性疾病时，可能需暂停纯母乳喂养，此时应遵循医生的建议，选择适合的哺喂方式，如混合喂养或者配方奶喂养。其中采用母乳喂养和配方奶喂养的方式被称为混合喂养。根据喂养需求不同，混合喂养的方式通常分为补授法与代授法两种。

1. 补授法

补授法是指在母乳喂养后补充配方奶粉的方法，通常用于母乳不足的情况。当单纯母乳喂养无法满足婴儿生长发育需求，且婴儿又没有办法通过辅食摄取足够营养时，可在每次母乳亲喂后，给予一定量的配方奶粉进行补充，补充量按需即可，不要强制。但要注意先让婴儿充分吸吮两侧母乳，再补充配方粉，以增强对乳房的刺激，促进乳汁分泌。若方法得当，母乳会越来越多，即可停止补充配方粉。

2. 代授法

代授法是指采用母乳与配方奶交替喂养的方式，具体操作为先直接哺喂母乳或提前将母乳挤出储存至足够一餐的量，之后按餐次轮换喂养母乳和配方奶。该方法通常用于妈妈上班或妈妈外出无法哺乳的情况。但代授法会减少婴儿直接吮吸次数，降低对乳房的刺激，可能导致母乳越来越少，建议配合使用吸奶器维持泌乳。

（三）配方奶喂养

1. 配方奶种类

常用的婴幼儿配方奶粉都来自兽乳，主要以牛乳、羊乳等为基质，使宏量营养素成分尽量接近母乳，同时也加入母乳中含有或不足的微量营养素如 DHA 和 ARA、核苷酸、牛磺酸、叶黄素、胆碱、益生元、维生素 A、维生素 D、铁、锌等。近年来有些配方奶粉中加入了可以促进神经发育和免疫功能的物质如乳脂球膜、乳铁蛋白等。尽管配方奶粉的成分有很多改良，其仍然无法与母乳相比，因其无法模拟母乳中存在的多种免疫物质和各种生长因子、调节因子，且可能存在导致婴儿过快生长，故使用配方奶粉喂养是无法母乳喂养的被迫选择。需特别注意普通液态奶、成人奶粉、蛋白粉、豆奶粉等不宜用于喂养婴儿。对于 6 月龄的婴儿，采用非配方奶的其他食物喂养可能会由于营养不完全匹配、代谢不适宜等对其健康造成不利影响。

知识链接
配方奶喂养
注意事项

微课
婴儿拍嗝

2. 配方奶喂养技巧

配方奶哺喂前，注意观察婴儿表现出的饥饿信号并及时回应。照护者应在婴儿清醒状态下喂奶，将婴儿抱起，使婴儿身体和面孔朝向上斜卧于

怀中，并注意互动交流，让婴儿偎依在胸前，做到胸贴胸，腹贴腹，这种亲密的身体接触可以给婴儿带来安全感和舒适感（见图2-4）。

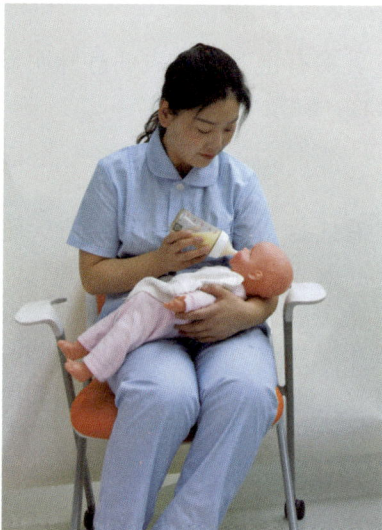

图2-4　紧抱婴儿

喂奶时，用奶嘴轻触婴儿上唇，婴儿会含住奶嘴，将奶瓶保持以45°角左右倾斜，确保奶嘴及瓶颈部充满奶液，以避免婴儿吸奶时吸入奶瓶中的空气，引起溢乳。喂奶过程中应随时观察婴儿面色、是否呛奶等状况，如出现张开手指和脚趾、吐出奶液、停止呼吸、把头扭开或推开奶瓶等表现时，可以轻轻移开奶瓶，让婴儿休息一下。当婴儿吮吸速度变慢或者不再吮吸，逐渐睡着时，说明婴儿吃饱了，应停止哺喂。切勿用道具支撑奶瓶，也不可让婴儿自己拿奶瓶，以免导致婴儿窒息（见图2-5）。

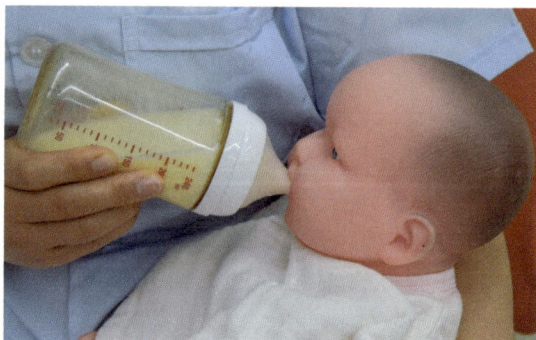

图2-5　喂　奶

喂奶毕，轻轻竖抱婴儿，轻拍其背部至嗝气。拍嗝可采用直立式和端坐式两种方法。直立式为在肩膀上垫口水巾以防婴儿吐奶，竖着抱起婴儿，以空心掌轻拍背部。"五指并拢、手心空、下至上、力适中"，轻拍婴儿的上背部，帮助其打嗝。端坐式是将婴儿放在膝盖上坐着，一只手支撑住婴儿的下巴和肩膀，固定婴儿上身，使婴儿身体稍微往前倾，另一只手用空心掌轻轻拍打后背（见图2-6）。

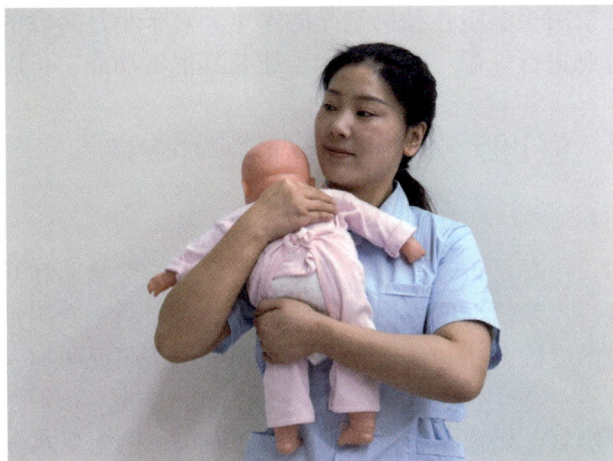

图2-6 拍　嗝

四、任务实施

（一）任务分析

派派是一名 3 个月大的宝宝，体重正常，睡醒后出现哭闹、吃手、咂嘴等饥饿信号，经过评估，确认派派需要喂奶了。

任务：请用正确的方法进行奶粉冲调，并实施喂奶照护。

要求：准备时间 8 分钟，测试时间 8 分钟。

（二）任务操作

教师示范操作，学生分组练习。

1. 准备工作

1）个人准备

着装整洁、修剪指甲、去除首饰、洗净双手、仪容仪表符合职业要求。

2）婴儿准备

婴儿身体状况及精神状态良好，发出饥饿信号。

3）环境准备

室内干净、整洁、安全、温湿度及光线、声音强度适宜。

4）物品准备

（1）奶瓶：准备 5~6 个不同容量（120~280 mL）的奶瓶，有标准口径和宽口径奶瓶，以 240 mL 的耐热玻璃奶瓶为宜。

（2）奶嘴：准备和奶瓶配套的奶嘴 3~4 个，根据选用的奶瓶挑选不同嘴型的奶嘴。

（3）清洁工具：配备专门的奶瓶刷和奶嘴刷。

（4）恒温水壶调奶器：具备煮沸、恒温、调温等功能。烧开水后，可降至设定温度并保持恒温；给婴儿冲奶粉，可将温度直接设置为 40℃，方便冲奶。

（5）暖奶器：是指用于温暖各种奶制品的家电。对于小月龄段的婴儿，暖奶器可以用于对冲泡好的配方奶进行保温。有的暖奶器还兼具消毒功能，可以对奶瓶和奶嘴进行消毒；

（6）奶瓶消毒锅：专门用于奶瓶和婴儿用品消毒的器具。

2. 实施步骤

（1）清洁、消毒。

（2）取、泡奶粉：一看是否符合月龄段，二看是否在保质期和开罐有效期，三看浓度比，四看冲调温度。一般情况下，奶粉包装内都会附带一个专用量勺，包装上会明确标注不同月龄所对应的准确配比和每次大致的喂哺量。按照说明加入正确数量平勺的奶粉即可。

（3）倒水。拧开奶瓶，奶盖倒放，手不能触碰瓶口，倒入温水。水温和水量都要按照奶粉罐上的说明。比如，一款奶粉需要50℃温水冲泡，一勺奶粉对应30 mL水，若婴儿要喝3勺奶粉，就需要倒入90 mL的50℃温水。

（4）舀奶粉。按照比例将奶粉舀入奶瓶内，注意奶勺不要触碰瓶口。冲奶粉的时候，水加得太少，奶粉就会冲得太浓，婴儿吃下去往往无法完全消化，甚至会腹泻；水加得太多，奶粉就冲得太淡了，婴儿吃同样多的奶，却无法获得足够的营养，容易导致营养不良，影响婴儿的健康生长发育。所以千万不要随意改变水和奶粉的比例。

（5）摇匀。盖好奶瓶盖，将奶瓶沿顺时针或逆时针一个方向轻轻地摇动，使奶粉充分溶解，拧松奶瓶盖放气后再拧紧，至不漏奶即可。

（6）试温：滴数滴奶液于手腕内侧试温，温度合适后才能给婴儿喂奶。

（7）清洁、消毒。

五、任务评价

从自评、他评和教师评价等角度对任务实施过程进行点评（见表2-5）。

赛证真题
2-2

表2-5 任务实施评价表

项目	操作要求	回应性照护要点/说明	是否做到
操作准备	自身准备：着装整洁、修剪指甲、去除首饰、洗净双手、仪容仪表符合职业要求	语言流畅，语音标准，态度亲和，陈述完整	□是□否
	环境准备：室内干净、整洁、安全、温湿度及光线、声音强度适宜	创设良好的喂养环境	□是□否
	物品准备：物品准备齐全，放置合理		□是□否
	婴儿准备：检查婴儿身体状况及精神状态，识别婴儿饥饿信号（咂嘴等），查看喂奶记录，检查婴儿纸尿裤是否需要更换	关注婴儿，与婴儿沟通互动有效	□是□否

项目		操作要求	回应性照护要点/说明	是否做到
操作过程	奶粉冲调步骤	核对奶粉罐上婴儿姓名，奶粉生产日期、保质期、开罐日期、奶粉有无结块，是否有异味	—	□是□否
		取奶瓶，拧开奶瓶盖，将奶瓶盖妥善放在干净卫生处	—	□是□否
		按照奶粉罐说明及婴儿奶量计算需要奶粉量和温水量	按需喂养	□是□否
		将温度适宜的温开水倒入奶瓶中，并检查奶嘴流速，用标准小勺取奶粉并刮平	防止烫伤	□是□否
		将奶粉倒入已加温开水的奶瓶中，将小勺放回原位置	—	□是□否
		一手持奶瓶，另一手拧上奶瓶盖，握住奶瓶，使用正确的方法将奶粉充分溶解，避免产生过多的气泡。观察奶液情况，如有挂壁继续摇动奶瓶	防止呛奶	□是□否
		倒置奶瓶使奶汁滴于手背上或前臂内侧皮肤试奶液温度，口述"温度适宜"	—	□是□否
	喂哺婴儿操作步骤	将婴儿抱入怀中，头部在照护者的肘弯处，用前臂支撑婴儿的后背，使其呈半坐姿势	—	□是□否
		给婴儿带上围兜，手拿奶瓶，再次试奶温。用奶嘴轻触婴儿下唇，待其张开嘴后顺势放入奶嘴	—	□是□否
		喂奶时，始终保持奶瓶倾斜，使奶液充满奶嘴。避免婴儿吸入空气，引起溢乳	—	□是□否
		喂奶结束，用擦口巾擦净婴儿嘴角的奶汁	—	□是□否
		将婴儿轻轻竖着抱起，采取正确的方法排出婴儿胃内空气	观察有无吐奶、溢奶现象	□是□否
		拍嗝后，可将婴儿放在婴儿床睡觉，采取右侧卧位，注意保暖	—	□是□否
操作整理		整理用物，分类处理 记录冲泡奶粉量、喂奶的时间、喂奶量等 记录照护措施及婴儿情况	操作规范，动作熟练，过程清晰有序	□是□否

任务三 7—24 月龄婴幼儿喂养照护

一、任务情境

派派从 6 个多月以来，一直进食泥状食物，如含铁米粉、蔬菜泥、水果泥、肉泥等，导致 1 岁了还不会咀嚼食物。妈妈认为派派年龄还小，牙齿都没长几颗，胃肠功能弱，觉得软烂的食物更有利于消化吸收。

请问派派的食物性状需要改变吗？妈妈的想法有何不妥？

二、任务目标

知识目标： 掌握婴儿辅食添加的信号、总体原则及辅食添加的阶段。

技能目标： 能指导家长科学添加辅食。

素养目标： 具有培养婴幼儿良好饮食习惯的耐心和责任心。

三、知识储备

世界卫生组织（WHO）推荐在婴儿出生后的前 6 个月进行纯母乳喂养。满 6 月龄起，在继续母乳喂养的基础上添加辅食，以满足其生长发育对营养的需要。对于 7—12 月龄婴幼儿，母乳仍然是重要的营养来源，但单一的母乳喂养已经不能完全满足其对能量及营养素的需求，必须引入其他营养丰富的食物。

（一）辅食添加的信号

当婴儿出现以下 4 种情况时，可考虑提前添加辅食，但添加时间不应早于 4 个月：

（1）头部控制良好（能稳定保持头部在正中位置，或能通过转头表示拒绝进食）。

（2）维持支撑下可保持坐姿稳定。

（3）挺舌反射已逐渐消失。

（4）对成人的食物表现出明显兴趣。

需特别注意的是，少数婴儿可能因特殊健康状况等原因需要提前或推迟添加辅食。

这些婴儿必须在医师的指导下选择辅食添加时间，但一定不能早于满 4 月龄前，并在满 6 月龄后尽快添加。

（二）辅食添加的总体原则

辅食添加的种类包括谷薯类、豆类及坚果类、动物性食物（鱼、禽、肉及内脏）、蛋、含维生素 A 丰富的蔬果、其他蔬果、奶类及奶制品等 7 类。

刚开始添加辅食时，每次只添加一种新的食物，遵循"由少到多、由稀到稠、由细到粗"的原则逐步推进。从一种富铁泥糊状食物开始，如强化铁的婴儿米粉、肉泥等，逐渐增加食物种类，过渡到半固体或固体食物，如烂面、肉末、碎菜、水果粒等。每引入一种新的食物应适应 2 ~ 3 天，密切观察是否出现呕吐、腹泻、皮疹等不良反应，待婴儿完全适应一种食物后，再引入其他新的食物。

建议在婴儿开始添加辅食后适时引入花生、鸡蛋、鱼肉等易致敏食物，有助于降低其发生食物过敏或特应性皮炎的风险。

（三）辅食添加的阶段

根据不同月龄婴幼儿的发育特点，将辅食添加的阶段分为吞咽期、蠕嚼期、细嚼期和咀嚼期四个时期。

1. 吞咽期：6 个月左右

吞咽期主要指的是 6 个月婴儿，若在 4—5 个月开始添加辅食，也可归为此阶段。这个阶段是照护者尝试让婴儿感受辅食、接受辅食和练习吞咽等摄食技能的过程。吞咽期婴儿的舌头只会前后运动，无法直接吞咽食物，因此建议将食物处理成黏稠顺滑的糊状更适合此阶段的生理特点，比如冲泡好的米粉、蔬菜泥、水果泥。

此阶段，婴儿对奶的需求是每天 800 ~ 1 000 mL。照护者可以根据婴儿的实际情况来调整辅食，但是切记，辅食添加不能影响正常奶量摄入，否则本末倒置，不利于婴儿的健康。初始每日 1 顿正常奶量逐渐增加至 2 顿。刚开始添加时，首先选择上午或中午时段，因为婴儿添加新辅食，身体可能不适应，或者出现过敏反应，白天添加的话，一旦出现过敏反应，观察得更清楚，就医也更方便。观察 2 ~ 3 天以后，如果婴儿没有任何异常的话，照护者可以根据需求调整辅食添加的时间，上午、下午、傍晚都可以。

刚开始添加辅食最好选择在婴儿不疲劳或半饱时，婴儿会更有耐心或兴趣尝试新的食物。婴儿对新的味道或气味会有各种反应，如皱眉、干呕、困惑、闭嘴。如果婴儿紧闭嘴巴或把头转开，不要强迫或哄骗他们进食，可以等下次再尝试。但只要婴儿张嘴，表明他愿意尝试（见图 2-7）。

图 2-7　用小勺喂食出现的不同反应（WPS AI 生成）

2.蠕嚼期：7—8个月

蠕嚼期指的是"舌嚼碎＋牙龈咀嚼"的时期，也就是7—8个月的时候。此时婴儿多数已经萌出了切牙，具有一定的咀嚼、吞咽能力、消化能力也在提高。所以婴儿需要进食质地稍厚的泥末状食物，比如稠些的牛肉泥、鱼肉泥、小米糊、熬得非常软烂的粥。8个月还可以尝试一些碎末状食物，比如加了肉末和海带末的羹。与此同时，可以让8个月的婴儿抓握、玩弄小勺并让其尝试手指辅食（见图2-8～图2-9）。辅食一般可以选择切成块的胡萝卜、香蕉等，既可以锻炼咀嚼能力，还可以训练手眼协调能力，提高婴儿自主进食的兴趣和积极性。

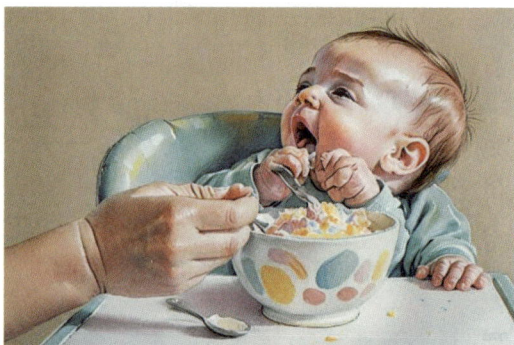

图2-8 抓握、玩弄小勺
（WPS AI 生成）

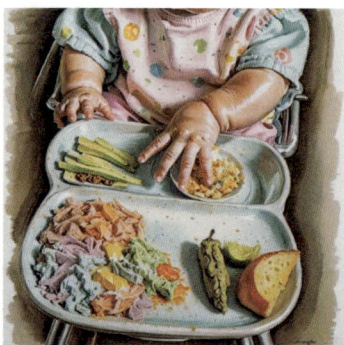

图2-9 尝试手指辅食
（WPS AI 生成）

此阶段婴儿对奶的需求基本为每天700～800 mL。在前期辅食的基础上，照护者可以适当增加谷薯类食物、蔬菜和水果的种类；注意食物的能量密度和蛋白质的含量，富铁食物、深色蔬菜优先。高蛋白食物包括动物性食物如蛋黄、畜禽类、鱼类和豆类食物。红肉、肝泥、动物血中的铁含量丰富且易于吸收，而蛋黄及植物类食物中的铁吸收率较低。根据辅食种类搭配或烹制需要可添加少许油脂，以植物油为佳，数量应在10 g以内。

从婴儿7个月开始，辅食添加量增加为每天2顿，每次2/3碗。谷薯类食物，如面条、面包或土豆等3～8勺；动物类、豆类食物如蛋黄、红肉、鸡肉、鱼肉、肝脏，豆腐等3～4勺；蔬菜、水果类各1/3碗。

辅食添加是一个由少到多的渐进过程，推荐量只是达到稳定状态的平均量。婴儿生长发育迅速，个体差异较大，在实际喂养中应视婴儿个体情况，按需喂养。定期测量儿童体重、身长等进行生长发育评价，可衡量喂养是否满足了婴儿的营养需要。

3.细嚼期：9—10个月

9—10个月属于细嚼期，婴儿进入咀嚼能力学习的黄金期，通过前两个阶段的辅食添加，婴儿已经适应了多数常见食物并且达到了一定进食数量，手眼协调摄取食物的能力得到发展，口腔咀嚼、翻动、吞咽食物的能力更加熟练（见图2-10）。这个阶段需要添加质地柔软的碎块状、指状辅食，进一步强化喂养模式，培养良好的饮食习惯。

此阶段婴儿对奶的需求基本为每天600～700 mL。照护者可以继续添加各种谷类食物如软米饭、手抓面包、磨牙饼干，豆类食物如豆腐，动物性食物如蛋黄、畜禽类、鱼类食物以及常见蔬菜和水果等食物。油脂的量在10 g以内。

图 2-10　婴儿细嚼期进食（WPS AI 生成）

根据婴儿需要增加进食量，一般每天 2～3 次，每次 3/4 碗。进食量为每天谷薯类食物 1/2～3/4 碗，动物类包括蛋黄、红肉、禽肉、鱼肉等 4～6 勺，蔬菜类和水果类各 1/2 碗。让婴儿与家人同桌吃饭，在照护者的帮助下练习用勺进食，用杯子喝水，使进餐过程变得有趣，从而增强婴儿进食的积极性和主动性。

这个阶段是婴儿营养迅速增加的时期，辅食已经成了婴儿主要的营养来源，母乳或配方奶和辅食的安排占比应为：辅食占 60%～70%，母乳或配方奶占 30%～40%。

4. 咀嚼期：11—24 个月

多数幼儿 1 岁后乳磨牙开始萌出，咀嚼能力明显提高，也具备较好的运动协调能力、一定的认知能力和自控能力，该阶段是进一步锻炼自主进食能力、培养巩固良好饮食习惯的重要时期。

这个阶段是幼儿辅食占比提升至 75%，母乳或配方奶降至 25%，每天奶量约 500 mL。1 岁后，成人常吃的食材基本都可以给幼儿尝试添加，使幼儿的辅食种类丰富起来，营养也能得到均衡补充。一般每日 3 餐，每餐 1 碗，另加餐 2 次，在两次正餐之间各加 1 次。辅食数量大约是每天谷物类 3/4 碗至 1 碗多，鸡蛋、红肉、禽肉、鱼肉约 6～8 勺，蔬菜类和水果类各 1/2～2/3 碗。注意口味清淡，每天油脂量控制在 15 g 以内，食盐量不超过 1.5 g，避免食用刺激性的食物。

这个阶段可让幼儿和家人同桌吃饭，培养进食节律和良好饮食习惯。在给他们喂食时，可以给幼儿一只勺子玩耍，适时把食物放在幼儿的勺子里，引导他自己放进嘴里，鼓励幼儿用勺、手拿等方式自主进食，帮助其到 2 岁时能够完全自主进食。由于婴幼儿对周围事物兴趣增加，他们在吃辅食时可能会边吃边玩、喜欢自己用手抓食物吃，而且这种状态可能持续到 2—3 岁，照护者需要耐心地配合婴幼儿的进食习惯。进餐时间一般控制在 20 分钟内，最长不超过 30 分钟。避免吃饭时玩游戏、看电视等分散注意力的活动。

上述辅食添加的四个阶段进程如表 2-6 所示。

表 2-6　辅食添加的阶段

月龄	6月龄 吞咽期	7—8月龄 蠕嚼期	9—10月龄 细嚼期	11—24月龄 咀嚼期
口腔处理食物的主要方式	基本整吞整咽	舌嚼碎＋牙龈咀嚼	主要以牙龈咀嚼	主要以牙齿咀嚼
自主进食能力训练	让婴儿抓握、玩弄小勺，用手抓食		用拇指和食指抓取食物	熟练掌握用手指喂食，培养用勺子进食
食物质地	泥糊状	稠泥状、碎末状	碎块状、指状	软烂的家庭食物
辅食餐次	每天1～2次	每天2次，每次2/3碗	每天2～3次，每次3/4碗	每天3次，每次1碗
食物种类（每日）奶及奶制品类	800～1 000 mL	700～800 mL	600～700 mL	500 mL
谷薯、主食类	含铁米粉1～2勺			
豆类及坚果类	—			
动物性食物（鱼、禽、肉及内脏）	—	*添加辅食种类每日不少于4种，并且至少应包括一种动物性食物、一种蔬菜和一种谷薯类。		
蛋类	—			
含维生素A丰富的蔬果	菜泥1～2勺，水果泥1～2勺			
其他蔬果				

注：1勺=10 mL；1碗=250 mL（小饭碗：口径10 cm，高5 cm）。图片由WPS AI生成。

（四）辅食合理制作

婴幼儿辅食应单独制作，选用新鲜、优质、无污染的食材和清洁的水进行制作。烹调宜采用蒸、煮、炖、煨等方式，食材要完全去除硬皮、骨、刺、核等，豆类或坚果要充分磨碎。1岁以内婴儿辅食应保持原味，不添加盐、糖和调味品，1岁以后辅食要做到少盐、少糖。鼓励幼儿尝试多样化食物，避免食用经过腌制、卤制、烧烤类食物，以及重油、甜腻、辛辣等有刺激的重口味食物。

家庭食物的质地多不适合婴幼儿食用，且添加盐、糖等调味品的量常超过婴幼儿需要量，因此婴幼儿辅食需要单独制作，尽量避免添加盐、糖及各种调味品，保持食物的天然味道。淡口味食物有利于提高婴幼儿对不同天然食物口味的接受度，培养健康饮食习惯，减少偏食和挑食的风险。同时，淡口味食物还能减少婴幼儿盐、糖的摄入量，降低儿童期及成人期罹患肥胖、糖尿病、高血压、心血管疾病的风险。过多吃糖还会增加儿童患龋齿的风险。添加适量和适宜的油脂，有助于婴幼儿获得必需脂肪酸。

四、任务实施

（一）任务分析

派派 1 岁了，仍不会咀嚼食物，原因在于妈妈存在认知误区，持续给派派提供泥状食物。需转变妈妈观念，通过科学的方法引导派派学会咀嚼，促进口腔肌肉发育与自主进食能力的培养。

任务：帮助家长转变观念，并掌握科学辅食添加方法。

要求：准备时间 8 分钟，测试时间 8 分钟。

（二）任务操作

教师示范操作，学生分组练习。

1. 准备工作

1）个人准备

着装整洁，修剪指甲，去除首饰，洗净双手，以亲切、耐心的态度面对派派和妈妈。

2）环境准备

用餐环境安静、舒适、光线充足，温度和湿度适宜。清理周围杂物，避免干扰。准备适合派派高度的儿童餐椅，确保稳固安全。

3）物品准备

（1）适合锻炼咀嚼的食物，如蒸熟的胡萝卜条、苹果片、软米饭、小肉丸等；

（2）儿童餐具，包括小勺、小碗、餐盘，材质安全且易抓握；

（3）围兜、口水巾，防止食物弄脏衣物；

（4）纸巾，随时擦拭派派的嘴巴和手。

2. 实施步骤

1）知识科普

与派派妈妈沟通，耐心讲解 1 岁孩子咀嚼食物对口腔肌肉发育、牙齿生长、消化功能及培养自主进食能力的重要性。例如，说明咀嚼能锻炼口腔肌肉，为今后清晰发音奠定基础；充分咀嚼有助于食物初步消化，减轻胃肠负担。

分享其他孩子从泥状食物过渡到固体食物的成功案例，增强妈妈信心。

提供权威育儿资料或咨询专业医生建议，让妈妈认识到及时让派派学习咀嚼的必要性。

2）食物引入

从质地较软、易咀嚼的食物开始，如蒸熟的胡萝卜条，长度 2~3 厘米，粗细适中，方便派派抓握。初次尝试时，给 1~2 条即可。

把苹果切成薄片，厚度 0.3~0.5 厘米，大小适合派派放入口中。

逐渐引入软米饭，每次喂食量从一小勺开始，观察派派反应。

制作小肉丸，选用新鲜瘦肉，剁碎后加入适量淀粉、调料制成直径 1~2 厘米的肉丸，煮熟后给派派食用。

3）示范引导

家长亲自示范咀嚼动作：先张大嘴巴，然后缓慢咀嚼食物，让派派清晰地看到。同时，用夸张的表情和声音表现食物的美味，以吸引派派模仿。

具体操作时，可以将食物放入自己口中，慢慢咀嚼，然后鼓励派派也尝试同样的动作。

当派派做出咀嚼动作时，及时给予肯定和表扬，比如微笑、鼓掌、说"宝宝真棒"等正向反馈。

4）观察与调整

密切观察派派咀嚼和吞咽情况，若出现噎呛，需立刻停止喂食，迅速采取正确的急救措施（如海姆立克急救法），并及时就医。

根据派派的接受程度和咀嚼能力，逐渐调整食物质地和大小。如果派派能轻松咀嚼胡萝卜条，可适当增加食物硬度或切得更粗一些。

记录派派每天进食情况，包括食物种类、摄入量、咀嚼表现等，以便及时发现问题并调整方案。

五、任务评价

从自评、他评和教师评价等角度对任务实施过程进行点评（见表2-7）。

赛证真题 2-3

表2-7　任务实施评价

项目		操作要求	回应性照护要点/说明	是否做到
操作准备		自身准备：着装整洁、修剪指甲、去除首饰、洗净双手，以亲切、耐心态度面对派派和妈妈	语言流畅，语音标准，态度亲和，陈述完整	□是□否
		环境准备：用餐环境安静、舒适、光线充足，温度和湿度适宜。清理周围杂物，避免干扰。准备适合派派高度的儿童餐椅，确保稳固安全	创设良好的喂养环境	□是□否
		物品准备：物品准备齐全，放置合理	—	□是□否
		婴幼儿准备：婴儿身体状况及精神状态，识别婴儿饥饿（咂嘴等）或饱腹等各种信号	关注幼儿，与幼儿沟通互动有效	□是□否
操作过程	妈妈观念转变	分享成功案例，增强妈妈信心	了解妈妈对派派咀嚼食物的态度	□是□否
		权威育儿资料或咨询专业医生建议	—	□是□否
		耐心讲解1岁孩子咀嚼食物对口腔肌肉发育、牙齿生长、消化功能及培养自主进食能力的重要性	从最初的担忧转变为积极支持	□是□否
	训练派派咀嚼能力	选择在幼儿不疲劳或半饱时，幼儿会更有耐心或有兴趣尝试新的食物。当幼儿张嘴，表明他愿意尝试。当幼儿出现皱眉、干呕、困惑、闭嘴等动作，或紧闭嘴巴或把头转开，不要强迫或哄骗他们进食，可以等下次再尝试	观察幼儿情绪、神情等	□是□否
		从质地较软、易咀嚼的食物开始，如蒸熟的胡萝卜条，把苹果切成薄片，引入软米饭，小肉丸等	观察幼儿的反应	□是□否

项目		操作要求	回应性照护要点／说明	是否做到
操作 过程	训练派派咀嚼能力	示范咀嚼动作，张大嘴巴，缓慢咀嚼食物，让派派清晰看到，用夸张的表情和声音表现食物的美味，吸引派派模仿	观察幼儿情绪、神情等	□是□否
		将食物放入自己口中，慢慢咀嚼，鼓励派派也尝试	—	□是□否
		当派派做出咀嚼动作时，及时给予肯定和表扬，如微笑、鼓掌、说"宝宝真棒"等	观察幼儿的反应	□是□否
		根据派派的接受程度和咀嚼能力，逐渐调整食物质地和大小。如果派派能轻松咀嚼胡萝卜条，可适当增加食物硬度或切得更粗一些	—	□是□否
		密切观察派派咀嚼和吞咽情况，若出现噎呛，立即停止喂食，采取正确急救措施（如海姆立克急救法），并及时就医	—	□是□否
操作 整理		整理用物，分类处理 记录派派每天进食情况，包括食物种类、摄入量、咀嚼表现等，以便及时发现问题并调整方案	操作规范，动作熟练，过程清晰有序	□是□否

任务四　婴幼儿良好进餐习惯的培养

一、任务情境

派派 30 个月，每次在家吃饭，奶奶总是追着跑着喂派派，有时坐在宝宝椅上喂，有时在小床上喂，有时又坐在沙发上喂养。爸爸、妈妈、爷爷见奶奶搞不定派派，轮番上阵。派派不爱吃蔬菜，每次都是妈妈哄着才能吃下去，每次吃饭都要持续一个多小时才结束。

请寻找事例中的喂养误区，说说有何不妥？

二、任务目标

知识目标：掌握婴幼儿良好进餐行为的培养技巧。

技能目标：（1）能创设婴幼儿良好的就餐环境。

（2）能帮助婴幼儿建立良好的进餐行为。

（3）能正确处理婴幼儿偏食、挑食等不良习惯。

素养目标：培养顺应喂养的观念，具备"饮食生活教育"的育儿观。

三、知识储备

婴幼儿的进餐行为是指婴幼儿在进餐过程中所表现出的一系列外在行为，包括婴幼儿与食物、餐具等物品及与照护者之间的互动行为，如食物恐新、挑食、偏食、情绪性饮食等。在婴幼儿时期养成的进餐习惯将成为后续饮食行为的基础，对婴幼儿的营养状况和健康状况有重要影响。婴幼儿进餐行为受遗传、家庭环境、睡眠、气质、父母喂养行为等因素共同影响，其中父母喂养行为是关键的影响因素之一。喂养行为具体指照护者为影响婴幼儿进餐而采取的具体方法或行为，是重要的、可改变、可干预的环境因素。

（一）照护者的喂养行为

生活中常见的喂养方式有照护者过度主导型、婴幼儿过度主导型、照护者忽视型及互动型四种模式。

照护者过度主导型可进一步细分为控制型、强迫型和限制型三种。控制型指照护者单方面规定婴幼儿进食时间和量，忽视其发出的饥饿信号或饱足信号；强迫型指照护者强迫婴幼儿进食特定的食物和固定量，完全忽略婴幼儿自身感受，易造成进食对抗；限制型指照护者对婴幼儿进食行为及进食技能的发展施加过度限制。

知识拓展

婴幼儿饮食行为问题——"恐新症"

当婴幼儿拒绝吃饭时应当理解为排斥，如强迫喂养，这无论对照护者还是婴幼儿，都会产生紧张和挫败感。在这种情景中，任何一方表达自己的意愿都不被对方所理解；婴幼儿失去他（她）的自主性，而照护者因为没有完成喂养婴幼儿的任务而感到沮丧。结果导致婴幼儿可能不能表达他们内在的满足信号，而对照护者交流失去兴趣，导致婴幼儿出现心理行为问题和饮食行为问题，如在尝试新口味的食物时表现为消极反应，也就是"恐新症"。

婴幼儿过度主导型，也就是放纵型，指照护者对婴幼儿的喂养行为比较纵容，允许婴幼儿在进食中占据过多主导权，进而导致膳食比例不协调，不良进食行为的增加。

照护者忽视型是指照护者或抚养者对婴幼儿的养育较为忽视，既未能及时识别婴幼儿发出的饥饿信号，也不能及时为婴幼儿提供所需的食物。

知识拓展

婴幼儿饮食行为问题——营养问题

当照护者没有留意婴幼儿发出的饥饿和吃饱的信号时，不管在儿童期还是成年期，非顺应喂养都会导致体重快速增加进而发展为超重，也可能导致营养不良。在20世纪80年代，尼日利亚的一项研究显示，大多数妈妈每天工作8小时，她们为了节省时间选择了亲自喂孩子吃饭，这常常出现婴幼儿被强迫喂养而导致非顺应喂养。该项研究结果发现，与非亲自喂养相比，强迫亲自喂养会导致孩子出现体重低于同年龄、同身高的儿童。赫尔利（Hurley）等通过系统评价发现，在发达国家中非顺应喂养与儿童超重和肥胖密切相关。

相关研究显示，照护者过度主导型、婴幼儿过度主导型、照护者忽视型等非顺应性喂养行为会增加婴幼儿的不良就餐体验，引发不良情绪甚至逆反心理，进而导致孩子挑食、偏食、情绪性饮食等不良饮食行为的形成［见图2-11（a）］。控制型喂养（照护者限制婴幼儿摄入某些食物）反而会强化婴幼儿对所限制食物的渴望，当婴幼儿有机会接触这些食物时，其摄入量往往会增加。强迫进食行为可能会引起婴幼儿对相关食物的厌恶情绪，并导致他们避免摄入这些食物的行为倾向。此外，食物奖励行为，即照护者给婴幼儿提供糖果、巧克力、饼干等高能量密度的食物，可能会暗示婴幼儿此类食物具有奖励特性，促使其因外部诱因而非自身饥饱感进食，最终养成不良饮食习惯。

照护者和婴幼儿互动型是指婴幼儿通过动作、面部表情和语言等方式发出信号，照护者能够及时识别并给予适当回应［见图 2-11（b）］。婴幼儿逐渐体验、学习并理解照护者的回应方式。这有助于建立照护者与婴幼儿之间稳固的情感联结和安全型依恋关系。显著促进婴幼儿的认知能力和心理行为发育。通过良性互动，婴幼儿能够学习长期关注自身的需求，增进对自身内在感受的认识，感受到安全、被关爱、被接纳，还可以促进婴幼儿对喂养的关注和兴趣，关注自身饥饿和饱足的内在信号，发展婴幼儿运用清晰而有意义的信号与照护者表达沟通需求的能力，为独立喂养能力的发展奠定基础。

（a）　　　　　　　　　　　　　　　　（b）

图 2-11　不同类型喂养行为（WPS AI 生成）
（a）照护者过度主导型；（b）照护者和婴幼儿互动型

（二）顺应喂养的基本概念

　　根据不同年龄婴幼儿的生理营养需要、进食能力和行为发育需要，应提倡顺应喂养。顺应喂养（Responsive Feeding）是在顺应养育框架下发展起来的婴幼儿喂养模式，其核心在于强调喂养过程中照护者和婴幼儿的双向互动，要求照护者准确感知婴幼儿发出的饥饿和饱足信号（动作、表情、声音等），并给予及时、恰当的回应，鼓励但不强迫婴幼儿进食。从辅食添加初期开始，就应引导婴幼儿学习食物在口腔中的移动、咀嚼和吞咽技巧，逐步提升自主进食能力，为其长期健康发展奠定营养基础。

　　顺应喂养的主要步骤包括：①照护者应确保食物健康、美味，并符合婴幼儿当前发育水平，在婴幼儿表现出饥饿信号时及时供给。②照护者应确保婴幼儿喂养环境愉快而不受干扰，确保婴幼儿保持舒适坐姿，建议面朝其他人以促进社交互动。③照护者与婴幼儿之间的意愿表达明确、清晰，照护者鼓励并注意婴幼儿发出饥饿和饱足信号。④照护者的回应必须及时、充满情感、灵活且方式恰当。

　　顺应喂养有以下基本原则：①提供丰富多样的食物，包括鱼、虾、蛋、奶、水果和蔬菜等。②在婴幼儿自主进食前，确保其双手清洁。③自我喂养：鼓励婴幼儿自己拿取食物并进食。④顺应：观察和解读婴幼儿发出的有关喂养的信号并给予回应。⑤当婴幼儿拒绝时，应停止喂养并分析拒绝的原因，不要强迫喂养。

　　不同月龄阶段婴幼儿与照护者的回应性喂养情况如表 2-8 所示。

表 2-8　婴幼儿与照护者的回应性喂养

月龄	照护者喂养准备	婴幼儿的表达技能	饥饿信号	饱腹信号	照护者的反应	婴幼儿收获体验
0—6	婴幼儿发出饥饿信号时准备喂养	主要通过声音、面部、表情、动作，以及觅食反射和吸吮反射传达饥饿和饱腹信号	哭闹不止、吃手、喂养时张大嘴巴、微笑注视着照护者	双唇紧闭、扭头躲避、减慢或停止吮吸、吐出乳头或入睡、注意力不集中、边吃边玩	根据婴幼儿的饥饿和饱腹信号开始或停止喂养	自己的进食需求得到满足
6—12	确保婴幼儿处于舒适的体位、制定家庭用餐时间和规则	坐在餐桌前等待、咀嚼或吞咽半固体食物、拿东西往嘴里送	伸手去拿勺子或食物、指向食物、看到食物时很兴奋、用语言或声音表达对食物的渴望	摇头拒绝	使用不同品种、质地和口感的食物对孩子的信号作出反应、对婴幼儿的自我喂养方式给予积极的回应	开始自我喂养、体验新口味和质感的食物、对进食感兴趣
12—24	提供 3~4 种可选择的食物、提供 2~3 份健康的零食、提供可以被婴幼儿拿起、吞咽和咀嚼的食物	能够使用不同的食物进行自我喂养、使用安全用具、用语言表达需求	同 6—12 个月龄的婴幼儿，增加与食物需求相关的词汇	同 6—12 个月龄的婴幼儿，增加与拒绝进食相关的词	对婴幼儿饥饿和饱足的信号作出反应、对婴幼儿自我喂养的能力给予积极回应	尝试新的食物、尝试为自己做事、学会寻求帮助、相信照护者会回应他或她的请求、逐步建立安全依恋关系

知识拓展

不同阶段顺应喂养的运用

　　（1）纯母乳/混合/奶粉喂养阶段顺应喂养的运用：对于 6 个月内的婴儿，母乳作为唯一的食物，不仅可以满足婴儿在该时期的全部营养和情感需求，而且还建立了母亲和孩子之间牢固的纽带，因此建议 0—6 个月婴儿纯母乳喂养。另外，随着婴儿月龄增长，喂养模式应从按需喂养逐步过渡到规律喂养。当婴儿因饥饿哭闹时，应及时喂哺，不要强求喂奶次数和时间。同时，随着月龄增长，逐渐减少喂奶次数，帮助婴儿建立规律哺喂的良好习惯。婴儿异常哭闹时，应考虑非饥饿原因，积极就医。

（2）食物转换期顺应喂养的运用：照护者需要根据婴幼儿的年龄准备好合适的辅食，并按婴幼儿的生活习惯决定辅食喂养的适宜时间。从每次一茶匙、每天2次开始，逐渐地增加喂养次数和喂养量，逐渐增加新食物。给婴幼儿提供种类多样的健康食物和合适的进食环境是照护者应尽的责任，而婴幼儿该做的是决定吃什么和吃多少。

（三）自主进食习惯的养成

1. 自主进食的信号

我们知道婴儿满6月龄时需要添加辅食。具体而言，对于人工喂养的宝宝，应在满6个月时添加辅食，对于母乳喂养的宝宝，也应在满6个月时添加辅食。具体什么时候添加辅食，需要根据婴儿具体情况判断：比如是否可以独立坐稳、是否对成人食物有强烈的兴趣、是否具有一定的手眼嘴协调能力、挺舌反应是否消失等。

婴儿添加辅食后，照护者需要根据婴幼儿进食技能发育规律逐步改变食物性状，并及时进行自主进食指导。6月龄时添加泥糊状辅食，7—9个月龄时可以逐渐添加碎末状辅食，10—12个月龄时可以添加碎块状或指状辅食。与此同时，为锻炼婴儿手眼嘴协调能力并为自主进食做准备，7—9个月龄时可以让婴儿抓握、玩弄小勺，9—12个月龄时，照护者可以坐在婴儿餐椅对面，同时为婴儿提供辅食勺，并在碗里放一点辅食，让婴儿尝试模仿使用餐具。刚开始的时候，不要对婴儿期望过高，因为很多食物会被弄到地上而不是婴儿的嘴里。照护者可在婴儿的餐椅下垫一块塑料布以便饭后收拾。这个时候照护者一定要有足够的耐心，不要把勺子从婴儿手中夺走。婴儿需要不断探索和训练，也需要信心和照护者的鼓励。

1岁时，婴幼儿的饮食结构接近成人，具有一定的咀嚼能力和自主进食能力，开始进入自主进食关键期，具体表现有：

（1）看到照护者手上拿什么都想去抓一把。对照护者手上的东西特别好奇，总想伸手去抓。

（2）拒绝以前最爱吃的食物。吃辅食的时候，下意识地扭头拒绝或是毫不客气地拍掉你递过来的勺子。

（3）模仿大人吃饭，会夸张地咂吧嘴，试着用勺子去戳食物。

知识拓展

自主进食和埃里克森人格发展八阶段理论

在埃里克森人格发展八阶段理论中，自主进食与幼儿期的自主性与质疑阶段有关。在这一阶段（1岁至3岁），婴幼儿开始探索自我，发展自我意识和独立性。

自主进食是婴幼儿学习自我管理和自我决策能力的一部分，这是自主性发展的关键过程。婴幼儿在这个阶段学会表达自己的意愿和作出选择，包括是否要吃某种食物、吃多少以及何时吃。这种自主性的发展与婴幼儿的自我意识和自我照顾能力紧密相关。通过自主进食，婴幼儿不仅能学习到自己的需求和愿望，还能练习解决问题和承担责任。如果婴幼儿在这个阶段得到适当的支持和鼓励，他们会逐渐建立起自信心和自主性，这将对他们未来的心理发展产生积极影响。然而，如果他们在这个过程中受到过度限制或批评，可能会对自己的能力产生质疑，影响其自主性的发展。总之，自主进食是婴幼儿自主性发展阶段的重要组成部分，有助于婴幼儿建立自我意志和自我照顾的能力，是心理健康发展的基石之一。

2. 自主进食的步骤

培养婴幼儿自主进食的习惯可以从以下四个方面着手。

1）营造良好的就餐环境

进餐前由照护者带着婴幼儿一起洗手等，注重进餐卫生。关闭电子产品，移开不必要的物品或危险物品。准备宝宝餐椅，让婴幼儿坐在专用的座位上用适合婴幼儿使用的餐具就餐，穿上吃饭专用的围兜（见图2-12～图2-14）。1岁以后，可让婴幼儿坐在餐椅上和照护者一起进餐，让婴幼儿感受家庭的饮食习惯，帮助婴幼儿养成健康的饮食习惯。

图 2-12　婴幼儿餐椅　　　图 2-13　婴幼儿餐盘和刀叉　　　图 2-14　防水围兜

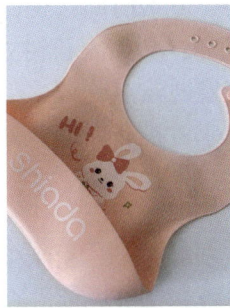

2）提供可选择的食物

照护者提供不同种类的食物，包括鱼、虾、蛋、奶、水果和蔬菜。为适应婴幼儿进食心理，在食物的准备与制作过程中，可以让婴幼儿在一旁观察，照护者可以一边洗菜，一边介绍菜的营养素。通过参与烹饪过程，增强婴幼儿对食物的认知和喜爱。另外，注意食物的色香味形，可以将婴幼儿平时不爱吃的蔬菜摆成婴幼儿喜爱的动物形象。

3）坚持定时、定量

根据家庭生活节奏和婴幼儿作息情况，制定进餐时间表，让婴幼儿定时进餐。此外，婴幼儿进食时间一般控制在20～30分钟，可以根据婴幼儿个体差异适当调整用餐时长。照护者应该提供固定的地点和专用的餐椅，让婴幼儿养成坐在固定位置进餐的习惯，使其明白吃饭只能坐在餐椅上吃，吃完了就是吃完了，下了餐椅就不能再吃饭。根据婴幼儿生长发育及日常进食情况确定合适的进餐量，避免出现进食过多或过少的现象，实现平衡膳食。

进餐时不打扰婴幼儿，对婴幼儿进餐时不专心的现象，如撒饭粒、乱丢菜等，应学会"视而不见"。通过这种方式让婴幼儿意识到吃饭是自己的事情，需要靠自己解决，从而培养专注进餐的习惯。

4）照护者以身作则

要注重培养婴幼儿吃饭的兴趣。当婴幼儿对吃饭有兴趣时，照护者要克制自己随时想要喂饭的冲动，能够忍受脏乱，支持其自主进食。当婴幼儿对吃饭没有兴趣时，千万不要强迫婴幼儿进食，要"换位思考"，遵从婴幼儿意愿，遵循"不想吃就不吃"的原则，要立规矩，让婴幼儿重新体验"饥饿"的本能，使其感受到自己是被尊重、爱护、认可的。

要避免随意评价婴幼儿。当婴幼儿出现挑食、偏食行为时，不当面指责，应以正确的方式引导婴幼儿改善不良饮食行为。

要特别注意教育的一致性。要树立正确的饮食观，确保家庭成员在婴幼儿进餐指导上保持统一意见。

四、任务实施

（一）任务分析

派派的事例中存在婴幼儿过度主导型的喂养行为，具体表现为吃饭地点不固定，家人追喂，吃饭时间过长，且不爱吃蔬菜。

任务：帮助家长树立顺应喂养的观念，并纠正派派不良进餐习惯，引导其养成自主进食、定时定点吃饭、不挑食的良好习惯。

要求：准备时间8分钟，测试时间8分钟。

（二）任务操作

教师示范操作，学生分组练习。

1. 准备工作

1）个人准备

着装整洁、修剪指甲、去除首饰、洗净双手、仪容仪表符合职业要求。

2）环境准备

打造专门的进餐区域，如在餐厅摆放适合派派高度的儿童餐椅，固定在餐桌旁，周围避免放置玩具、电视等可能分散注意力的物品。保持进餐环境安静、整洁、安全、光线充足。

3）物品准备

需要准备的物品有：宝宝餐椅、餐盘和辅食刀叉、围兜、小毛巾等。

4）婴幼儿准备

洗手、如厕；穿上吃饭专用的围兜；坐在专用的餐椅上。

2. 实施步骤

1）家庭成员沟通

召集家庭成员一起开会，重点强调培养派派良好进餐习惯的重要性，科普顺应喂养的概念，统一家庭成员的教育观念和方法，避免因意见不一致而让派派感到困惑。

2）建立固定的进餐时间和地点

制定每天固定的进餐时间表，如早餐 8:00、午餐 12:00、晚餐 18:00，中间可适当安排加餐时间。提前 10～15 分钟告知派派即将吃饭，让他有心理准备。进餐时，将派派抱到固定的儿童餐椅上，系好安全带，告诉他只有在餐椅上才能吃饭，不能随意离开。如果派派离开餐椅，家人不要跟着喂，而是把食物收起来，等下一顿饭再提供。

3）培养自主进食能力

刚开始，家长可以示范正确的用勺姿势，让派派模仿。鼓励派派自己用小勺舀食物吃，即使吃得满脸、满身都是，也不要批评或阻止，而是给予肯定和鼓励，如"宝宝自己吃饭，真厉害"。

4）解决挑食问题

不要强迫派派吃蔬菜，而是将蔬菜与他喜欢的食物搭配在一起，如将蔬菜和肉做成小肉丸，或者把蔬菜汁加到面条里。

和派派一起进餐，用有趣的方式介绍蔬菜，向派派介绍食物的营养价值。如讲关于蔬菜的故事、唱儿歌，让派派对蔬菜产生兴趣。可以带派派一起去超市挑选蔬菜，参与洗菜、择菜的过程，增加他对蔬菜的认同感。

当派派尝试吃蔬菜时，及时给予表扬和奖励，如一个小贴纸或者一个拥抱，强化他的良好行为。

5）控制进餐时间

规定每餐的进餐时间为 20～30 分钟，时间一到，无论派派是否吃完，都要把食物收走，中间不再提供额外食物，直到下一顿饭，逐渐让派派明白吃饭要专注，不能拖延时间。

在进餐过程中，不要催促派派，但可以适当提醒他时间，如"宝宝，还有 5 分钟就到吃饭时间结束咯，要加油哦"。

6）家长以身作则

家人在吃饭时要做到不挑食、不偏食，自己积极尝试各种食物，为派派树立良好的榜样，并且不要在吃饭时看电视、玩手机或进行其他分散注意力的活动，专注于进餐，营造良好的用餐氛围。最后辅助派派取下围兜，离开餐椅，引导派派自己擦嘴、漱口。

五、任务评价

从自评、他评和教师评价等角度对任务实施过程进行点评（见表 2-9）。

赛证真题
2-4

表 2-9　任务实施评价

项目	操作要求	回应性照护要点 / 说明	是否做到
操作准备	个人准备：着装整洁、修剪指甲、去除首饰、洗净双手、仪容仪表符合职业要求	语言流畅，语音标准，态度亲和，陈述完整	□是□否

续表

项目		操作要求	回应性照护要点/说明	是否做到
操作准备		环境准备：打造专门的进餐区域，无干扰因素（如电视、玩具等）	创设良好的进餐环境	□是□否
		物品准备：物品准备齐全，放置合理	—	□是□否
		婴幼儿准备：婴儿身体状况及精神状态；洗手、如厕；穿上吃饭专用的围兜；坐在专用的餐椅上	关注幼儿，与幼儿沟通互动有效	□是□否
操作过程	培养家长顺应喂养观念	分享成功案例，增强家长信心	了解其对顺应喂养的态度	□是□否
		权威育儿资料或咨询专业医生建议	—	□是□否
		强调培养派派良好进餐行为的重要性，耐心讲解顺应喂养的基本概念	从最初的担忧转变为积极支持	□是□否
	训练派派自主进餐能力	提供适宜的、安全的食物、水等	—	□是□否
		和幼儿一起进餐，并向幼儿介绍食物的营养价值	耐心解决挑食问题	□是□否
		正确示范使用餐具的方法，动作缓慢、清晰，语言简洁明了，如"宝宝看，像这样用小勺舀起食物"	观察幼儿情绪、神情等	□是□否
		积极鼓励婴幼儿尝试自主进食，对其每一次尝试给予肯定和表扬，如"宝宝自己拿勺子，真棒"	观察幼儿的反应	□是□否
		面对婴幼儿进食过程中的困难（如食物洒落、不会使用餐具），保持耐心，不批评指责，耐心指导解决	观察幼儿情绪、神情等	□是□否
		引导幼儿养成良好的进餐习惯，如坐在餐椅上进食，不边吃边玩，不挑食	—	□是□否
		控制进餐时间，不要催促，但可以适当提醒时间	观察幼儿的反应	□是□否
		辅助幼儿取下围兜，离开餐椅，引导幼儿自己擦嘴、漱口	—	□是□否
操作整理		整理用物，分类处理 定期召开家庭会议，让家人分享派派在进餐方面的变化和问题，共同讨论解决方法。了解家人是否能坚持按照既定方法培养派派的进餐习惯 定期带派派去体检，查看他的体重、身高是否正常增长，评估良好进餐习惯对他生长发育的影响	操作规范，动作熟练，过程清晰有序	□是□否

项目三　婴幼儿饮水照护与回应

任务一　婴幼儿饮水照护

一、任务情境

昕昕是一名 20 个月大的宝宝，经常舔嘴唇，胃口不好，纸尿裤上的尿液黄黄的，平时也不爱喝水。

作为照护者，应该为昕昕每天补充多少水分？应该如何为婴幼儿提供科学饮水指导？

二、任务目标

知识目标：掌握婴幼儿每天的水分需求量。

技能目标：（1）能帮助不同年龄段的婴幼儿选择合适的水杯。

　　　　　　（2）掌握指导婴幼儿用水杯喝水的不同方法。

素养目标：关心和呵护婴幼儿，确保婴幼儿在饮水过程中的安全。

三、知识储备

（一）婴幼儿水分需求量

婴幼儿对水的需要量主要取决于其活动量的大小、外界的气温以及食物的质与量等因素。通常情况下，气温越高，活动量越大，婴幼儿出汗越多，对水的需要量也越多；进食量大、摄入蛋白质和矿物质较多的婴幼儿，需水量也会相应增大。另外，在不同年龄段，需水量也存在差异，年龄越小的婴幼儿需水量越大。如果婴幼儿摄入的水量不能满足自身的需水量，很容易导致缺水（见表 3-1）。

1. 0—6 个月

6 月龄以内的婴儿如果纯母乳喂养，除了生病、大量出汗等情况，一般不需要再额外喂水；奶粉喂养的婴儿，如果严格按照配方奶的成分配比来冲调，通常也无须额外喂水，因为配方奶的成分也是参照母乳调配的，但餐后需要给婴儿喂 1~2 勺水清理口腔。

2. 6—12 个月

6—12 月龄婴幼儿每公斤体重需水量为 120～150 mL，这里综合考虑了辅食添加、活动量增加和新陈代谢需求。需水量包含母乳 / 配方奶、辅食中的水分，并非仅指直接饮水量，实际补水量应扣除奶量和辅食含水量。

3. 1—3 岁

1—3 岁的婴幼儿活动量增大，对水的需求量也随之增加，具体需要摄入的量如表 3-1 所示。除日常饮食之外，每天应少量多次饮水，建议上午、下午各 2～3 次，每次 50～100 mL。

表 3-1　水的适宜摄入量值　　　　　　　　　单位：mL/d

年龄 / 阶段	饮水量		总摄入量	
	男性	女性	男性	女性
0 岁—	—		700	
0.5 岁—	—		900	
1 岁—	—		1 300	
4 岁—	800		1 600	
7 岁—	1 000		1 800	
孕早期	—	+0	—	+0
孕中期	—	+200	—	+300
孕晚期	—	+200	—	+300
乳母	—	+600	—	+1 100

注：在温和的气候条件下，低强度身体活动水平时的摄入量。在不同温湿度和 / 或不同强度身体活动水平时，应进行相应调整。"–"表示未涉及；"+"表示在相应年龄阶段的成年女性需要量基础上增加的需要量。

当婴幼儿身体感到不适时，因语言功能未发育成熟，无法用言语表达时，常常表现出一些异常的征兆或发出不适信号，有时甚至伴有持续哭闹。这时照护者一定要保持敏锐，时刻注意、观察婴幼儿的状态变化，理解、识别婴幼儿发出的信号，并及时作出恰当的回应，让婴幼儿感受到关爱和呵护。0—3 岁婴幼儿不同程度的缺水表现如表 3-2 所示。

表3-2　0—3岁婴幼儿不同程度的缺水表现

	轻度脱水	中度脱水	重度脱水
精神状态	精神稍差 略有不安	精神萎靡 或烦躁不安	精神极度萎靡、表情淡漠、昏睡甚至昏迷
皮肤弹性	皮肤稍干燥 弹性尚可	皮肤苍白干燥 弹性较差	皮肤发灰或有花纹 弹性极差
眼窝、前囟门	稍凹陷	明显凹陷	深度凹陷
口唇黏膜	略干	干燥	极干燥
眼泪	哭时有泪	哭时泪少	哭时无泪
尿量	稍减少	明显减少	极少甚至无尿

（二）指导婴幼儿喝水

饮水是婴幼儿健康和谐全面发展的基础保障，也是日常生活活动中的重要环节。对于托育服务工作者来说，指导婴幼儿用水杯喝水看似简单，实则需要持之以恒的爱心、细心和耐心方能做好。因此，我们要从一点一滴做起，用心做好呵护婴幼儿成长的每一件小事。

1. 水杯的选择

婴幼儿学用水杯喝水，首先要选择合适的水杯。一般来说，婴幼儿喝水用品的进阶顺序是：奶瓶—鸭嘴杯—软吸管杯—敞口杯，这个随着年龄的增长逐渐更换水杯的过程，正是帮助婴幼儿断掉奶瓶吸吮方式、训练自主喝水的过程。婴幼儿6个月后开始慢慢增加辅食，可以慢慢尝试使用鸭嘴杯，补充体内所需用水量。当然，不同的水杯有着不同的材质和不同的设计，是否需要使用、具体选择哪种，除了考虑婴幼儿年龄以外，更应结合婴幼儿自身的特点做出选择。0—3岁婴幼儿在不同年龄阶段水杯的使用顺序如表3-3所示。

表3-3　0—3岁婴幼儿水杯的选用

年龄	水杯		选用原则及照护效果
0—6月龄	奶瓶	无手柄奶瓶（0—3个月） 有手柄奶瓶（3—6个月） 	6个月以前的婴儿使用奶瓶。0—3个月使用无手柄的奶瓶，3—6个月使用带手柄的奶瓶，有助于训练婴儿的抓握能力

续表

年龄	水杯	选用原则及照护效果
6—12月龄	鸭嘴杯	鸭嘴杯与奶瓶类似，主要区别在杯嘴。鸭嘴杯的吸水感受介于奶嘴与吸管之间，可以让婴儿戒掉奶瓶、过渡学饮。鸭嘴杯吸嘴的出水口是一字型，比较细，出水量少，上端还有2个排气孔，双重保障，可防呛水和胀气
12—18月龄	软吸管杯	这时候的婴幼儿已经长出牙齿，软吸管杯可以有效锻炼婴幼儿的牙齿咬合力
18个月以上	敞口杯	通过前几个阶段的训练婴幼儿已经可以基本掌握喝水的方法，这时候我们可以使用敞口杯给婴幼儿喝水，有助于促进婴幼儿的身心健康

2. 用水杯喝水的方法

添加辅食后就要开始训练婴幼儿用水杯喝水，喝水时可以采用半卧位或坐位。以下几种方法可以有效训练婴幼儿用杯子喝水。

1）吸引法

在购买水杯时，可以选择婴幼儿喜欢的卡通图案，用水杯上的卡通图案吸引婴幼儿的注意力。

2）榜样法

可以告诉婴幼儿喜欢的小动物或平日里一起玩耍的小伙伴都很喜欢喝水，鼓励婴幼儿也像他们一样爱上喝水；照护者也可以以身作则，让婴幼儿以自己为榜样，鼓励婴幼儿和自己一起喝水。

3）游戏法

通过游戏的方式，激发婴幼儿主动喝水的兴趣，缓解婴幼儿对喝水的抵触情绪。如图3-1所示，婴幼儿和照护者各拿一个水杯，边讲故事或者边示范，鼓励婴幼儿喝水。

图 3-1 游戏法

（三）指导婴幼儿喝水的回应性照护要点

（1）了解并准确识别婴幼儿缺水的信号，并科学掌握不同年龄段婴幼儿对水量的需求。一旦婴幼儿出现缺水的信号，应及时帮助婴幼儿补充水分，恢复人体机能。

（2）通过随着年龄的增长循序更换水杯的方式，可逐步帮助婴幼儿戒除奶瓶吸吮方式，训练自主喝水的过程，应在不同年龄阶段，帮助婴幼儿选择适合的水杯，推荐顺序是奶瓶—鸭嘴杯—软吸管杯—敞口杯。

（3）婴幼儿添加辅食后就要开始训练用水杯喝水，喝水时可以采用半卧位或坐位。应根据婴幼儿的特点和状态有效采用吸引法、榜样法、游戏法等多种方法训练婴幼儿用水杯喝水。

四、任务实施

（一）任务分析

昕昕 20 个月大了，随着运动量的增加和身体生长需要，更需注意水分补充。目前昕昕存在经常舔嘴唇，尿液黄黄的，显示已经有轻度缺水的症状，胃口不佳说明也开始慢慢影响到消化系统和饮食。为此除了日常饮食之外，每天需要少量、多次饮水，建议上午、下午各 2～3 次，每次 50～100 mL。

任务：作为照护者，根据 1—2 岁幼儿每天的水分需求量，运用恰当的训练方法指导昕昕用水杯喝水。

要求：准备 8 分钟，测试时间 8 分钟。

（二）任务操作

教师示范操作，学生分组练习。

1. 准备工作

1）个人准备

自身准备：着装整洁、修剪指甲、去除首饰、洗净双手、仪容仪表符合职业要求。

2）环境准备

室内干净、整洁、安全、温湿度及光线、声音强度适宜。

3）物品准备

敞口杯、小方巾等。

2. 实施步骤

1）评估幼儿情况

目前幼儿经常舔嘴唇，胃口也不好，纸尿裤的尿液黄黄的，平时也不爱喝水。经过评估，确认昕昕存在缺水的状况，需要饮水指导。

2）挑选幼儿喜爱的水杯

指导幼儿用水杯喝水的关键是挑选合适的水杯，可以让幼儿选择自己喜欢的水杯，从而对杯子充满兴趣，为习惯用水杯喝水做准备。

3）正确示范

用水杯喝水前，先做好正确的示范，引导幼儿跟着学习"如何才能喝到水"。双手握住水杯，小口慢喝，注意头部不要仰太高，避免呛到。另需注意水量不宜过多，水温要适宜。

4）耐心指导和鼓励

对于刚开始使用水杯喝水的幼儿，应有足够的耐心引导，多用语言或肢体动作鼓励

水杯饮水
指导的用物
清单

幼儿。例如："宝宝真棒，可以用小手捧住杯子喝水啦"。

5）食物引导

若幼儿一开始抗拒喝水，可在水杯里倒入其喜欢喝的奶粉或牛奶等饮品，待其熟悉并适应水杯后，再逐渐过渡到喝水。

6）适当采用游戏方式

可以与幼儿玩一些喝水的小游戏，激发幼儿用水杯喝水的兴趣。

赛证真题 3-1

五、任务评价

从自评、他评和教师评价等角度对任务实施过程进行点评（见表3-4）。

表3-4　任务实施评价

项目	操作要求		回应性照护要点/说明	是否做到
操作准备	自身准备：着装整洁、修剪指甲、去除首饰、洗净双手、仪容仪表符合职业要求		语言流畅，语音标准，态度亲和，陈述完整	□是□否
	环境准备：室内干净、整洁、安全、温湿度及光线、声音强度适宜		创设良好的指导环境	□是□否
	物品准备：物品准备齐全，放置合理		—	□是□否
	婴幼儿准备：幼儿身体状况及精神状态，查看喂奶记录，检查幼儿纸尿裤是否需要更换		关注幼儿，与幼儿沟通互动有效	□是□否
操作步骤	评估幼儿目前的情况		—	□是□否
	挑选幼儿喜爱的水杯		—	□是□否
	正确示范	注意水量不宜过多，水温要适宜。两手握住水杯，小口小口喝，注意头不要仰太高，避免呛到	防止烫伤和呛水	□是□否
	耐心指导和鼓励	对于刚开始使用水杯喝水的幼儿，应有足够的耐心引导，多用语言或肢体动作鼓励幼儿	关注幼儿，有效互动	□是□否
	食物引导	若幼儿一开始抗拒喝水，可在水杯里倒入幼儿平时喜欢喝的奶粉或牛奶等饮品，等熟悉并适应水杯后，再逐渐过渡到喝水。泡奶粉时应先核对奶粉生产日期、保质期、开罐日期、奶粉有无结块，是否有异味等	食物引导，按需使用	□是□否
	适当采用游戏方式	可以与幼儿玩一些喝水的小游戏，激发幼儿用水杯喝水的兴趣	按需采用，安全第一	□是□否
操作整理	整理用物，洗手 记录指导过程 记录照护措施及婴幼儿情况		操作规范，动作熟练，过程清晰有序	□是□否

任务二　婴幼儿饮水习惯的培养

一、任务情境

　　昕昕活泼好动，常因专注玩耍而忽略进食饮水和如厕需求。昕昕不爱喝水，当玩累了很渴的时候，又吵着要喝饮料。昕昕妈妈为此感到十分苦恼。

　　请问应如何培养昕昕饮水习惯呢?

二、任务目标

　　知识目标：了解水对身体的重要性以及饮料的负面影响（如高糖分、添加剂等）。

　　技能目标：（1）学会主动观察身体需求（如口干、尿黄等），及时补充水分。

　　　　　　　　（2）掌握正确接水、饮水的操作方法（如双手握杯、控制水量）。

　　素养目标：培养健康饮水意识，形成"白开水优先"的价值观。

三、知识储备

（一）培养良好饮水习惯的重要性

　　"良好习惯的培养要从娃娃抓起"，这不仅体现在饮水习惯上，更应贯穿于婴幼儿每日生活常规的各个方面，这就需要照护者要有足够的耐心和同理心。习惯的培养不是一朝一夕能促成的，加上婴幼儿的大脑和动作发育还不够完善，年龄越小的婴幼儿就越需要我们的帮助，需要我们不断反复指导和训练。所以，我们要根据不同年龄阶段婴幼儿的发展水平，结合个体差异性，选择适合他们的训练方法，并持之以恒地提供帮助。小太阳托育机构一日生活安排表中就有明确的喝水时间表，具体安排如表3-5所示。

表3-5　小太阳托育机构一日生活安排表（10—18个月龄）

一日生活安排表	
6:00—7:00	起床、大小便、盥洗、早饭
7:00—9:00	活动（视听训练；游戏；户外活动等）
9:00—11:00	喝水、第一次睡眠
11:00—11:30	起床、大小便、洗手、午饭
11:30—13:00	室内和室外活动、喝水
13:00—15:30	第二次睡眠
15:30—16:00	起床、小便、吃加餐
16:00—18:30	室内外活动、喝水
18:30—19:00	洗手、晚饭
19:00—20:30	室内外活动、盥洗、大小便、准备入睡
20:30—次日6:00	夜间睡眠

（二）合理安排婴幼儿喝水的时间

"饮水"是婴幼儿生活常规中的重要环节，为了维持水平衡，机体每日必须摄入相应的水分。对于1—3岁的婴幼儿来说，除了随奶类、水果和辅食等一起摄入的水分之外，还需要额外饮水，才能满足身体的需水量。所以，作为照护者，除了日常饮食，还应合理安排婴幼儿喝水的时间。

1. 定时喝水

（1）早晨、午睡起床后，要定时给婴幼儿喝水。因为睡觉时婴幼儿体内在不断进行新陈代谢，特别是夜间，机体的水分损耗会更多。

（2）两餐（早餐—午餐、午餐—晚餐）之间应多喝水。这两个时间段是婴幼儿活动量最大、消耗体能最多的时间，因此每个时间段应该至少给婴幼儿喝1~2次水。

（3）餐前半小时至一小时应给婴幼儿适量饮水。这样可以使婴幼儿的消化道在进餐时分泌足够的消化液，让孩子更有食欲，还能更好地促进食物的消化吸收。

2. 随渴随喝

在安排婴幼儿定时喝水的同时，也不能忽视培养他们"随渴随喝"的习惯。由于外界气温的影响，婴幼儿活动量的大小以及饮食结构、身体状况的差异，定时喝水未必能满足所有的婴幼儿对水的需求量。所以，作为照护者，在婴幼儿活动、游戏中特别是消耗体能较多的时候要根据实际需要有针对性地提醒他们随渴随喝。

（三）培养婴幼儿良好的饮水习惯

1. 婴幼儿良好饮水习惯的培养

中国自古就有"药补不如食补，食补不如水补"的说法，因此，科学饮水，养成良好的饮水习惯对婴幼儿来说尤为重要。作为照护者，我们应该从以下几方面着手培养婴幼儿的饮水习惯：

（1）培养婴幼儿定时饮水的习惯。合理安排饮水时间并形成每日饮水常规，满足机体所需。

（2）培养婴幼儿随渴随喝的习惯。由于外界气温、婴幼儿活动量大小及饮食结构等存在差异，当定时饮水不能满足婴幼儿需求时，要提醒婴幼儿随渴随喝。

（3）培养婴幼儿喝白开水的习惯。白开水是最好的饮料，不仅最解渴，还能促进新陈代谢，提高机体的抗病能力。

（4）培养婴幼儿进餐时不饮水的习惯。在进餐时喝水，水会把食物很快带走，不但不利于食物的消化吸收，还会影响婴幼儿咀嚼能力的锻炼。

（5）培养婴幼儿主动饮水的习惯。随着婴幼儿年龄的增长，可以有意识地培养婴幼儿在无人提醒的情况下养成主动饮水的习惯，这样不但可以及时补充水分，也有利于婴幼儿独立意识的培养，增强婴幼儿的自信心。

2.饮水习惯养成中需注意的问题

（1）选择适合婴幼儿的水杯。在遵循婴幼儿的年龄的前提下，可以根据婴幼儿自己的喜好选择水杯，这样会大大激发婴幼儿喝水的兴趣，有助于培养婴幼儿主动饮水的习惯。

知识链接
婴幼儿喝
饮料的危害

（2）最好喝温开水，不喝冰水或饮料。冰水容易引起婴幼儿胃黏膜收缩，刺激肠胃，甚至引发痉挛；而饮料大多高糖，特别是碳酸饮料，会影响婴幼儿对钙的吸收，对口腔和牙齿都会造成损害，长期饮用还会影响婴幼儿的生长发育。

（3）剧烈运动后不要马上喝水。当进行剧烈运动后，婴幼儿心跳加快，而马上喝水会给心脏造成压力，易导致供血不足。运动后要先稍做休息，缓和片刻再饮水。

（4）在喝水过程中要专注。不要一边玩一边喝，不宜边说话边喝水，也不宜喝太急以免呛水。

思政专栏

剧烈运动后可以立即大量饮水吗？

《吕氏春秋·尽数》指出："饮必小咽，端直无戾。"认为喝汤水的时候，应当小口小口地饮，不要咕噜咕噜地暴饮。中医主张"饮必细呷"，因为"大饮则气逆"，造成呛咳或气喘，甚至造成痰饮病。可见，中华文化博大精深，源远流长。剧烈运动后，通常会心跳加快，立即过量饮水，可能会加重心脏负担、导致水中毒，若水温较低，则可能导致胃肠道痉挛。建议在剧烈运动后，适当休息，恢复正常心率后，少量多次饮用温热的淡盐水，从而避免出现身体不适。

（四）婴幼儿饮水习惯培养的回应性照护要点

（1）在培养婴幼儿饮水习惯时，应注意营造氛围，通过游戏或其他婴幼儿感兴趣的方式示范引导婴幼儿喝水，若婴幼儿拒绝喝水，不应强迫，可稍后再尝试。

（2）持续关注、记录婴幼儿的饮水量和时间，了解其饮水规律，并及时根据婴幼儿的反应调整引导方式，找到最适合婴幼儿的训练方法。

（3）日常生活中应注意定期清洗和消毒婴幼儿的饮水工具，防止细菌滋生；避免提供果汁、饮料等含糖饮品给婴幼儿，以免影响婴幼儿健康。

四、任务实施

（一）任务分析

"规则意识"是在有条不紊的每日生活中自然而然形成的，培养婴幼儿的饮水习惯、建立起良好的生活常规，不仅有利于婴幼儿的生长发育和健康成长，还可以让他们从小养成良好的规则意识。昕昕在玩耍时会忘记吃饭、喝水、大小便，一日生活中的主要环节没有在时间和程序上固定下来，没有形成常规，同时又不爱喝水，当玩得很累、很渴的时候，又吵着要喝饮料，这就需要照护者及时提醒昕昕定时饮水、按需饮水，杜绝含糖饮料，最终养成主动饮水、科学饮水的好习惯。

任务：分析并尝试解决该案例反映的忘记喝水、喝饮料等问题。

要求：准备8分钟，测试时间8分钟。

（二）任务操作

教师示范操作，学生分组练习。

1. 准备工作

1）个人准备

自身准备：着装整洁、修剪指甲、去除首饰、洗净双手、仪容仪表符合职业要求。

2）环境准备

室内干净、整洁、安全、温湿度及光线、声音强度适宜。

3）物品准备

靠背椅、敞口杯等。

2. 实施步骤

1）营造氛围，激发兴趣

布置环境：在幼儿活动区域设置专门的饮水角，摆放可爱的水杯和水壶，营造温馨的饮水氛围。

榜样示范：家长和老师要以身作则，经常在幼儿面前喝水，并表现出愉悦的心情。

游戏互动：通过儿歌、故事、游戏等方式，让幼儿了解喝水的重要性，例如："小汽车要加油，小朋友要喝水"。

2）选择水杯，循序渐进

准备水杯：准备几个带有卡通图案的敞口杯供幼儿挑选自己喜欢的水杯。

锻炼使用：刚开始训练时可以陪幼儿一起喝水，逐渐过渡到让幼儿独自饮水。

3）定时提醒，养成习惯

制定计划：根据幼儿年龄和活动量，制定合理的饮水计划，例如：起床后、活动后、午睡后、餐前餐后等时间段。

定时提醒：使用闹钟、音乐等方式，提醒幼儿按时喝水。

饮水习惯培养的用物清单

鼓励记录：引导幼儿在饮水记录表上记录每次喝水量，并及时给予表扬和奖励（贴纸）。

4）注重引导，避免强迫

耐心引导：当幼儿不愿意喝水时，不要强迫，可以通过讲故事、玩游戏等方式引导。

及时鼓励：当幼儿主动喝水时，要及时给予表扬和鼓励，例如："你真棒，自己主动喝水了！"

5）家园合作，共同培养

沟通一致：家长和老师要保持沟通，及时了解幼儿在早教中心和家中的饮水情况，并保持一致的饮水习惯和培养方式。

共同参与：鼓励家长参与幼儿饮水习惯的培养，例如和幼儿一起制作家庭版饮水记录表等。

五、任务评价

赛证真题 3-2

从自评、他评和教师评价等角度对任务实施过程进行点评（见表3-6）。

表3-6 任务实施评价

项目	操作要求		回应性照护要点/说明	是否做到
操作准备	自身准备：着装整洁、修剪指甲、去除首饰、洗净双手、仪容仪表符合职业要求		语言流畅，语音标准，态度亲和，陈述完整	□是□否
	环境准备：室内干净、整洁、安全、温湿度及光线、声音强度适宜		创设良好的指导环境	□是□否
	物品准备：物品准备齐全，放置合理		—	□是□否
	婴幼儿准备：婴幼儿身体状况及精神状态良好		时刻关注婴幼儿需求	□是□否
操作步骤	营造氛围，激发兴趣	布置环境：在幼儿活动区域设置专门的饮水角，摆放可爱的水杯和水壶，营造温馨的饮水氛围	操作规范，动作熟练，过程清晰有序	□是□否
		榜样示范：家长和老师要以身作则，经常在幼儿面前喝水，并表现出愉悦的心情		
		游戏互动：通过儿歌、故事、游戏等方式，让幼儿了解喝水的重要性，例如："小汽车要加油，小朋友要喝水"		
	选择水杯，循序渐进	准备几个敞口杯供幼儿挑选自己喜欢的水杯，刚开始训练时可以陪幼儿一起喝水，逐渐过渡到让幼儿独自饮水	—	□是□否

续表

项目		操作要求	回应性照护要点／说明	是否做到
操作步骤	定时提醒，养成习惯	制定计划：根据幼儿年龄和活动量，制定合理的饮水计划，例如：起床后、活动后、午睡后、餐前、餐后等时间段 定时提醒：使用闹钟、音乐等方式，提醒幼儿按时喝水 鼓励记录：引导幼儿在饮水记录表上记录每次喝水量，并及时给予表扬和奖励（贴纸）	—	□是□否
	注重引导，避免强迫	耐心引导：当幼儿不愿意喝水时，不要强迫，可以通过讲故事、玩游戏等方式进行引导 及时鼓励：当幼儿主动喝水时，要及时给予表扬和鼓励，例如："你真棒，自己主动喝水了！"	—	□是□否
	家园合作，共同培养	沟通一致：家长和老师要保持沟通，及时了解幼儿在早教中心和在家里的饮水情况，并保持一致的饮水习惯培养方法 共同参与：鼓励家长参与幼儿饮水习惯的培养过程中，例如：和幼儿一起制作家庭版饮水记录表等	家园沟通一致，互助共培	□是□否
操作整理	整理用物，洗手 记录指导过程、照护措施及婴幼儿的饮水情况		—	□是□否

项目四　婴幼儿清洁照护与回应

任务一　婴幼儿口腔护理

一、任务情境

　　丁丁，女，2岁，牙齿已经长齐了，以往在家时，都是由父母帮她清洁牙齿。如今丁丁即将去托幼机构生活，掌握正确的刷牙方法变得十分必要。然而，家长在引导丁丁练习刷牙时却状况百出：不是不小心弄疼自己，就是把衣服弄湿，这让家长十分焦急。

　　如果你是托幼机构的照护者，你会如何指导？

二、任务目标

知识目标：（1）准确阐述婴幼儿口腔的生理特点。

　　　　　　（2）掌握婴幼儿常见口腔问题。

　　　　　　（3）掌握不同月龄婴幼儿口腔护理的要点和区别。

技能目标：（1）能够熟练且准确地为不同月龄的婴幼儿进行口腔清洁操作，如使用纱布、指套牙刷、软毛牙刷等工具的正确方法。

　　　　　　（2）针对婴幼儿常见口腔问题，会初步判断，并能给出相应的基础护理措施。

　　　　　　（3）掌握正确的刷牙指导方法。

素养目标：（1）培养对婴幼儿的关爱和耐心，在护理过程中始终保持温和、细致的态度，关注婴幼儿的情绪和感受，提升照护的质量。

　　　　　　（2）增强健康预防意识，主动向家长和其他照护者传播婴幼儿口腔卫生知识，引导他们共同关注婴幼儿口腔健康，并营造良好的口腔健康护理氛围。

三、知识储备

（一）婴幼儿口腔生理特点

婴幼儿口腔黏膜柔软细嫩，血管丰富，且唾液腺发育不完善，唾液分泌少，导致口腔比较干燥，自洁能力差。若不及时进行清洁，口腔中的细菌会增多，容易引发炎症。

婴儿的乳牙共20颗，从出生后6～9个月开始萌出，到3岁出齐。乳牙萌出顺序一般为下颌先于上颌、自前向后，具体为下中切牙①→上中切牙及上侧切牙②→下侧切牙③→上、下第一乳磨牙④→上、下乳尖牙⑤→上、下第二乳磨牙⑥，如图4-1所示。6岁开始，乳牙逐渐脱落，恒牙开始萌出，并逐渐替代乳牙。婴儿长牙的时间和模式因人而异。长牙较晚并不意味着婴儿发育出了问题，只要婴儿生长指标是正常的，就无须在意。

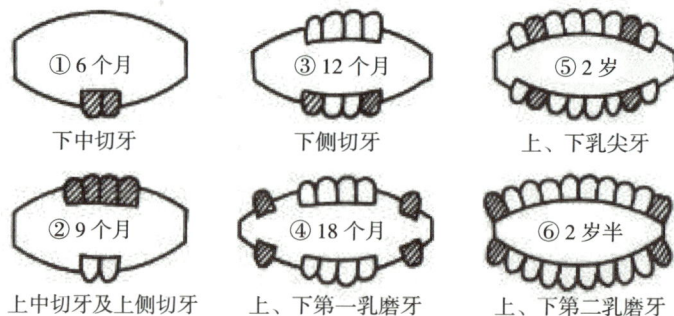

①6个月	③12个月	⑤2岁
下中切牙	下侧切牙	上、下乳尖牙
②9个月	④18个月	⑥2岁半
上中切牙及上侧切牙	上、下第一乳磨牙	上、下第二乳磨牙

图4-1　乳牙萌出顺序

乳牙与恒牙存在不同之处，乳牙呈白色，恒牙呈微黄色。恒牙釉质比乳牙釉质的钙化度高，透明度大，婴幼儿的乳牙更需要特别的呵护。

（二）婴幼儿常见口腔问题及护理

1. 鹅口疮

鹅口疮是一种常见的婴儿口腔疾病，由白色念珠菌感染引起，具体表现为唇内、上颚、舌头上出现乳白色斑膜，形似奶块，如图4-2所示。随着病情加重，白斑会连成片，导致婴儿出现烦躁不安、啼哭、拒食等现象。如治疗不及时，病变可由口腔后部蔓延至咽喉、气管、食道，引起食管念珠菌病和肺部念珠菌感染，出现吞咽困难。当机体抵抗力下降、口腔内环境改变或长期使用抗生素、糖皮质激素等药物时，念珠菌可能会大量繁殖，从而引发鹅口疮。此外，婴儿由于口腔黏膜娇嫩，免疫功能尚未完善，也是鹅口疮的高发人群，尤其是在出生后2～8周内。如果产妇患有阴道念珠菌病，婴儿在出生时经过产道也可能被感染。

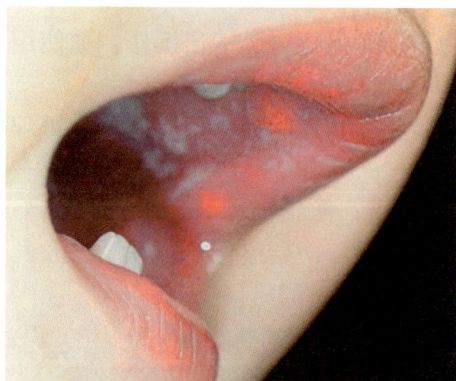

图4-2　鹅口疮

鹅口疮的护理要点在于做好清洁工作，确保婴儿口腔卫生。用母乳喂养的婴儿，母亲要保持乳头清洁；用人工配方奶粉喂养的婴儿，奶瓶及奶嘴要做好消毒处理；添加辅食的婴儿，需单独使用一套餐具，避免餐具混用造成病菌感染等，这些做法都可以"赶走"白念珠菌。

2. 马牙

"马牙"的学名叫上皮珠,是新生儿期特殊的生理现象,表现为口腔上颚和牙齿边缘出现黄白色小点,如图4-3所示。其形成机制为:在胚胎发育过程中,口腔黏膜上皮细胞会不断增殖、堆积,形成牙板。正常情况下牙板会逐渐吸收消失,但有时牙板上皮细胞会残留下来,在牙龈或上腭部位异常角化,从而形成"马牙"。

一般来说,"马牙"是一种正常的生理现象,不需要特殊处理,通常在出生后数周或数月内会

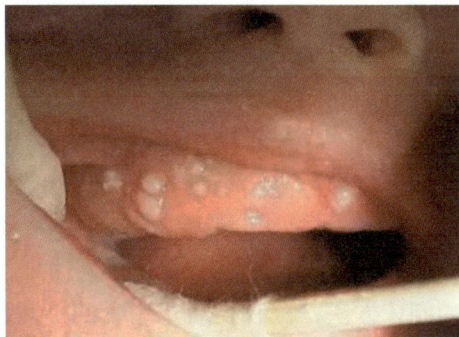

图4-3 "马牙"

自行脱落。照护者切不可用布去擦或拿针去挑"马牙",否则会直接造成婴儿口腔黏膜损伤,引起细菌感染。如果"马牙"出现红肿、破溃、增大或婴儿出现发热、拒食、哭闹不止等异常情况,应及时就医,以排除其他疾病的可能。

3. 口腔溃疡

口腔溃疡属于口腔黏膜的病毒感染性疾病,致病病毒是单纯疱疹病毒(HSV)。还不会吃手的婴儿发生口腔溃疡,多因"心脾积热",通俗点说就是吃得多,穿得厚,太受"优待",以至于干扰到自身免疫系统,使病毒乘虚而入。大一些的婴儿进入口欲敏感期,开始把各种物品放进口中探索,一些硬物也容易造成口腔黏膜破损,形成溃疡。还有的婴儿有咬舌、咬唇等习惯,黏膜反复受到刺激,也会形成溃疡。如果再加上挑食导致营养不均衡,就容易形成反复性口腔溃疡,经久不愈。

口腔溃疡的护理要点在于良好生活习惯的养成。应少让婴儿吃那些会给口腔黏膜造成刺激的食物,比如过硬的糖、坚果,并提醒婴儿改正咬舌、咬唇等习惯,以保护口腔黏膜。

4. 疱疹性口炎

疱疹性口炎属于一种急性病毒感染,常见于6月龄~6岁婴幼儿。季节交替时节,昼夜温差较大,是口腔疱疹的高发期。这种病很少产生抗体,容易再次患病,提高机体抵抗力是唯一的预防办法。

婴幼儿嘴里出疱疹后,因为疼痛而不肯吃东西,照护者可以准备些易消化的高营养流食,如莲子羹、水炖蛋、肉末菜粥等。一边注意给发烧的婴幼儿控制体温,一边保证营养与休息,不要乱用药。在疱疹高发季节少带婴幼儿去人员密集场所,防止传染。平时注意勤消毒,保持口腔和皮肤清洁。如果反复发病,建议平时多给婴幼儿吃富含锌的食物,如牡蛎、果仁等,也可在医生指导下补锌。

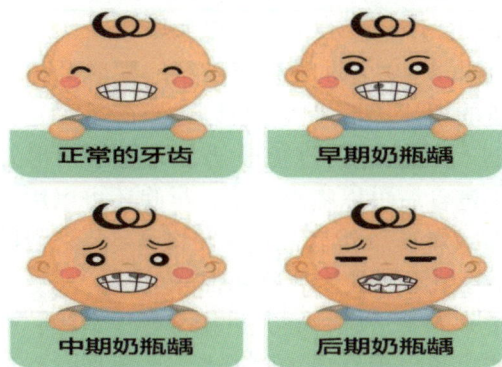

图4-4 "奶瓶龋"发展图

正常的牙齿　早期奶瓶龋

中期奶瓶龋　后期奶瓶龋

5. 龋齿

龋齿俗称虫牙、蛀牙,是细菌性疾病,可继发牙髓炎和根尖周炎,甚至能引起牙

槽骨和颌骨炎症。如不及时治疗，病变会继续发展，最终形成龋洞，直至牙冠完全破坏消失，其发展的最终结果是牙齿丧失。其中，"奶瓶龋"是常见的一种龋齿，如图4-4所示，上门牙出现大面积黑色龋坏斑块，严重时会出现龋坏部位脱落现象。"奶瓶龋"的形成主要与婴幼儿日常生活习惯有关。照护者常让婴幼儿长时间叼着奶瓶或含着奶瓶睡觉，入睡后唾液分泌减少、吞咽功能减弱，奶瓶紧贴附于上颌乳前牙，奶渍附着，长此以往，细菌滋生，易发生龋齿。

对于患有龋病的婴幼儿，照护者应从小帮助婴幼儿养成清洁口腔的习惯，掌握正确的刷牙方法，控制婴幼儿甜食的摄入，并做好定期口腔检查。

（三）婴幼儿口腔卫生的影响因素

影响婴幼儿口腔卫生的原因主要有以下几点：

（1）婴幼儿饮食习惯。良好的饮食习惯在婴幼儿口腔保健中具有重要的作用，如平衡膳食、限制含糖饮料和食物的摄入等都有利于维护婴幼儿口腔健康。

（2）婴幼儿口腔卫生习惯。刷牙、漱口等良好的口腔卫生习惯能有效地清除菌斑，保护牙齿。

（3）照护者的口腔卫生。照护者需保持良好的口腔卫生，避免将口腔致龋菌传播给婴幼儿。

（4）婴幼儿口腔检查。婴幼儿时期应每6个月进行一次口腔检查，发现问题应及时进行预防和治疗。

（四）不同月龄婴幼儿口腔护理要点

1. 0～6月龄婴儿口腔护理要点

婴儿出生后就应该进行口腔护理。对于4个月以内的婴儿，其水分摄取的主要来源为乳汁，而残留在口腔中的奶垢及舌苔容易滋生细菌并产生异味，可能造成口腔黏膜的感染，严重时可能发展为鹅口疮，因此从新生儿阶段就应开始为婴儿清洁口腔。每日哺乳后，可以用干净的纱布或棉球蘸水擦拭婴儿的牙床和口腔黏膜，其目的不仅在于保持口腔清洁，更是让新生儿逐渐适应这种口腔清理的刺激，从小养成一个口腔清洁的习惯。

图4-5　硅胶指套牙刷

2. 6～12月龄婴儿口腔护理要点

在婴儿6～9个月时会萌出第一颗乳牙，通常是下排的切牙。长牙后，可以选择在饭后1～2小时内进行清洁，以避免吐奶、溢奶的情形发生。除了进食后可以喝点清水，早晚还可以用干净的纱布或者硅胶指套牙刷（见图4-5）来帮助婴儿清洁小乳牙、按摩牙龈和舌苔。

进入长牙阶段时，由于牙龈痒或牙龈肿胀带来的不适感，婴儿可能会变得烦躁、难以安抚，同时也容易因频繁流口水，导致下巴或嘴角出现红疹，照护者需要更加耐心和坚持，陪伴婴儿度过这个成长必经的阶段。

3. 12～24 月龄婴幼儿口腔护理要点

在这一阶段，婴幼儿乳牙陆续萌出，由于婴幼儿手眼协调能力尚未发展成熟，仍需照护者帮助婴幼儿刷牙。此时，可以使用软毛牙刷配合少许含氟牙膏，轻轻地为婴幼儿清洁牙面和牙龈，采用打圈方式每个牙面刷 5 到 10 圈。从牙齿萌出后，就可以开始使用含氟牙膏来刷牙，但用量一定要严格控制，0～3 岁婴幼儿的牙膏量以米粒大小为宜。如果难以掌握用量，或婴幼儿尚未掌握正确吞咽技巧，也可以选择可吞咽无氟的儿童牙膏。

如果婴幼儿拒绝刷牙，照护者可以采用"膝对膝"姿势协助婴幼儿刷牙，如图 4-6 所示。选择光线充足的地方，如客厅沙发旁，然后取两张椅子或直接坐在地毯上都可以，照护者相对而坐，双膝相抵。让婴幼儿跨坐在一位照护者的腿上，缓慢让其躺倒在另一位照护者的腿上，用双手固定婴幼儿的手，两肘夹住其膝盖。另一位照护者一手轻轻翻开婴幼儿的嘴唇，一手持软毛牙刷刷牙。这样可以有效限制婴幼儿活动，顺利完成刷牙。

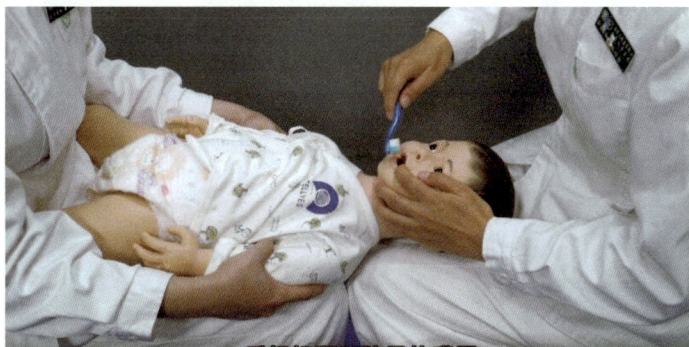

图 4-6　"膝对膝"刷牙法

4. 24～36 月龄婴幼儿口腔护理要点

乳牙牙冠较短、排列较稀疏，容易造成食物嵌塞。2 岁开始可以教婴幼儿使用牙刷刷牙，具体步骤如下。

（1）选择适合婴幼儿年龄段的牙刷和牙膏。尽量选择适合婴幼儿口腔大小、刷毛柔软的牙刷，有助于更好地清洁；牙膏尽量选择儿童含氟牙膏。

（2）教会婴幼儿鼓腮漱口的方法。需要反复示范给婴幼儿看，先含一口水，低下头使腮帮子一鼓一缩，发出"咕噜咕噜"的声音，让水按照右脸颊、左脸颊、鼻子下方和下巴上方的顺序流动，然后让婴幼儿跟着做一遍。

（3）教婴幼儿掌握正确的刷牙方法。如图 4-7 所示，先将牙刷用温水浸泡后，挤取米粒大小的牙膏置于牙刷上，正确握持牙刷柄的后 1/3 部分。按照先刷前牙唇侧，然后刷上牙前腭面，接着刷下牙舌面，随后刷后牙颊面，再刷后牙舌面，最后刷咬合面的顺序刷牙，整个刷牙过程应持续至少 3 分钟。用温水含漱数次，直至漱口水中无牙膏泡沫，清洁嘴角及面部，洗净牙刷、漱口杯。

婴幼儿暂时学不会不要紧，让其多观察，多模仿。

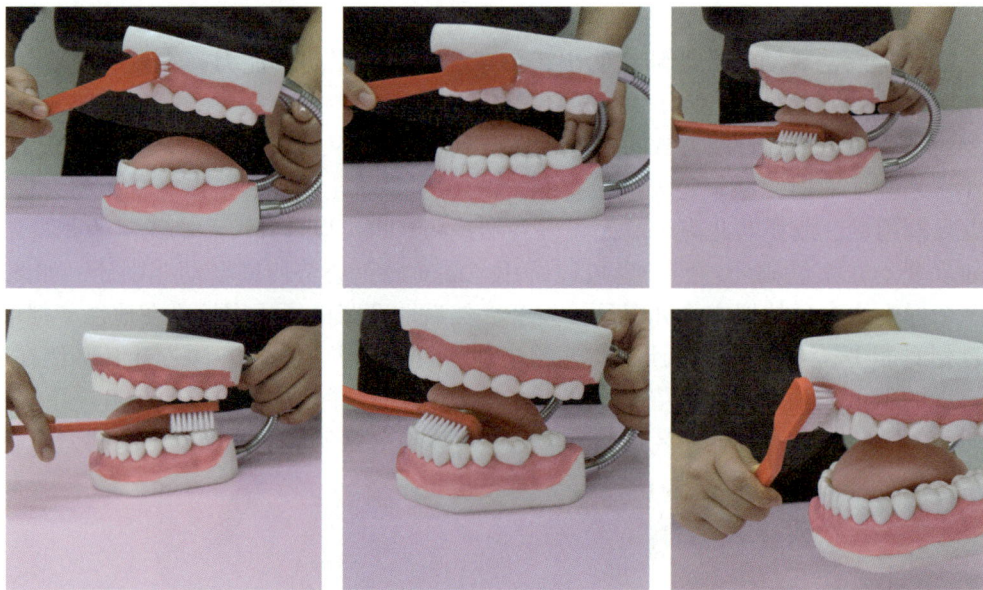

图 4-7　刷牙顺序图

四、任务实施

（一）任务分析

幼儿丁丁牙齿已长齐，口腔黏膜无破损，牙齿上有食物残渣，需要进行刷牙指导。

任务：用正确的方法进行刷牙指导，让幼儿口腔清洁干净，身心愉悦。

要求：准备时间 8 分钟，测试时间 8 分钟。

（二）任务操作

教师示范操作，学生分组练习。

1. 准备工作

1）个人准备

着装整洁、修剪指甲、去除首饰、洗净双手、仪容仪表符合职业要求。

2）幼儿准备

幼儿生命体征平稳，意识状态清醒，心情愉悦，无惊恐焦虑，且能自行饮水，愿意配合老师。

3）环境准备

干净整洁，安全，温湿度适宜。

4）物品准备

口腔清洁的用物清单可以扫码获取。

口腔清洁的
用物清单

2. 实施步骤

1）观察情况

在指导丁丁刷牙前，仔细评估其口腔情况，查看是否有口腔溃疡、牙龈红肿等问题。

同时，检查牙齿的清洁状况，判断牙菌斑和食物残渣的附着程度。

2）处理措施

将牙刷用温水浸泡1~2分钟，使刷毛软化，减少对牙龈的刺激。随后，取适量适合幼儿的牙膏置于牙刷上，约豌豆粒大小。照护者应手握牙刷柄的后1/3部分，以更好地控制刷牙的力度和方向。

按照科学的刷牙顺序进行操作，先轻轻刷前牙唇侧，接着刷上牙前腭面，再刷下牙舌面，之后刷后牙颊面，再刷后牙舌面，最后刷咬合面，确保牙齿的每个面都能得到清洁。刷牙过程中，动作要轻柔，每个面至少刷8次。

刷牙结束后，指导丁丁用温水含漱数次，直至口腔内无牙膏泡沫残留。最后，用干净的毛巾轻柔擦拭丁丁的嘴角及面部，保持面部清洁。

3）与家长沟通

详细告知家长丁丁在刷牙过程中的具体表现，比如丁丁一开始对刷牙存在抵触情绪，但经过耐心引导后逐渐配合；或者在刷牙时对某些步骤比较感兴趣，主动想要尝试等。同时，如实反馈口腔状况，若发现牙齿上有顽固的食物残渣附着，或者牙龈有轻微泛红等异常情况，都要及时告知家长。向家长阐述从小培养正确刷牙习惯对丁丁口腔健康的深远影响，举例说明不注重口腔卫生可能引发的问题，如身边小朋友因龋齿而影响进食和睡眠等，引起家长对刷牙的重视。

4）整理记录

整理用物，安排幼儿休息。照护者洗手后记录幼儿照护措施及口腔护理情况。

五、任务评价

从自评、他评和教师评价等角度对任务实施过程进行点评（见表4-1）。

赛证真题
4-1

表4-1 任务实施评价表

项目	操作要求	回应性照护要点/说明	是否做到
操作准备	自身准备：着装整洁、剪指甲、去首饰、在流动水下按七步洗手法洗手，仪容仪表符合职业要求	语言流畅，语音标准，态度亲和，陈述完整	□是□否
	环境准备：干净整洁，安全，温湿度适宜	创设良好的清洁环境	□是□否
	物品准备：物品准备齐全，放置合理	牙刷、牙膏等是幼儿喜欢的、感兴趣的	□是□否
	幼儿准备：幼儿口腔清洁情况、日常习惯心理情况、配合程度	关注幼儿，与幼儿沟通互动有效	□是□否

项目	操作要求	回应性照护要点／说明	是否做到
操作过程	评估口腔卫生情况、牙齿清洁状况	整个过程中积极关注幼儿的情绪状态，态度和蔼、动作轻柔，幼儿情绪稳定，配合度高	□是□否
	将牙刷用温水浸泡1~2分钟		□是□否
	取适量牙膏置于牙刷上		□是□否
	手握在牙刷柄的后1/3处		□是□否
	先刷前牙唇侧；再刷上牙前腭面，下牙舌面；再刷后牙颊面；再刷后牙舌面；最后刷牙咬合面		□是□否
	用温水含漱数次，直至牙膏泡沫被完全清洗干净		□是□否
	擦洗幼儿嘴角及面部		□是□否
	与家属沟通有效，取得合作	建立关系	□是□否
操作整理	整理用物，安排幼儿休息 洗手 记录照护措施及口腔情况	操作规范，动作熟练，过程清晰有序	□是□否

任务二　婴幼儿大小便护理

一、任务情境

　　冬冬刚出生就跟妈妈一起住在月子中心，出了月子回到家，爸爸妈妈都有点焦虑。每次更换纸尿裤，冬冬都会哭得惊天动地，小屁屁还时不时泛红，出现红疹。爸爸妈妈很疑惑，该如何更换纸尿裤，冬冬才不会哭闹呢，多久更换一次纸尿裤才合理？

　　如何正确选择纸尿裤？照护者应该怎样给婴幼儿更换纸尿裤？

二、任务目标

　　知识目标：（1）了解婴幼儿大小便规律。

　　　　　　　　（2）掌握更换纸尿裤的方法。

　　技能目标：（1）能正确识别婴幼儿异常大小便。

　　　　　　　　（2）能正确选择适宜的纸尿裤或拉拉裤。

　　　　　　　　（3）能正确处理婴幼儿尿布疹。

　　素养目标：（1）能在操作中关心和爱护婴幼儿，对待婴幼儿要有耐心和责任心。

　　　　　　　　（2）尊重与接纳婴幼儿。

三、知识储备

（一）婴幼儿大小便规律

1. 婴幼儿小便规律

　　婴儿自主排尿功能是随着神经系统的发育才逐步完善起来的。出生后的前几个月内，照护者会发现每次抱着婴儿玩或在任何不经意的时候，婴儿忽然就排尿了，这是因为婴儿的排尿受大脑皮质功能发育影响，对排尿反射的控制能力较弱。到1周岁时，就可以逐渐训练婴儿对排尿进行控制，大约要到2周岁后，婴儿才真正能较好地控制尿意和进行自主排尿。

小便的次数、颜色与气味是衡量婴幼儿健康状况的重要指标之一。

如下表 4-2 所示，婴儿各个时期的排尿量与次数都有所不同。因年龄、液体摄入等因素影响，每个婴幼儿排尿次数差异较大。

表 4-2　婴儿各个时期的排尿量与次数

月龄	每日排尿次数	每日排尿量
出生—第 3 天	4 ~ 5 次	0 ~ 80 mL
第 4—10 天	20 ~ 30 次	30 ~ 300 mL
第 11 天—2 月龄	25 次左右	120 ~ 45 mL
2—6 月龄	15 ~ 20 次	200 ~ 450 mL
6—12 月龄	15 ~ 16 次	400 ~ 500 mL
12—36 月龄	10 次左右	500 ~ 600 mL

婴儿新鲜排出的小便是没有特殊气味的，但是暴露在空气中一会儿后，尿素分解就会释放出氨气，此时就会产生轻微臭味了。

对于小便的颜色来说，正常情况下，婴儿的尿液是无色透明或呈浅黄色，不过如果婴儿饮奶（水）量较多、排汗较少，尿液的颜色会相对较浅，反之则颜色较深一些。

2. 婴幼儿大便规律

婴幼儿的排便次数是不规律的，因人而异，甚至因时而异。

一般来说，婴儿出生后 12 小时内就会排出黏稠的、墨绿色或黑色的胎便，一般无臭味，2 ~ 4 天转变为黄色。

母乳喂养的婴儿，大便多为金黄色或黄色，软糊样，偶有细小乳凝块，没有明显的臭味，略带酸味。一天排便为 2 ~ 5 次，有时候一天可达 7 ~ 8 次。只要婴儿精神状态良好，体重增长正常，则属于生理性腹泻。

奶粉喂养的婴儿大便通常会更成形一些，且含乳凝块较多。大便呈土黄色，有时会黄中带绿，多是因为配方奶中的铁含量较高，婴儿对铁吸收不完全时，大便就会带绿色。略带酸臭味，但没有明显的臭味。一天排便 1 ~ 3 次，但具体次数没有要求。

混合喂养的婴儿，大便性状和奶粉喂养的婴儿相差无几，呈浅黄色或者略微深一些都是正常的，但大便可能没有纯配方奶粉喂养的婴儿成形，排便次数会因为添加奶粉和母乳的比例而略有变化，但至少每天要排便 1 ~ 3 次。

添加辅食后，随着辅食数量和种类的增多，便性开始慢慢接近成人，颜色开始变暗，呈棕色或深棕色，质地呈糊状，比花生酱稠。如果添加的辅食中，蔬菜、水果较多，大便则略蓬松；鱼、肉、奶、蛋类较多，大便则略臭。

（二）识别婴幼儿异常大小便

1. 婴幼儿异常小便

通过观察婴儿小便的颜色、气味、小便次数和清亮度可以判断是否小便异常。

颜色：正常情况下，婴儿的尿色呈现出无色或浅黄色。若尿色发黄，通常是新生儿黄疸疾病所致。若尿色发红，可能是泌尿系统的疾病，如尿路感染等。

气味：婴儿新鲜尿液无气味，放置时间长会发出氨味。若刚排出的尿就有异味，说明小便异常，是存在疾病的表现。

小便次数：若婴儿排尿频繁，出现少尿，应注意观察是否为腹泻、发烧引起，需要补充适量液体。若婴儿少尿伴有浮肿，则应严格限制水和盐的摄入，以免加重浮肿。

清亮度：正常的尿液几乎是无色清澈的。尿色浑浊，说明小便异常，若伴有发热、尿痛、尿频，可能为泌尿系统感染。

2. 婴幼儿异常大便

新生儿24小时不排便。如果足月的新生儿出生后24小时内都没有排出胎便，建议请医生检查孩子是否有消化道先天畸形。

新生儿灰白便。婴儿从出生拉的就是灰白色或陶土色大便，一直没有黄色，但小便呈黄色，要警惕胆道阻塞的可能，这种灰白色大便，在医学上称陶土色大便。此外，进食奶粉过多或糖分过少，产生的脂肪酸与食物中的矿物质钙和镁相结合，形成脂肪皂，粪便也可呈现灰白色，质硬，并伴有臭味。

绿色稀便。粪便量少，次数多，呈绿色黏液状。这种情况往往是因为喂养不足引起的。当然，有些吃配方奶的婴幼儿，大便会呈暗绿色，其原因是一般配方奶中都加入了一定量的铁质，这些铁质经过消化道，并与空气接触之后，就呈现为暗绿色。

豆腐渣便。大便稀，呈黄绿色且带有黏液，有时呈豆腐渣样。建议就医诊治，这可能是霉菌性肠炎，患有霉菌性肠炎的婴幼儿同时还会患有鹅口疮。

泡沫状大便。大便中有大量泡沫，带有明显酸味。这是因为摄入偏食淀粉或糖类食物过多，使肠腔中食物增加发酵，产生泡沫。出现泡沫状便，需要适当调整饮食结构就能恢复正常。未添加辅食前的婴儿出现黄色泡沫便，表明奶中糖量多了，应适当减少糖量，增加奶量；已经开始添加辅食的婴幼儿出现棕色泡沫便，则是食物中淀粉类过多所致，如米糊、乳儿糕等。对食物中的糖类不消化所引起的，减少或停止食用这些食物即可。

大便发臭。大便闻起来像臭鸡蛋一样。这是提示婴幼儿蛋白质摄入过量，或蛋白质消化不良。应注意配奶浓度是否过高，进食是否过量，可适当稀释奶液或限制奶量1～2天。如果已经给婴幼儿添加蛋黄、鱼肉等辅食，可以考虑暂时停止添加此类辅食，等大便恢复正常后再逐步添加。还可以给婴幼儿使用益生菌，以帮助消化。

油性大便（大便颜色发亮）。粪便呈淡黄色、液状、量多，质地像油一样发亮，在尿布或便盆中会像油珠一样滑动。这中情况多因食物中脂肪含量过高所致，在肠腔内会产生过多的脂肪酸，刺激肠黏膜，使肠道蠕动加快，从而形成淡黄色液状和量较多的大便，常见于奶粉喂养的婴幼儿。建议暂时改喂低脂奶，但是要注意一点，低脂奶不能作为正常饮食长期饮用，所以只是暂时。

水便分离。粪便中水分增多，呈汤样，水与粪便分离，而且排便的次数和量有所增多。这是病态的表现，多见于肠炎、秋季腹泻等疾病。建议立即带婴幼儿到医院就诊，并应注意婴幼儿用品的消毒。若丢失大量的水分和电解质会引起婴幼儿脱水或电解质紊乱。

便秘（颗粒状大便）。大便干燥呈颗粒状，排便费力，或长时间不排便。需要强调的一点是，不要以几天拉一次或者一天拉几次来断定婴幼儿是否便秘，最关键的便秘特点就是婴幼儿大便是否硬结，像羊屎一样。有些婴幼儿哪怕每天都排便，但排便费力，大便干燥，那也是便秘。便秘要视情况处理：对于母乳喂养的便秘婴幼儿，建议妈妈调整饮食，不要吃油腻辛辣上火的食物，可适当喂些水；如果婴幼儿吃的是配方奶粉，在两次喂奶期间，适当多喂点白开水，或顺时针按摩婴幼儿的肚子，以刺激肠蠕动；对于已经添加辅食的婴幼儿，建议多吃一些菜泥、果泥等高纤维、促消化的食物；另外，选用含低聚糖的配方奶粉也有助于预防便秘的发生。

思政专栏

中医治疗小儿便秘

小儿便秘是指小儿大便秘结，排便时间或周期延长，或虽有便意但排便不爽，艰涩难以排出。便秘是某种疾病的一个症状，可见于多种急、慢性疾病中。中医根据临床表现，将其分为实秘和虚秘两种。小儿便秘是小儿常见多发病，中医外治法作为中医特色疗法之一，治疗小儿便秘具有安全可靠、见效迅速、简便易行、费用低廉、无不良反应等特点。

（1）推拿治疗。推拿作为一种非药物自然疗法，根据小儿的生理病理特点，通过在小儿特定的穴位或部位施以手法，可起到调整脏腑、疏通经络、调和气血、平衡阴阳的作用。

（2）穴位贴敷治疗。穴位贴敷是将药物吸收后产生的直接作用和刺激穴位所激发经气产生的间接作用结合起来，达到治疗疾病目的的一种疗法，其理论基于中医的整体观念和经络脏腑学说，从而对人体产生整体调节效应。穴位贴敷与现代医学的经皮给药类似，通过刺激穴位，促进药物的吸收和代谢，有利于药物渗入皮肤进入人体发挥药理作用。小儿皮肤娇嫩，皮肤组织的透过性较好，更有利于药物透过皮肤刺激穴位，因而穴位贴敷在治疗小儿相应疾患中应用广泛，疗效显著。

（3）针灸治疗。针灸治病是根据脏腑、经络学说，运用四诊、八纲理论，进行辨证选穴处方，按方施术。针灸治疗小儿便秘主要是通过刺激人体腧穴，以调畅气机，通络导滞，协调脏腑，达到阴平阳秘的状态。临床上采用针灸治疗本病，腧穴多选用四缝穴，且以取穴少而精、不留针的针刺方法为主。

（4）中药药浴治疗。中药药浴是利用中药药液洗浴全身或局部洗浴的一种中医外治疗法，通过药物的皮肤渗透、交换以及浸浴过程对穴位、经络和皮肤血管的刺激作用，达到治疗目的。

（5）穴位埋线治疗。穴位埋线疗法是将医用羊肠线等埋置于相应腧穴内，通过异体蛋白组织对腧穴产生长期持续刺激作用，提高腧穴的兴奋性和传导性，以达到良性、双向性调节效果的一种治疗方法。

（6）耳穴贴压治疗。耳穴贴压法又称耳穴埋籽法，是指用硬而光滑的药物种子或药丸，如王不留行、白芥子等在耳郭上贴压耳穴，以达到治疗疾病目的的一种方法。

中医外治法作为中医特色疗法之一，是中医的重要组成部分，其具有安全可靠、见效迅速、简便易行、费用低廉等优势，符合当今社会追求"以人为本""绿色疗法"等现代医疗理念的趋势，越来越受到患儿和家长的认可和青睐。

中华文化博大精深，在现代医学技术的支持下，中医将更好地服务广大人民群众。

血便。血便的表现形式多种多样，通常大便呈红色或黑褐色，或者夹带有血丝、血块、血黏膜等。建议首先应该看看是否给婴幼儿服用过铁剂或大量含铁的食物，如动物肝、血所引起的假性便血。如果大便变稀，含较多黏液或混有血液，且排便时婴儿哭闹不安，应该考虑是否因细菌性痢疾或其他病原菌而引起的感染性腹泻，应该及时到医院就诊；如果大便呈赤豆汤样，颜色为暗红色并伴有恶臭，可能为出血性坏死性肠炎；如果大便呈果酱色可能为肠套叠；如果大便呈柏油样黑，可能是上消化道出血；如果是鲜红色血便，大多表明血液来源于直肠或肛门。总之，血便不容忽视，以上状况均需立即到医院诊治。

（三）选择适宜的纸尿裤或拉拉裤

在婴幼儿出生后的几个月里，照护者会选择纸尿裤进行大小便照护，在婴幼儿活动能力逐渐增强之后，为了适应爬行、站立、走路和跑步等行为，照护者可以选择婴幼儿拉拉裤。拉拉裤又称成长裤、学步裤，是用作纸尿裤和一般内裤的过渡物，采用与纸尿裤相同的材料与构造，但可直接穿脱，而且比纸尿裤更贴身和有弹性，特别适合学会走路、已适时进行排泄训练的婴幼儿。在选择纸尿裤或拉拉裤时，我们可以从以下几个方面考虑。

1. 安全性

查看包装上的标识是否规范。看看是否有标准号、执行卫生标准号、生产许可证号等，同时也要注意纸尿裤或拉拉裤的大小型号、生产日期和保质期，保证纸尿裤或拉拉裤的安全、适用。

2. 厚度

对婴幼儿来说，越厚的产品其舒适性会越低，也会影响纸尿裤或拉拉裤的透气性，有可能引起皮肤过敏、湿疹等症状。较薄的产品里面都含有较多吸水树脂，而较厚的产品则含有较多绒毛浆。因此，要尽可能选择较薄的纸尿裤或拉拉裤。

3. 透气性

纸尿裤或拉拉裤的透气性越好越不容易引发红屁股、尿布疹等症状。良好的纸尿裤或拉拉裤既透气又不会使尿液外渗，除了设计上要有良好的剪裁外，材料的选用和构成也有一定的因素。目前大部分品牌纸尿裤表层都是以无纺布为主要原料，加上一层 PE 膜以防止反渗，纸尿裤或拉拉裤透气性的好坏，取决于无纺布的质量。因此，在选用产品时要将无纺布的质量作为重要指标。

4. 设计合理性

现在许多纸尿裤或拉拉裤会设计一条或者两条尿显线，中间加入了一种一遇到尿液便会变色的化学物质，这种物质对婴幼儿的皮肤是无刺激的。婴幼儿只要尿了，尿显线就会变色，这样可以及时地发现婴幼儿尿尿的情况，让照护者能快速地知道是否该更换纸尿裤或拉拉裤了。所以要尽可能选择有尿显线的纸尿裤或拉拉裤。

随着婴幼儿一天天长大，活动量也随之增多。如果纸尿裤或拉拉裤设计不合理，很可能在活动中发生外漏、侧漏，而选择具有防漏设计的纸尿裤或拉拉裤，就可以防止婴幼儿的排泄物渗出。

5. 气味

纸尿裤或拉拉裤在生产过程中使用了多种原料和辅助材料，如胶黏剂、纸浆、弹性线等。如果气味不佳甚至有刺激性气味，说明该产品是使用了劣质材料。所以一定要买没有刺激性气味的纸尿裤。

6. 吸水性

吸水性好的纸尿裤或拉拉裤能较好地保证婴幼儿屁股的干爽，防止红屁股、湿疹等情况。因此尽可能选择吸水性强的纸尿裤或拉拉裤。

7. 柔软性

越柔软的纸尿裤或拉拉裤对婴幼儿的皮肤伤害越小，同时所用材质也越好。外层为纸布膜类型的产品，触感舒适、柔滑。外层为塑料膜的产品触感较差，软硬度明显不及纸布膜类产品。内层无纺布的用料同样关系到纸尿裤或拉拉裤的柔软性，可从手感和软硬度来判断。在产品选用时，一定要仔细辨别，尽量选择柔软性强的产品。

（四）正确更换纸尿裤

新生儿皮肤娇嫩，每次的尿量不一定很多，但可能一天多达 10 次以上，建议每隔 3~4 小时观察是否有纸尿裤更换的需求，避免让婴幼儿的屁股长时间浸润在湿尿布中，容易产生尿布疹。为了最大限度地减少纸尿裤对婴幼儿造成的伤害，应当经常更换纸尿裤。此外，随着婴幼儿体型增长及体重增加，照护者必须更换婴幼儿纸尿裤型号。

微课
婴幼儿
更换纸尿布

知识链接
男婴、女婴
生殖器护理

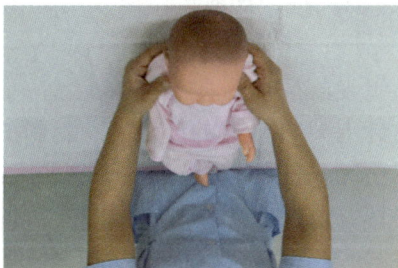

更换纸尿裤时按照如下步骤进行。

1. 更换准备

铺好隔尿垫，打开新纸尿裤，检查是否完好无损、型号适宜，备用。将婴幼儿轻轻放在安全平稳的尿布台上，脱去婴幼儿的裤子，防止婴幼儿跌落，如图 4-8、图 4-9 所示。

图 4-8　将婴幼儿放置在尿布台上　　**图 4-9　轻轻脱去婴幼儿裤子**

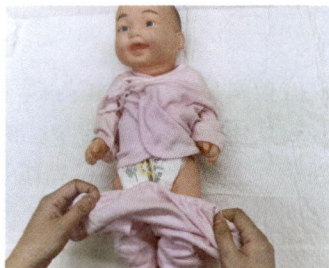

2. 解开纸尿裤

轻轻打开脏尿裤的腰贴并折叠，以免粘住婴幼儿的皮肤。婴儿常常在此时开始撒尿，因此解开纸尿裤后仍需将纸尿裤的前半片停留在臀部几秒钟，等待尿完。利用纸尿裤的吸水性，兜住尿液，以免弄湿和污染垫子，如图 4-10、图 4-11 所示。

3. 清除粪便

先用左手抓住婴幼儿两只脚踝，向上拉起，用一只手指夹在婴幼儿两踝之间，以免因两腿挤压过紧造成婴幼儿疼痛不适。如有粪便，可用脏尿裤干净的一面擦去肛门周围残余粪便，然后将纸尿裤前后两片折叠，暂时垫在婴幼儿臀部下面。然后，放下婴儿的两脚，再用棉柔巾蘸水拧干水分，从前向后洗净婴幼儿臀部及生殖器。擦拭时，先擦洗腹部，直到脐部。再清洁大腿根部和外生殖器的皮肤褶皱，由里往外顺着擦拭。

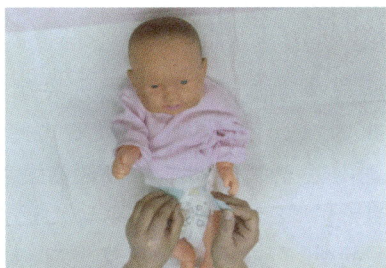

图 4-10　解开婴幼儿纸尿裤

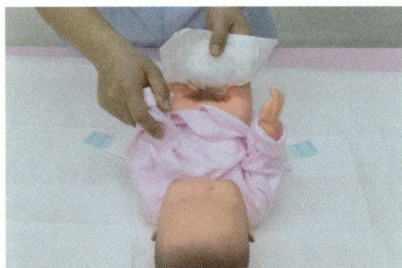

图 4-11　用纸尿裤挡住尿液

4. 晾干护臀

晾干臀部后，抹上护臀膏。如果婴幼儿已经有红屁屁，就千万不要再使用护臀膏了，油性的护臀膏会让婴儿屁股不透气，会使情况更加严重。如果严重应选用抗生素软膏涂抹局部。

5. 抽旧换新

将脏纸尿裤卷起来，用腰贴封紧放入污物桶，防止排泄物泄漏和异味飘散。让婴幼儿侧卧，把新纸尿裤垫入其腰下，有腰封的半边在上方，再让婴幼儿平躺，千万不要将婴儿双臀提起，这种方法有损婴儿脊椎发育，如图 4-12、图 4-13 所示。

图 4-12　侧卧后将新纸尿裤垫入

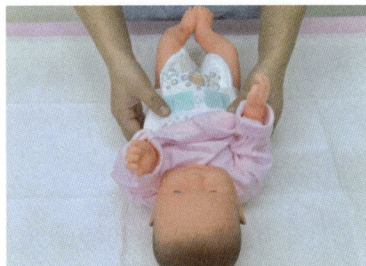

图 4-13　将腰贴对齐

6. 固定腰贴

固定腰贴时，两侧要对称，后端略微高一点。腰贴固定松紧要适度，能伸进去一根手指为最佳，避免过紧影响婴幼儿的血液循环。接着将两边腹股沟的防漏条拉好，防止侧漏。如果新生儿的脐带未脱落，需要将纸尿裤的前端封条向下折叠，防止纸尿布摩擦到脐带，如图 4-14、图 4-15 所示。最后，帮婴幼儿穿好裤子。

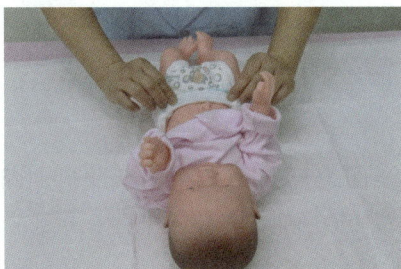

图 4-14　将防漏条拉好

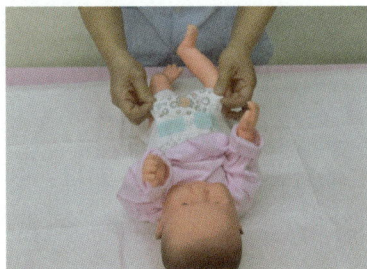

图 4-15　新生儿将前端封条向下折叠

思政专栏

尊重与接纳婴幼儿

首先，从婴幼儿的哭声、身体的扭动以及气味等信号，照护者需要敏锐地观察到婴幼儿是否需要更换纸尿裤，并及时作出回应。可以告诉婴幼儿"我们该更换纸尿裤了"，让婴幼儿有心理上的准备，同时将婴幼儿抱起，轻轻放在更换区。

其次，以轻柔的动作解开纸尿裤，并用温和、轻柔的语气对婴幼儿说："宝宝有大便了，需要更换纸尿裤了，换完会很舒服的哦。"这种互动式交流可以让婴幼儿感受到关爱和安全感，有助于增强情感连接。

再次，在擦洗臀部时继续轻柔地和婴幼儿交流，可以抬起双腿，用温湿纸巾轻柔擦洗会阴部及肛门周围，然后撤掉脏尿裤并涂抹护臀膏。要与婴幼儿保持眼神接触，微笑着看着婴幼儿，让婴幼儿感受到关注和爱意。良好的眼神交流是建立情感连接的重要方式，有助于让婴幼儿感到被重视和尊重。

最后，可以告诉婴幼儿："现在换上新的纸尿裤了，是不是感觉干爽舒服呀？"。

整个过程中要始终关注婴幼儿的需求、尊重其节奏，从而建立情感连接。每一步操作都始终关注婴幼儿的需求并作出恰当回应，如果婴幼儿表现出不舒服、哭闹或抗拒，可能是哪里弄疼了或者婴幼儿还没准备好更换，需要及时调整操作方式或暂停操作，安抚婴幼儿的情绪。每个婴幼儿都有自己的习惯和需求，例如有的婴幼儿喜欢在更换纸尿裤时被逗笑，有的婴幼儿则更适应安静的环境。照护者要通过日常的观察和互动，了解婴幼儿的个性喜好，尽量满足婴幼儿的个性化需求。

（五）正确处理婴幼儿尿布疹

尿布疹多见于初生至 1 岁的婴幼儿。引起尿布疹的原因有：纸尿裤更换不勤，尿液刺激臀部皮肤；新生儿的大便稀或量多，便后不清洗；臀部潮湿，潮湿的环境使局部皮肤的抵抗力下降而发生红臀；纸尿裤粗糙吸水性差；自身体质娇嫩；纸尿裤引发的过敏。

在护理尿布疹时，若皮肤有潮红、轻中度糜烂，可涂护臀膏。若皮肤糜烂严重，甚至溃疡、溃烂或出现脓包，则表明婴幼儿已感染，应选用抗生素软膏涂抹局部。此时婴幼儿若有发热、精神萎靡等症状，应立即到儿科就诊。此外，可以进行臀部日光浴，充分暴露臀部在适宜强度的日光下晒 10～20 分钟，每日 2～3 次。

四、任务实施

（一）任务分析

冬冬刚出生后曾在月子中心度过一段时间，回家后，每次更换纸尿裤时都会哭闹，并且臀部出现泛红、红疹现象，家长对更换纸尿裤的正确方法和频率存在疑惑。

任务：

（1）解决冬冬哭闹问题：通过正确的安抚和操作，让冬冬在更换纸尿裤的过程中不再哭闹，逐渐适应并接受这一日常护理行为。

（2）改善臀部状况：采取有效的护理措施，改善臀部的泛红和红疹，恢复皮肤健康，同时预防此类问题再次发生。

（3）帮助家长掌握方法：为家长提供科学、准确的纸尿裤更换知识和技巧，包括合适的更换频率、正确的操作流程以及应对小屁屁问题的方法，以缓解家长的焦虑情绪。

要求：准备 8 分钟，测试时间 8 分钟。

（二）任务操作

教师示范操作，学生分组练习。

1. 准备工作

1）个人准备

着装整洁、修剪指甲、去除首饰、洗净并温暖双手、仪容仪表符合职业要求。

2）婴儿准备

判断婴儿是否需要更换纸尿裤；需观察其大小便的性状与情况。

3）环境准备

干净、整洁、安全、温湿度适宜，室温保持在 26° 左右，防止婴幼儿着凉。

4）物品准备

扫描二维码，获取更换纸尿裤的用物清单。

> 更换纸尿裤
> 的用物清单

2. 实施步骤

1）知识普及

向家长详细讲解婴儿皮肤的生理特点，帮助家长理解冬冬的臀部容易出现问题的原因；介绍不同种类纸尿裤的特性、吸收原理和优缺点，指导家长选择合适的产品；教会家长正确判断婴儿大小便状态的方法，以科学确定更换频率。

2）技能示范

现场指导家长正确更换纸尿裤的操作流程，包括轻柔打开并脱下旧纸尿裤，使用温水配合柔软毛巾或湿巾进行清洁，注意要从前往后擦拭以防感染，然后正确穿戴新纸尿裤，确保腰贴贴合适中不勒婴儿；如发现臀部泛红或红疹，清洁后可涂抹适量护臀膏进行护理。

3）安抚技巧指导

教导家长在更换纸尿裤过程中通过轻声说话、温柔抚摸、播放轻柔音乐等方式安抚冬冬情绪，让冬冬放松。

五、任务评价

> 赛证真题
> 4-2

从自评、他评和教师评价等角度对任务实施过程进行点评（见表 4-3）。

表4-3 任务实施评价表

项目	操作要求	回应性照护要点/说明	是否做到
操作准备	自身准备：着装整洁、修剪指甲、去除首饰、洗净并温暖双手、仪容仪表符合职业要求	语言流畅，语音标准，态度亲和，陈述完整	□是□否
	环境准备：干净整洁，安全，温湿度适宜，防止冬季更换时着凉	创设良好的清洁环境	□是□否
	物品准备：物品准备齐全，放置合理		□是□否
	婴儿准备：婴幼儿是否需要更换纸尿裤；大便还是小便，观察大小便性状	关注婴儿，与婴儿沟通互动有效	□是□否
操作过程	正确判断婴儿是否需要更换尿裤，并选择合适的纸尿裤	更换纸尿裤的每一步操作都始终关注婴儿的需求并作出积极回应，帮助其建立与周围环境的关联，使婴儿感受到被尊重、关爱和接纳	□是□否
	婴儿放置在安全、干净、柔软平面上，周围无危险物品		□是□否
	动作轻柔，未刮伤婴儿皮肤，未让排泄物沾染婴儿更多部位		□是□否
	清洁臀部时从前往后擦拭		□是□否
	臀部清洁干净，无明显污渍残留		□是□否
	用毛巾轻轻吸干水分，无用力擦拭导致皮肤发红等情况		□是□否
	更换动作正确，不能将婴儿双臀提起，这种方法有损婴儿脊椎发育		□是□否
	涂抹均匀，重点部位无遗漏，涂抹量适中		□是□否
	纸尿裤前后位置准确，前端对准肚脐，后端略高于腰部		□是□否
	腰贴松紧适宜，能容纳一根手指		□是□否
	与家属沟通有效，取得合作	建立关系	□是□否
操作整理	整理用物，安排婴儿休息 洗手 记录照护措施	操作规范，动作熟练，过程清晰有序	□是□否

任务三　婴幼儿如厕指导

一、任务情境

21个月龄的派派已经是托班的小成员，托班的张老师发现派派上午吃完点心不久就会站着一动不动，表情严肃，拳头紧握，张老师就知道派派是在排便了。妈妈也向张老师反映，派派可以整夜不换尿不湿，早上尿不湿仍然是干燥的。张老师觉得是时候训练派派自主如厕了。

派派释放了哪些排便信号？如果你是张老师该如何对派派进行如厕指导？

二、任务目标

知识目标：（1）掌握婴幼儿自主如厕的影响因素。

（2）能够识别婴幼儿自主如厕的信号。

技能目标：（1）能科学地指导婴幼儿养成自主如厕的习惯。

（2）能对如厕训练时期的婴幼儿进行敏感地回应和照料。

素养目标： 在照护婴幼儿如厕过程中渗透爱心和细心，贴心地为家长提供如厕训练的建议和支持。

三、知识储备

德国精神分析学派的鼻祖弗洛伊德提出人格发展存在五个阶段——口腔期、肛门期、性器期、潜伏期和生殖期。其中肛门期为1—3岁，这一阶段的婴幼儿通过排泄获得快感，并开始建立排便控制能力。自主如厕的习惯，有助于婴幼儿养成有规律的生活习惯，提升机体工作效率；有助于培养婴幼儿的自我生活能力，促进自信心建立与个性发展；有助于婴幼儿理解社会行为规范，为婴幼儿适应社会和集体生活奠定基础，促进其社会性行为的发展。

（一）婴幼儿自主如厕的影响因素

1. 生理因素

1）婴幼儿排尿

婴幼儿常常出现"尿裤子""尿床"等情况，主要与泌尿系统的生理性发育特点密切相关，正常人体的泌尿系统结构如图4-16所示。

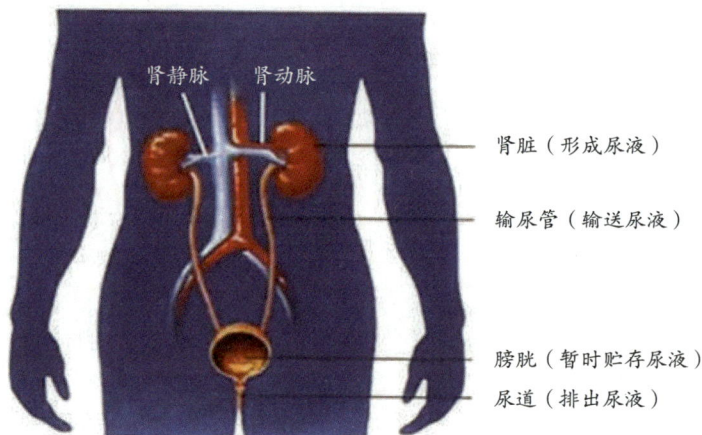

肾静脉　肾动脉

肾脏（形成尿液）

输尿管（输送尿液）

膀胱（暂时贮存尿液）

尿道（排出尿液）

图4-16　正常人体的泌尿系统

（1）肾脏。肾脏是形成尿液的器官，与成人相比，婴幼儿的肾脏占体重的比例更大、位置更低。随着婴幼儿的生长与发育，肾脏的位置逐渐升高，最后达到腰部。婴幼儿年龄越小，肾脏的吸收与排泄功能越差，神经系统发育不完善，主动排尿意识及排尿控制能力较弱，越易遗尿。

（2）输尿管。输尿管是输送尿液的器官。婴幼儿输尿管相对较宽，管壁肌肉和弹力发育不完全，紧张度低，弯曲度大，因此容易尿流不畅，引起尿路感染等问题。

（3）膀胱。膀胱是暂时贮存尿液的器官。婴幼儿的膀胱容量较小、储尿功能弱，然而新陈代谢旺盛、尿总量较多，所以需要多次排尿，且年龄越小，排尿次数越多。1岁左右的婴幼儿每天排尿15~16次，2—3岁的婴幼儿每天排尿10次左右，4—7岁婴幼儿每天排尿6~7次。

（4）尿道。尿道是排出尿液的器官。婴幼儿的尿道较短，以新生女婴为例，尿道仅1 cm，男婴尿道长5~6 cm，因此更容易引起尿路感染。

2）婴幼儿排便

直肠和肛管是完成自主排便的主要器官。当气态、液态或固态的肠内容物进入直肠后，直肠扩张，刺激位于耻骨直肠肌和盆底肌肉内的压力感受器，从而引起直肠肛门抑制反射。因此，排便是由直肠扩张所引起的骶神经丛反射性运动。

由于婴儿时期神经系统发育尚未成熟，直肠的排空表现为非自主性的神经反射活动。1岁前的婴儿对肠道蠕动缺乏感知能力，大便的排泄不受意识控制。随着年龄的增长，机体通过反复练习逐渐获得抑制排便反射的能力。大脑皮质不仅可以抑制排便反射，还可以在适合排便的环境下主动触发排便反射。

2. 心理因素

情绪紧张。情绪变化会引起膀胱突然收缩而排出尿液，成人亦是如此。想想看，当你大考之前或出席重要场合时，是否有"尿遁"的经历？

外部刺激。空气、温度的变化等外部刺激也会引发婴幼儿排便，如突然解开婴幼儿的纸尿裤或者成人把尿时不断发出"嘘嘘"的声音等，都会引发婴幼儿排便。

恐惧心理。在大小便的过程中若造成了精神创伤，会导致婴幼儿对训练产生排斥或抵抗心理，从而导致退步。比如婴幼儿正坐在便盆上，突然一声巨响，吓得他从便盆上狠狠摔下，当他再次站在便盆前时，便会心生恐惧。

自主感和控制感的发展。根据埃里克森的心理发展八阶段理论，在 2 岁左右，婴幼儿面临"自主—羞怯"的冲突。更重要的是他们学会了怎样坚持或放弃，也就是说，婴幼儿开始"有意志"或"自主性"地决定做什么或不做什么，尤其是在自主如厕方面，享受自主如厕带来的成就感。

（二）婴幼儿自主如厕训练的信号

美国儿科学会建议，在婴幼儿 1.5 岁至 2 岁之间以后开始如厕训练。1.5 岁之前开始如厕训练的婴幼儿，通常到 4 岁后才能完全自主如厕；2 岁左右才开始如厕训练的婴幼儿，通常只需要半年就能掌握。因此，自主如厕训练没有绝对标准的时间，只要发现婴幼儿发出如下信号，就可以考虑进行如厕训练。

（1）时间间隔：可以至少保持 2 小时纸尿片干爽或两次排便的时间间隔较为规律，说明尿道括约肌和肛门括约肌的控制力在提高。

（2）语言表达：婴幼儿能自主地说一些简单的如厕用语，如"尿尿""便便""嘘嘘""拉臭臭""嗯嗯""粑粑"。

（3）肢体动作：会自己穿脱裤子，在纸尿裤湿的时候感到很不自在，大便和小便前有明显的语言和表情信号，如打尿颤、玩耍时突然发呆、面部潮红、两眼直视、拳头紧握、身体抽动等。

（4）指令服从：能听懂并遵从简单的指令，如"站起来""蹲下""找马桶"等。

（5）观察模仿：看到大人上厕所会好奇，并尝试模仿，说明具备一定的自我意识。

（三）婴幼儿自主如厕训练的过程

1. 准备工作

1）生理准备

大多数婴幼儿在 18—24 个月龄时就开始进行如厕训练，但也有婴幼儿可能要到 4 岁才能准备好。具体时间应该根据婴幼儿的生理和心理成熟程度而定，不可一概而论。一般情况下，随着年龄增长，神经系统不断发育完善，到 2 岁左右，婴幼儿对充盈的膀胱、直肠会产生反应，会有需要排便的感觉，并且会通过语言、动作或者其他方式表达自己的感觉，此时是接受如厕训练的最佳时机。

2）心理准备

婴幼儿自主如厕的习得是一个缓慢渐进的过程，并非一朝一夕就能掌握。在如厕习惯的养成中难免会出现倒退或反复的现象，家长或照护者需要做好充分的心理准备，鼓励婴幼儿的进步，以宽容、平静而坚定的态度帮助婴幼儿养成自主如厕习惯。照护者应悉心照料婴幼儿，帮助婴幼儿建立自主如厕的信心，让婴幼儿在如厕过程中体验到排泄后的舒适，在婴幼儿成功排泄后给予适当的鼓励与表扬，让婴幼儿在如厕过程中提升自我效能感。

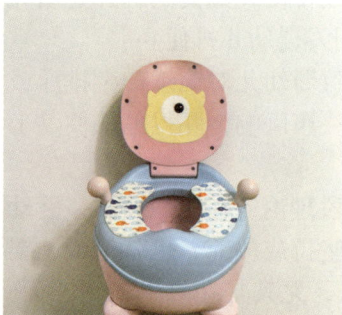

图4-17　婴幼儿坐便器

3）物品准备

为婴幼儿选择大小适宜的坐便器能更好地帮助婴幼儿自主如厕。婴幼儿照料机构应配备与婴幼儿身高相匹配的马桶和小便池。在家庭照护环境中，家长需要选择婴幼儿专用的坐便器来协助完成训练，图4-17为常见的婴幼儿专用坐便器。除此之外，还需准备免洗手消毒剂、纸巾、小内裤、长裤、垃圾桶等辅助物品。

2. 习惯养成

自主如厕的习得除了上述准备工作之外，还需要做好如下工作：

（1）认识和喜欢坐便器。对于刚接触坐便器的婴幼儿来说，它是陌生的事物，有些婴幼儿在脱裤子坐上坐便器的那一刻是恐惧害怕的，所以需要用婴幼儿喜爱的方式让其喜欢坐便器，而不是排斥，比如通过观看动画片或阅读绘本，让他们了解自主如厕的常识（见图4-18）。

婴幼儿不愿意坐在便盆上，照护者一定不要强迫，务必保持耐心和冷静，不可操之过急，可几天、几周或几个月后再试。

（2）定时训练。让婴幼儿每天坐在便盆上1次，可以是早餐后、洗澡前或任何他很可能会

图4-18　如厕训练的相关绘本

大小便的时间点。例如早晨一起来就让婴幼儿坐在坐便器上，往往容易拉出来。然后适当地表扬："宝宝知道尿尿在马桶里了！好棒！棒宝宝！"如此，就建立了"便便—坐便器—受表扬"的条件反射，因此在最有便意的时间点让婴幼儿坐在坐便器上排便，最能强化婴幼儿的排便行为。

（3）定点训练。将坐便器放置在同一个地方，帮助婴幼儿形成"便意—厕所"这一条件反射。

（4）及时回应婴幼儿排便信号。当婴幼儿发出"便便""嘘嘘""拉臭臭""嗯嗯"等语言信号或打尿颤、玩耍时突然发呆、面部潮红、两眼直视、身体抽动、双腿夹紧或手揞裤子等身体信号时，照护者应该立即带婴幼儿到坐便器旁，告诉他："你要尿尿了""你要便便了"。大小便时禁止吃东西或玩玩具，长此以往易造成便秘。

（5）教会婴幼儿穿脱裤子。带婴幼儿到坐便器旁，让婴幼儿自己试着把裤子脱到脚的位置，做得好的给予奖励和夸赞。脱裤子的练习可以从简单的裤子到复杂的裤子。如果婴幼儿不会，照护者可以在一旁示范给婴幼儿看。几次练习下来，婴幼儿就会掌握这一技能。

3. 注意事项

在进行夜间训练时，应该避免婴幼儿在上床前饮用过多流质食物。告诉他半夜醒来

时可以叫醒照护者，由照护者带其使用坐便器，这样可以减少夜间尿床的次数。同时，鼓励婴幼儿穿成长裤，当他们因为穿类似真正内裤而受到激励时，将更有利于自主如厕训练的推进。

另外，在婴幼儿上厕所的过程中，照护者不要过分关注大小便的形状和气味，诸如"臭死了""好恶心"等。

在婴幼儿进行自主如厕训练的过程中，若出现倒退状况，照护者不要生气或者惩罚孩子，而应平静地收拾干净，并温和地告诉婴幼儿下次要试着使用坐便器。

四、任务实施

（一）任务分析

21个月的派派出现规律性排便表现，在固定时间段（上午吃完点心后）出现站立不动、表情严肃、拳头紧握等身体信号，表明已形成初步排便规律。其膀胱控制能力增强，夜间可保持尿不湿干燥至早晨，说明括约肌发育已达到自主控制排泄的生理条件。此外，派派还能有意识地表达与配合意愿，通过表情和肢体动作传递排便需求，显示其具备初步感知身体信号的能力。

任务：作为照护者，请用正确的方法协助幼儿进行排便。

要求：准备8分钟，测试时间8分钟。

（二）任务操作

教师示范操作，学生分组练习。

1. 准备工作

1）个人准备

自身准备：着装整洁、修剪指甲、去除首饰、洗净双手、仪容仪表符合职业要求。

2）环境准备

室内干净、整洁、安全、温湿度及光线、声音强度适宜。

3）物品准备

扫描二维码获取自主如厕的用物清单。

自主如厕的
用物清单

2. 实施步骤

（1）观察幼儿状态，识别幼儿的排便信号。

（2）询问幼儿感觉，向幼儿确认排便前的感觉：肚子痛、想放屁等。教会幼儿排便前发出固定的信号，如"嘘嘘"或者"便便"。

（3）协助幼儿走向坐便器。

（4）教幼儿指认马桶，告诉幼儿马桶的功能。

（5）帮助幼儿脱裤子——"小手拉住小裤腰，一脱脱到膝盖下。"

（6）帮助幼儿坐到坐便器上，发出"嗯——嗯"的声音，观察并判断幼儿大小便是否正常。

（7）清洁肛门。用纸巾帮助幼儿擦拭肛门。动作：从下向上擦拭肛门，反复擦拭干净，扔进垃圾桶。

（8）协助幼儿提裤子，整理衣物，如有必要可换备用裤子。

（9）提醒幼儿冲洗马桶。

（10）协助幼儿用七步洗手法洗手，用毛巾擦干双手。

（11）家园共育。

赛证真题
4-3

五、任务评价

从自评、他评和教师评价等角度对任务实施过程进行点评（见表4-4）。

表4-4 任务实施评价表

项目	操作要求		回应性照护要点/说明	是否做到
操作准备	自身准备：着装整洁、修剪指甲、去除首饰、洗净双手、仪容仪表符合职业要求		语言流畅，语音标准，态度亲和，陈述完整	□是□否
	环境准备：室内干净、整洁、安全、温湿度及光线、声音强度适宜		创设良好的自主如厕环境	□是□否
	物品准备：物品准备齐全，放置合理		—	□是□否
	婴幼儿准备：婴儿身体状况及精神状态，识别婴幼儿自主如厕信号如站着不动、面部潮红、握紧拳头等，并能及时回应		观察幼儿，能蹲下与幼儿沟通，与幼儿沟通互动有效	□是□否
操作过程	自主如厕步骤	询问婴幼儿排便前的感觉，教会幼儿发出排便信号	—	□是□否
		牵着幼儿走向坐便器，并告知其坐便器的功能	—	□是□否
		帮助幼儿脱裤子	—	□是□否
		帮助幼儿坐到坐便器上，鼓励幼儿排便	鼓励幼儿排便，观察大小便的状态是否正常	□是□否
		清洁肛门	动作轻柔，方向正确，操作完整	□是□否
		整理衣物	指导幼儿穿裤子	□是□否
		冲洗马桶，清洗双手	—	□是□否
		家园共育	有效与家长进行沟通，提供育儿建议	□是□否
操作整理	整理用物，分类处理 记录自主如厕的时间、观察幼儿排便的状态等 记录照护措施及幼儿情况		操作规范，动作熟练，过程清晰有序	□是□否

任务四　婴幼儿"三浴"与抚触

一、任务情境

晞晞出生第 15 天，脐带已脱落，现需进行新生儿沐浴。晞晞妈妈看到月子中心的母婴护理师手法熟练得像是在洗菜，于是自己也想跃跃欲试，但是面对手脚乱蹬的晞晞却突然无从下手……

如何给新生儿沐浴？新生儿沐浴有何注意事项？

二、任务目标

知识目标：理解并掌握婴幼儿"三浴"的意义、原理及实施条件。

技能目标：（1）能科学地指导婴幼儿进行"三浴"锻炼，重点掌握"水浴"技能要点。

　　　　　　（2）熟练地运用抚触手法与婴幼儿互动。

素养目标：具备持之以恒的爱心和细心，以及足够的耐心和同理心。

三、知识储备

"三浴"即空气浴、日光浴和水浴。指利用空气、日光和水等自然因素对婴幼儿进行的体格锻炼。"三浴"锻炼能够促进婴幼儿的生长发育和智力发展，增强机体对外界的耐受力和抵抗力，同时有利于培养婴幼儿良好的情绪和心理素质的培养。科学利用"三浴"锻炼能有效增强婴幼儿体质，预防疾病，促进婴幼儿身心健康发展。

（一）"空气浴"锻炼

1. "空气浴"的含义与作用原理

"空气浴"是通过气温和体表之间的差异形成刺激，作用于婴幼儿皮肤，气温越低，作用时间越长，刺激强度就越大。进行"空气浴"时，婴幼儿身体大部分皮肤会暴露在空气中，接受大自然中新鲜空气的沐浴。新鲜空气中含氧量高，能够促进机体新陈代谢，使皮肤和呼吸道得到锻炼，从而增强机体抵抗力。

2.“空气浴”的适宜条件

空气浴的适宜条件包括以下几点：

（1）温度条件：热—温—冷。“空气浴”可在 3 种气温条件下进行。温暖温度为 20～30℃，低温为 14～20℃，寒冷温度为 0～14℃。应从温暖开始，逐步过渡到低温，最后达到寒冷的温度。因此，“空气浴”最好从夏季开始，逐渐过渡到秋季、冬季。

（2）锻炼环境：室内—室外。“空气浴”可从室内开始，室内温度不低于 20℃，逐渐减少衣物，7～10 天后使婴幼儿尽量裸露，然后移步至室外。室内锻炼前需要通风换气，保证室内空气清新。

（3）锻炼时间：短→长。“空气浴”的时间可从 5 分钟逐渐延长至 10～15 分钟，能达到 20～25 分钟最佳。

（4）注意事项：婴幼儿在进行“空气浴”过程中若出现怕冷（皮肤起鸡皮疙瘩）、呕吐、烦躁等症状时，应立即停止，让婴幼儿休息并让其保暖，适量饮用温开水。

（二）“日光浴”锻炼

1.“日光浴”的含义与作用原理

“日光浴”锻炼是婴幼儿进行体格锻炼的重要方式之一。日光中的紫外线能使皮肤

图 4-19　新生儿享受“日光浴”

中的 7- 脱氢胆固醇转变为内源性维生素 D，有效预防婴幼儿维生素 D 缺乏性佝偻病。同时，日光照射可使身体温度升高，促进皮肤血管扩张，改善血液循环，有助于增强婴幼儿心肺功能。图 4-19 是一名新生儿在室内享受“日光浴”。

2.“日光浴”的适宜条件

“日光浴”之前需要先进行 5～7 天的“空气浴”锻炼。

（1）适宜的温度：最好在初秋到春季这段时间为宜，环境气温以 20～24℃为宜。盛夏高温季节不宜进行，冬季需要根据气候变化和婴幼儿体质灵活掌握。由于日光中大部分紫外线会被玻璃吸收，透过率仅为 20.3% 左右，因此冬季不宜隔着玻璃窗进行“日光浴”，要尽量使日光直接照射身体皮肤，才能达到“日光浴”的理想效果。

（2）适宜的时间及部位：春秋季 10:00—11:00 为最佳锻炼时间，以暴露四肢为主；夏季以 8:00—9:00、15:00—17:00 为宜，可裸露或只着短裤，注意婴幼儿头面部的防晒，避免日光直接照射婴幼儿头面部，可用毛巾、遮阳帽或遮阳镜保护好婴幼儿眼睛；冬季以 10:00—12:00 为宜，可暴露头部、面部和臀部。锻炼时长可从 5 分钟逐渐延长至 20 分钟。

（3）注意事项：空腹及早餐后 1 小时内不宜进行“日光浴”，结束后也不宜立即进食；每次“日光浴”时间不超过 20～30 分钟，同时在进行“日光浴”过程中要密切关注婴幼儿的脉搏、呼吸、出汗和皮肤发红等情况，并询问婴幼儿感觉，若婴幼儿表现出虚弱、烦躁等症状，应立刻停止，回室内休息，适当补充糖盐水，并随时观察。

（三）"水浴"锻炼

1. "水浴"的含义与作用原理

"水浴"是婴幼儿体格锻炼的重要方式之一，其通过水的物理作用和温度刺激作用于皮肤，使血管收缩或舒张，从而有效增强婴幼儿的体温调节能力，促进血液循环，提升机体对冷热变化的适应能力。"水浴"的核心作用在于借助水温和水的流体作用，提高大脑皮质的兴奋、抑制和体温调节功能，同时增强机体对温度变化的适应能力，以达到身体锻炼的目的。图4-20为一名新生儿正在进行水浴锻炼。新生儿"水浴"物品的准备如图4-21所示。

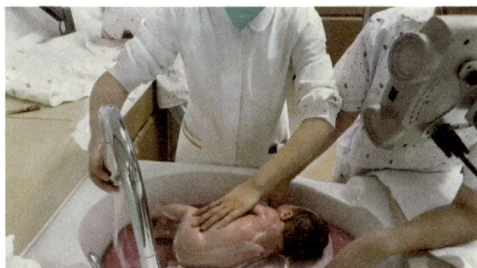

图4-20　新生儿"水浴"　　图4-21　新生儿"水浴"物品的准备

2. "水浴"的种类及操作

1）温水浴

温水浴从婴幼儿出生时就可以开始，若脐带未脱落，要用防水脐贴护住脐带。水浴后需要对脐带进行消毒，乳痂也应及时处理。温水浴的水温一般以36~38℃为宜。冬春季每日一次，夏秋季可每日两次，每次在水中的时间为7~12分钟。

微课
乳痂的处理

2）冷水浴

冷水浴适用于较大的婴幼儿，最好从夏季开始，前期可先用凉水洗手、洗脸作为过渡，初始水温可以设定为35℃，之后逐渐降至28℃左右。用凉水洗完后，需用毛巾擦干。2岁左右的幼儿可用冷水浴进行身体锻炼。每天锻炼的时间因人而异。开始时水温为35℃，每3天降1℃，以后逐渐下降到28℃左右。每次浴毕，用较冷的水（28℃左右）冲淋，随即用毛巾擦干、包裹并穿好衣物。冬季进行冷水浴时，要注意调节室温、水温，做好浴前的准备工作，减少体表热量散发。

3）擦浴

擦浴适用于7个月以上的婴幼儿。擦浴时，室温应保持在16~18℃，初始水温可设定为32~33℃，待婴幼儿适应后，每隔2~3天降温1℃，其中婴儿可逐渐降至26℃，幼儿可降至24℃。操作时，先将吸水性强且软硬适中的毛巾浸入水中，拧至半干，然后在婴幼儿四肢做向心性擦拭，擦完后，再用干毛巾擦至皮肤微红即可。

知识链接
新生儿脐带
护理的不同
方法

4）婴幼儿游泳

皮肤与水的接触可以促进视觉、听觉、触觉、动觉等发育，促进婴幼儿脑神经生长发育，促进骨骼发育，增进食欲，增加肺活量，提高婴幼儿抗病能力，增

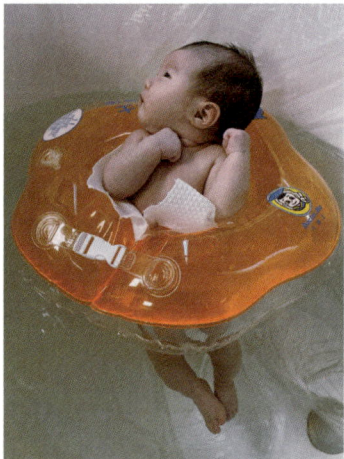

图 4-22　新生儿游泳

加睡眠，减少哭闹，促进亲子情感交流。有游泳条件者可从小训练，成人在旁看护。选择平坦、清洁、附近无污染源的地方或室外游泳池。气温不低于 24℃，水温不低于 22℃。开始时每次 1~2 分钟，逐渐延长。幼儿感觉寒冷或有寒战表现时，应立即出水，擦干身体，进行保暖。空腹或刚进食后不可游泳。婴幼儿游泳的操作步骤如下。

（1）若脐带未脱落，需用防水脐贴护住脐带。

（2）脱掉婴幼儿身上除纸尿裤之外所有的衣物，并用浴巾包裹好。照护者用左手将婴幼儿身体夹在左腋下，以左手掌托稳婴幼儿的头，使婴幼儿脸朝上。

（3）擦洗面部：用一块专用小毛巾沾湿，从内眼角向外轻轻擦拭婴幼儿双眼、嘴、鼻、脸及耳后。

（4）洗头：使婴幼儿头稍低于躯干，用右手抹上洗发露轻柔按摩头部，然后用清水冲洗擦干。

（5）套游泳圈：根据婴幼儿体型选择合适的游泳圈，游泳圈与婴幼儿颈部间隔约两手指，并用一块小毛巾垫在婴幼儿下颌处，让婴幼儿感觉更舒适。在图 4-22 中，一名新生儿在游泳，由于其头围过小，因此将游泳圈套在婴儿的身体上，并将棉柔巾垫在游泳圈内侧以使其更为舒适。

（6）入水时动作要缓慢，以免婴幼儿受到惊吓，可先拉着婴幼儿的手，等婴幼儿适应后再慢慢松开手。

（7）游泳后需要用医用棉签蘸取碘伏对脐带进行消毒。

需要注意婴幼儿游泳时间不宜过长，10 分钟为宜。游泳圈在使用前要进行安全检查，如型号是否匹配（游泳圈内口径稍大于婴幼儿的颈围直径），保险扣是否安全，双气道充气是否均匀，是否漏气（将游泳圈安置在水中检查）。

（四）婴儿抚触

抚触是指通过皮肤触觉，对婴幼儿进行头部、胸腹部、四肢、背部及臀部等处皮肤的接触和抚摸，以皮肤触觉刺激促进婴幼儿身心发展的一种方法。

新生儿的触觉灵敏，其敏感部位是眼、口、手掌及足底等。6 个月左右，婴儿可发展出皮肤触觉的定位能力。新生儿对痛觉反应较迟钝，通常要到 2 个月后，才能对刺激产生明确的痛苦反应。新生儿对温度变化感觉很灵敏，环境温度骤降即啼哭，保暖后即安静。

抚触能刺激皮肤，有助于循环、呼吸、消化系统功能及肌肉放松与活动，同时也是父母与婴儿之间最好的交流方式之一。

1. 准备工作

1）环境准备

室温控制在 26~28℃，关好门窗，防止对流风。物品准备：平稳的操作台、抚触油等。

2）照护者准备

修剪指甲、去除首饰、七步法洗净并温暖双手。

微课
婴儿抚触

知识链接
婴儿抚触
儿歌

3）婴儿准备

婴儿吃完奶后 1 小时左右进行，沐浴后最好。

2. 操作步骤

（1）头面部：

①用两手拇指指腹从眉弓部向两侧太阳穴按摩。

②两手拇指从下颌部中央向外上方按摩，让上下唇形成微笑状（见图 4-23）。

③一手托头，另一手的指腹从前额发际向上向后按摩，至两耳后乳突（见图 4-24）。

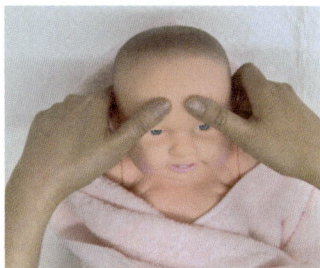	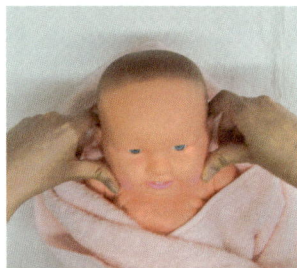
图 4-23　额头抚触	图 4-24　耳郭抚触

（2）胸部：手分别从胸部的两侧肋下缘向对侧肩部按摩，应避开乳头部位（见图 4-25）。

（3）腹部：两手依次从婴儿的右下腹至上腹向左下腹，并呈顺时针方向按摩（见图 4-26）。

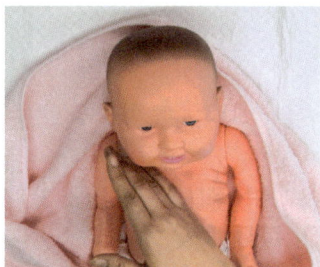	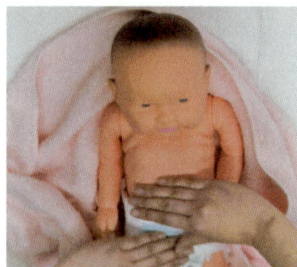
图 4-25　胸部抚触	图 4-26　腹部抚触

（4）四肢：两手交替抓住婴儿的一侧上肢，从腋窝至手腕轻轻滑动并挤捏。对侧及双下肢的做法相同。

（5）手和足：用四指按摩手背或足背，并用拇指从婴儿手掌面或脚跟向手指或脚趾方向按摩，对每个手指、足趾进行按动，可在按摩手和足时进行（见图 4-27、图 4-28）。

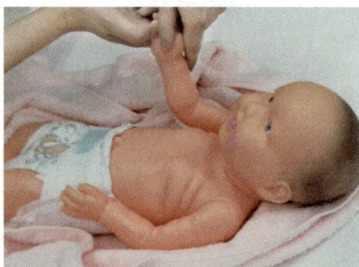	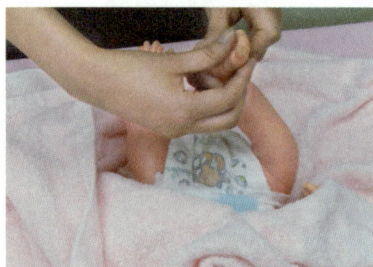
图 4-27　手部抚触	图 4-28　脚部抚触

（6）背腹部（见图4-29）：

①婴儿呈俯卧位，双手掌分别由颈部开始向下按摩至臀部。

②以脊柱为中心，两手四指并拢，由脊柱两侧水平向外按摩，至骶尾部。

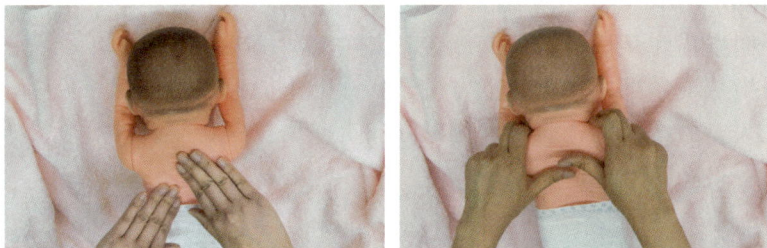

图4-29 背部抚触

3. 注意事项

（1）注意室内温度一定不能低于25℃，因为抚触时婴儿最好全身裸露。

（2）抚触前照护者要摘下手上的所有饰品，包括戒指和手表等，注意指甲要剪短，以免刮伤婴儿娇嫩的皮肤。

（3）抚触前用温水洗净双手，以免刺激到婴儿。

（4）为了避免婴儿的皮肤受到伤害，可用少许抚触油抹在手上，起到润滑的作用，不要把抚触油直接抹在婴儿身上，以免引起婴儿不适。

四、任务实施

（一）任务分析

晞晞的脐带已脱落，无需额外使用护脐贴。沐浴时间建议安排在两次喂奶之间，且需避开预防接种后24小时内进行。足月新生儿每周洗澡2~3次，每次不超过5分钟，早产儿需缩短时间并加强保暖措施。新手妈妈可以先在育婴员的指导下进行模拟操作，熟练后再独立完成；也可通过玩偶练习托抱姿势和擦洗力度。给婴儿洗澡时，要与婴儿保持眼神交流，用轻柔的语言安抚或哼唱儿歌来分散其注意力，减少哭闹。通过规范操作和风险规避，可确保新生儿沐浴安全清洁，同时促进亲子互动与增强婴儿的舒适感。

任务：作为照护者，请用正确的方法协助晞晞完成沐浴和抚触。

要求：准备8分钟，测试时间15分钟。

微课
婴儿洗澡

（二）任务操作

教师示范操作，学生分组练习。

1. 准备工作

1）个人准备

自身准备：着装整洁、修剪指甲、去除首饰、洗净双手、仪容仪表符合职业要求。

新生儿沐浴
及抚触的
用物清单

2）环境准备

室内干净整洁，室温控制在 26～28℃，关好门窗，防止对流风。

3）物品准备

扫描二维码获取新生儿沐浴及抚触的用物清单。

2. 实施步骤

为新生儿沐浴及抚触的具体操作流程如下：

（1）照护者穿上围裙，先放水。将水温调至 36～38℃，用水温计测温。

在操作台上给婴幼儿脱掉衣物。

用浴巾包裹婴幼儿，抱至浴盆前，采用橄榄球式抱姿准备给婴幼儿清洗面部。

清洗面部：取一块干净的小毛巾，折叠成方块，沾湿后拧至不滴水，按照"眼睛—鼻子画三角—嘴巴画个圈—额头脸颊画个 3—耳郭及耳后"的顺序清洗，毛巾的每一块区域只清洗一个部位，如图 4-30 所示。

清洗头发：一只手将婴幼儿双侧耳郭反折，防止进水。另一只手用湿毛巾浸湿婴幼儿头发，取适量沐浴液揉搓头发，用湿毛巾将头发清洗干净，再用拧干的毛巾擦干头发，如图 4-31 所示。

图 4-30　清洗面部　　　　图 4-31　清洗头发

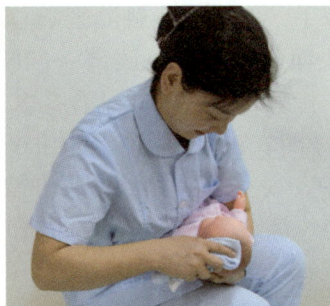

（2）将婴幼儿抱回抚触台，打开包裹，脱掉纸尿裤，准备清洗身体。

（3）将婴幼儿抱至浴盆前，先让婴儿脚入水，适应后，再把婴儿身体放进浴盆，稳稳地坐在浴盆中，如图 4-32 所示。

（4）清洗上半身：用水打湿身体，沐浴露挤在手上揉出泡沫，按颈部—胸部—腹部—两侧手臂—腋窝的顺序轻揉，然后用湿毛巾清洗干净，如图 4-33 所示。

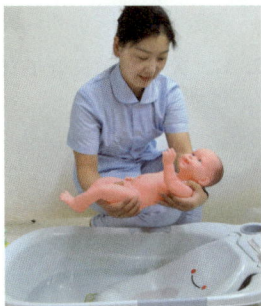

图 4-32　放入盆中　　　　图 4-33　清洗上半身

（5）清洗后背部：扶着婴幼儿的身体向前趴在成人手臂上，清洗时按后颈部—背部—臀部的顺序，用湿毛巾清洗干净，如图4-34所示。

（6）清洗下半身：扶着婴幼儿的身体向后靠在成人手臂上，按腹部—腹股沟—会阴—两腿—双脚的顺序，用湿毛巾清洗干净。

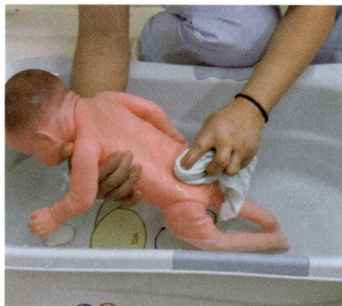

图4-34 清洗后背

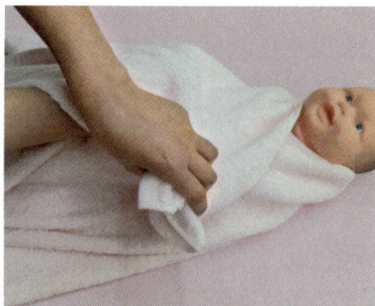

图4-35 浴巾包好

（7）洗好后，抱起婴儿放在操作台上，用大浴巾包好，轻轻吸干水分，如图4-35所示。

（8）温暖双手，取适量抚触油于掌心，涂于指腹。

（9）按照头面部—胸部—腹部—四肢—手和足—背部的顺序，力度轻柔地进行抚触，抚触时尽管能够结合儿歌进行。

（10）穿干净的衣物，用棉签涂抹护臀霜，穿纸尿裤，整理衣物。

洗澡过程中，婴儿身体始终在照护者的保护之下，给予婴儿充分的安全感，成人的动作轻柔，语言引导简洁恰当，面带微笑，互动合理有效。

赛证真题
4-4

五、任务评价

从自评、他评和教师评价等角度对任务实施过程进行点评（见表4-5）。

表4-5 任务实施评价表

项目	操作要求	回应性照护要点/说明	是否做到
操作准备	自身准备：着装整洁、修剪指甲、去除首饰、洗净双手、仪容仪表符合职业要求	语言流畅，语音标准，态度亲和，陈述完整	□是□否
	环境准备：室内干净整洁，室温控制在26~28℃，关好门窗，防止对流风	创设良好的沐浴及抚触环境	□是□否
	物品准备：所有物品准备齐全，放置合理	—	□是□否

项目		操作要求	回应性照护要点 / 说明	是否做到
操作过程	洗澡的步骤	将水温调至适宜温度，用水温计测量水温	水温适宜	□是□否
		动作准确地帮助婴儿脱掉衣物	脱衣动作连贯流畅	□是□否
		采取橄榄球式抱姿准备给婴儿清洗面部	橄榄球抱姿势规范熟练	□是□否
		清洗面部，按照"眼睛—鼻子—嘴巴—额头脸颊—耳郭及耳后"的顺序清洗，动作规范	动作熟练，互动有效	□是□否
		清洗头发，将婴儿双侧耳郭反折，防止进水，顺序正确，动作规范	动作轻柔，方向正确，操作完整	□是□否
		将婴儿抱回抚触台，打开包裹，脱掉纸尿裤，准备洗身体	抚触的顺序与过程中的互动性是否适宜	□是□否
		清洗上半身：按颈部—胸部—腹部—两侧手臂—腋窝的顺序进行清洗，顺序正确，动作规范	动作熟练，互动有效	□是□否
		清洗后背部：扶着婴儿的身体向前趴在照护者手臂上，清洗后颈部—背部—臀部，顺序正确，动作规范	动作熟练，互动有效	□是□否
		洗好后，抱起婴儿放操作台，用大浴巾包好，轻轻吸干水分	动作熟练，互动有效	□是□否
		按照头面部—胸部—腹部—四肢—手和足—背部的顺序，力度轻柔地进行抚触，抚触时能够结合儿歌进行	动作熟练，互动有效	□是□否
		穿干净的衣物，涂抹护臀霜，穿纸尿裤，整理衣物	动作熟练，互动有效	□是□否
		洗澡过程中，婴儿身体始终在照护者的保护之下，给予婴儿充分的安全感，照护者的动作轻柔，语言引导简洁恰当，面带微笑，互动合理有效	动作熟练，互动有效，充分体现人文关怀	□是□否
操作整理	整理用物，分类处理，记录洗澡时间、表现、注意事项等情况		操作规范，动作熟练，过程清晰有序	□是□否

项目五 婴幼儿睡眠照护与回应

任务一 婴幼儿睡眠生理基础及作用

一、任务情景

3个月大的萌萌最近总是一放下就醒。每次妈妈抱着喂奶哄睡，萌萌刚入睡时呼吸平稳，进入浅睡眠阶段，但妈妈一把她放到婴儿床，她就会立刻惊醒大哭。这样反复多次，让妈妈十分苦恼。

你能帮助萌萌的妈妈解决这个困扰吗?

二、任务目标

知识目标：（1）理解婴幼儿的睡眠生理基础。
（2）掌握良好睡眠对婴幼儿身心发育的重要性。
技能目标：（1）合理规划睡眠时间，根据婴幼儿的睡眠周期调整日常护理方式。
（2）能够识别婴幼儿在不同睡眠阶段的表现，避免不必要的干扰和照护过度。
素养目标：（1）树立正确睡眠健康观念，理解科学睡眠对于身心健康的关键作用。
（2）培养敏锐的观察力，能够识别并适应婴幼儿不同的睡眠状态。

三、知识储备

（一）婴幼儿睡眠的生理基础

睡眠是一种主动的生理过程，对于婴幼儿的健康成长至关重要。通过睡眠，婴幼儿能够恢复精力，促进身体和大脑的发育，尤其是大脑神经系统在睡眠期间得以休息和重新调整。婴幼儿的睡眠不仅有助于肌肉和神经的松弛，还能够促进生长激素的分泌，进而帮助身体发育。研究表明婴幼儿的生长激素在睡眠状态下的分泌量显著高于清醒时，因此充足的睡眠是婴幼儿健康成长的重要条件。深入了解婴幼儿睡眠的生理奥秘，是家长和照护者为婴幼儿提供优质睡眠照护的关键。

1. 非快速眼动睡眠与快速眼动睡眠

睡眠分为两个主要阶段：非快速眼动（Non-Rapid Eye Movement，NREM）睡眠和快速眼动（Rapid Eye Movement，REM）睡眠。这两个阶段在睡眠周期中交替出现，各有不同的生理和神经特征。

NREM 睡眠占睡眠的大部分时间，通常分为三个阶段：N1、N2 和 N3。N1 阶段是浅睡眠期，通常持续 1~5 分钟，占睡眠总时间的 5% 左右，是从清醒到睡眠的过渡阶段，容易被唤醒。此阶段人体肌肉放松，心率、呼吸和眼球运动减慢，可能出现肌肉抽搐（入睡抽动）。N2 阶段是轻度睡眠期，通常持续 10~25 分钟，占睡眠总时间的 45%~55%。这时身体进一步放松，意识逐渐减弱。在这一阶段，人体体温下降，心率、呼吸频率进一步减慢，脑电波出现睡眠纺锤波和 K 复合波等特征。N3 阶段是深度睡眠或慢波睡眠期，通常持续 20~40 分钟，占睡眠总时间的 15%~25%。这是最深的睡眠阶段，难以唤醒。这时人体的心率、呼吸频率降至最低，肌肉完全放松，生长激素分泌增加，有助于身体修复和免疫系统增强。

REM 睡眠在 NREM 睡眠后出现，持续时间逐渐延长。首次 REM 睡眠约 10 分钟，后期可达 1 小时，占睡眠总时间的 20%~25%。这时大脑活动接近清醒状态，眼球快速运动，多数梦境发生在此阶段。心率、呼吸频率加快且不规则，肌肉几乎完全麻痹（REM 肌张力缺失），脑电波特征与清醒时相似。

婴幼儿的睡眠周期比成人更短，为 30~45 分钟。一个完整的成人睡眠周期为 90~110 分钟，包括 NREM 和 REM 睡眠。成人通常每晚有 4~6 个周期（见图 5-1），其中 REM 睡眠时间逐渐增加，N3 睡眠时间逐渐减少。NREM 睡眠主要与身体恢复、记忆巩固和免疫系统增强相关；REM 睡眠与情绪调节、记忆整合和大脑发育有关。

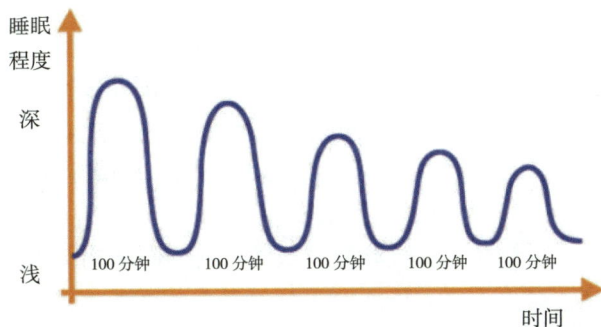

图 5-1　每晚有 4~6 个周期

NREM 与 REM 睡眠受年龄、药物、睡眠障碍等因素影响。通常婴儿 REM 睡眠较多，而老年人的 REM 和 N3 睡眠减少。酒精、咖啡因等会影响睡眠阶段。失眠、睡眠呼吸暂停等会干扰正常睡眠周期。

2. 婴幼儿睡眠周期构成

婴幼儿的睡眠周期与成人有着显著的区别。成人的睡眠周期一般较为规律，整夜睡眠中 NREM 睡眠和 REM 睡眠是交替发生的，睡眠从觉醒状态首先进入 NREM 睡眠，先是浅睡眠阶段，此阶段人体肌肉开始放松，呼吸和心率逐渐平稳，但仍较易被外界干扰唤醒；接着进入深睡眠阶段，在这个时期，身体的各项生理机能活动进一步降低，脑电

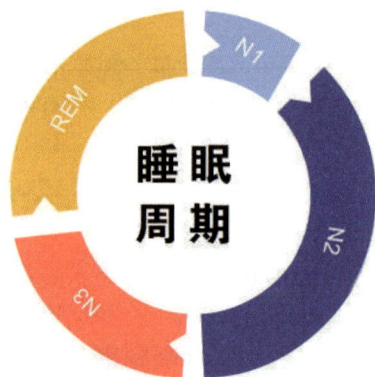

图 5-2　成人睡眠周期

波表现为高幅慢波，此时人很难被叫醒；最后进入快速眼动期（REM），在这一时期，眼球快速转动，脑电波活跃程度接近清醒状态，由此完成第一个睡眠周期。随后有顺序地从浅—深—浅，进入第二次 REM 睡眠。从一个 REM 睡眠至下一个 REM 睡眠，平均相隔 90 分钟。在整个夜间睡眠的后半程，深度 NREM 睡眠逐渐减少，REM 睡眠时间逐渐延长。

婴幼儿，尤其是新生儿，睡眠周期则要短得多，一般在 30 ~ 45 分钟左右，因此他们更容易在夜间频繁醒来。新生儿睡眠起始于浅睡眠，在浅睡眠阶段，他们的身体活动相对较多，可能会有一些轻微的肢体抽动、哼哼声等，这是因为他们的神经系统还未完全发育成熟，对肌肉的控制能力较弱。紧接着，新生儿会很快进入快速眼动期，在快速眼动期，新生儿的眼球会快速转动，脑电波活动活跃，同时呼吸和心率可能变得不太规则，时快时慢，面部肌肉也会出现一些细微的表情变化，比如偶尔的微笑、皱眉或者吸吮动作，有时还会有轻微的肢体活动，像是蹬腿、挥舞手臂等，这些都是新生儿睡眠中的正常生理现象。

对新生父母来说，能识别新生儿不同的睡眠状态尤为重要。父母不仅能了解他们的新生婴儿，而且能很敏感地知道他们的需要，恰当地满足他们的要求，而又不过分打扰他们的休息。例如，当新生儿在 REM 睡眠时，轻轻地啜泣和运动，但没有醒来，也未哭出声来，父母会知道这是在睡眠周期中发生的现象，可能婴儿在做梦，不用急着去抱他们起来或喂奶，只要拍一拍他们，过一会儿他们又能安静入睡了。

3. 快速眼动期占比变化

在睡眠周期中，婴幼儿快速眼动期所占的比例与成人差异巨大。新生儿睡眠时，大约 50% 的时间处于快速眼动期，这是因为新生儿的大脑正处于快速发育阶段，快速眼动期对于大脑的发育和神经元之间的连接构建有着重要作用。随着年龄的增长，婴幼儿的快速眼动期占比逐渐下降。到 3 个月左右，快速眼动期占比降至 40% ~ 45%，6 个月时为 35% ~ 40%，1 岁左右，快速眼动期占比降至 30% ~ 35%，逐渐接近成人水平。这种快速眼动期占比的变化，反映了婴幼儿大脑逐渐发育成熟，对睡眠结构的需求也在不断调整。

4. 婴幼儿睡眠时长

不同年龄段的婴幼儿睡眠时长需求有着明显的差异，这是由他们的身体发育速度和生理需求所决定的。新生儿每天的睡眠时间通常在 18 ~ 20 小时左右，他们的睡眠模式呈现出"碎片化"的特点，多为"吃了睡、睡了吃"，睡眠间隔较短，一般 2 ~ 4 小时就会醒来一次。这主要是因为新生儿的胃容量极小，仅为 30 ~ 60 毫升，储存的食物量有限，所以需要通过频繁进食来满足身体的能量需求。同时，他们的神经系统发育尚不完善，还无法维持长时间的连续睡眠。

随着月龄的增长，婴幼儿的睡眠时间逐渐减少。1—3 个月的婴儿每天睡眠时间为 14 ~ 16 小时，此时他们的胃容量有所增加，消化能力也在逐渐增强，睡眠间隔相应延长，每次睡眠可持续 3 ~ 5 小时左右。4—12 个月的婴儿每天睡眠时长为 12 ~ 14 小时，这一阶段婴儿的身体发育速度依然较快，白天活动时间逐渐增多，但睡眠对于他们的成长依旧不可或缺。到 1—3 岁，幼儿每天睡眠时长为 11～13 小时，且睡眠逐渐变得规律，白天小睡次数减少，通常从每天 2～3 次小睡减少到 1～2 次，晚上睡眠时间相对延长，能够保持连续睡眠 6～8 小时甚至更久。

（二）良好睡眠的作用

充足而高质量的睡眠对婴幼儿的身体和心理发展至关重要。良好的睡眠可以：

（1）促进生长发育：深睡眠期间，生长激素大量分泌，有助于婴幼儿的身体发育，尤其是身高的增长。

（2）增强免疫力：睡眠期间身体可以产生更多的免疫细胞，提高婴幼儿对疾病的抵抗力。

（3）促进脑功能发育：在 REM 睡眠期间大脑依然活跃，帮助巩固婴幼儿白天学到的知识，促进记忆和认知能力的发展。

（4）恢复体力与精神：睡眠能够帮助婴幼儿恢复体力，减少疲劳，确保第二天精力充沛。

（5）婴幼儿的睡眠健康不仅影响其自身的成长和发育，还关系到家长，特别是母亲的身心健康。因此，合理安排婴幼儿的作息和睡眠时间，培养良好的睡眠习惯，对于整个家庭的生活质量都有至关重要的作用。

> **思政专栏**
>
> #### 科学管理时间，合理规划睡眠
>
> 睡眠占一个人生命的三分之一，每晚充足的睡眠是个体身心健康的基本要求。虽然科学研究证明年轻人每天需要 7～9 小时的睡眠以维持健康，但国内近期的一项大样本调查报告显示，42% 的大学生因失眠导致每天平均睡眠时间低于健康标准。一项对新疆某医学院大学生进行调查发现，771 名大学生中 146 人有睡眠质量问题。北京市某高校对 128 名大学生进行睡眠质量调查，其中有 15.6% 的学生存在睡眠问题。
>
> 大量研究证实，睡眠缺乏与个体白天的过度嗜睡、情绪低落、易怒和低耐受水平、注意力难以集中以及慢性病等隐蔽健康问题有关。对于大学生而言，长期睡眠不足还意味着学业成绩的降低及倦怠风险的增加，严重影响大学生的学习生活。不仅如此，如果睡眠问题长期持续而得不到及时纠正，则内分泌的紊乱可能演变为睡眠障碍，导致焦虑、抑郁等情绪问题，甚至诱发自杀行为。可见，科学合理地管理时间是我们建立深厚知识基础，获得良好知识储备的重要保证，也是我们成长与发展的基本前提。

四、任务实施

（一）任务分析

萌萌是一名 3 个月大的婴儿，夜间频繁哭闹并且难以入睡。根据婴幼儿睡眠生理知

识，3个月大的婴儿的睡眠周期短，浅睡眠占比高，对环境变化敏感。萌萌从妈妈怀抱里那个温暖舒适且充满安全感的环境，突然换到婴儿床，环境的改变刺激她从浅睡眠中醒来。

任务：作为婴幼儿的照护者，请根据婴幼儿的睡眠生理基础，调整萌萌的作息并优化睡眠环境，帮助婴儿提高睡眠质量。

要求：准备8分钟，测试时间8分钟。

（二）任务操作

教师示范操作，学生分组练习。

1. 准备工作

1）个人准备

自身准备：着装整洁、修剪指甲、去除首饰、洗净双手、仪容仪表符合职业要求。

2）环境准备

室内环境应保持干净整洁，温湿度适宜，保持安静的环境，避免强光直射和过多噪声干扰。

检查婴儿睡眠空间时，需确保婴儿床舒适且安全，尤其要规避窒息风险，床具则必须使用安全无刺激的材料。

3）物品准备

扫描二维码获取婴幼儿睡眠照护的用物清单。

> 婴幼儿睡眠照护的用物清单

2. 实施步骤

（1）清洁、消毒：洗净双手，确保婴儿的睡眠空间干净整洁，避免细菌和灰尘的干扰。

（2）调整睡眠环境：在萌萌睡前，提前将婴儿床铺上柔软的、带有妈妈气味的小毯子，营造熟悉的感觉；确保婴儿房间内的温度和湿度适宜，光线柔和，保持安静；使用小夜灯调节亮度，避免过强光线刺激婴儿。

（3）观察睡眠状态：根据婴儿睡眠时的呼吸频率、面部表情和肢体动作，判断其是否处于深睡眠阶段。当婴幼儿处于深睡眠状态时才放下，动作放慢，先放腿，再慢慢放背部，同时轻声安抚。

（4）建立作息时间表：结合婴幼儿的生理节律，制定科学的作息时间表，保证婴儿每天的睡眠时长不低于16小时，白天适当进行小睡。

（5）记录与反馈：使用记录本详细记录婴儿的睡眠周期，观察每次入睡和醒来的时间点，帮助家长了解婴儿的睡眠习惯并进行调整。

（6）复查与调整：每隔一定时间复查婴儿的睡眠状态，确保睡眠环境和作息时间表适应婴儿的生长发育需求，并根据婴儿的表现进行微调。

五、任务评价

从自评、他评和教师评价等角度对任务实施过程进行点评（见表5-1）。

> 赛证真题 5-1

表 5-1　任务实施评价表

项目		操作要求	回应性照护要点/说明	是否做到
操作准备		自身准备：着装整洁、修剪指甲、去除首饰、洗净双手、仪容仪表符合职业要求	语言流畅，语音标准，态度亲和，陈述完整	□是□否
		环境准备：室内干净、整洁、安全，温湿度、光线及声音强度适宜，避免干扰婴儿入睡	创设良好的睡眠环境，减少光线和噪声干扰	□是□否
		物品准备：检查婴儿床、床上用品、小夜灯等物品是否齐全，确保安全性	提供舒适、无危险的睡眠空间	□是□否
		婴幼儿准备：确认婴儿的睡眠状态，识别婴儿的入睡信号（打哈欠、揉眼等）	关注婴儿状态，与婴儿沟通互动有效	□是□否
操作过程	调整环境	调整室内光线，避免强光刺激；确保房间温度和湿度适宜	防止光线和温度不适引起的婴儿烦躁	□是□否
	准备睡眠用品	检查婴儿床铺、枕头、毯子等是否整洁和安全，调整到适宜的睡眠姿势	防止婴儿因床上物品摆放不当而受伤	□是□否
	入睡观察	注意婴儿呼吸和动作，确保其进入静态（NREM）或动态（REM）睡眠状态	防止婴儿睡眠中出现异常情况	□是□否
	安抚婴儿	在浅睡眠或哭闹时使用轻柔的安抚方式，避免过度打扰	适当安抚，帮助婴儿重新入睡	□是□否
操作整理	记录睡眠情况	记录婴儿的睡眠时间、周期、表现，以及入睡环境是否适宜	操作规范，动作熟练，过程清晰有序	□是□否
	整理用物	整理婴儿睡眠环境中的所有用品，确保下次使用时一切就绪	确保整洁有序，符合卫生和安全标准	□是□否

任务二　婴幼儿不同阶段睡眠规律及照护

一、任务情境

　　派派是一名6个月大的婴儿，白天每次小睡时间仅为半小时，且主要通过奶睡、抱睡或摇睡等方式入睡，放到床上后会立即醒来。黄昏觉时间过长，从下午6点睡到晚上8点，然后玩耍至深夜11点才能再次入睡。夜间醒来2~3次，早上6点准时醒来。

　　作为照护者，请根据婴儿6个月时的睡眠规律，为派派制定科学合理的睡眠管理方案，帮助其形成稳定的作息，减少夜醒频率，提升睡眠质量。

二、任务目标

知识目标：（1）掌握婴幼儿不同阶段睡眠规律的差异及照护要点。

　　　　　　（2）掌握影响婴幼儿睡眠的因素。

　　　　　　（3）掌握培养婴幼儿良好睡眠的方法。

技能目标：（1）根据婴幼儿月龄准确判断其睡眠是否符合相应阶段的睡眠规律。

　　　　　　（2）学会调整婴幼儿睡眠的实际操作技能。

　　　　　　（3）具备为婴幼儿创设舒适睡眠环境的能力。

素养目标：（1）培养耐心、细心的态度，仔细观察婴幼儿的睡眠信号、睡眠状态和日常表现，及时发现问题并给予恰当的回应和处理。

　　　　　　（2）增强责任心，积极主动地为婴幼儿营造良好的睡眠条件，帮助其建立健康的睡眠模式。

三、知识储备

（一）婴幼儿睡眠规律

1.胎儿睡眠规律

胎儿在母体内已经开始形成活动周期和睡眠周期。一般来说，胎儿的

知识链接
胎动与睡眠

睡眠周期为 30～45 分钟，进入孕晚期时，胎儿的生物节律逐渐变得更加规律。每天胎儿的活动高峰期通常为 8:00～10:00 和 21:00～23:00，其余大部分时间胎儿处于睡眠状态。胎儿的睡眠对其大脑和神经系统的发育起着重要作用，因此孕妈妈需要注意保持稳定的情绪和充足的休息，以帮助胎儿获得更好的睡眠环境。

2. 新生儿睡眠规律

新生儿阶段，婴儿每天需要 18～20 小时的睡眠。新生儿的睡眠周期较短，每个周期约为 50 分钟，分为浅睡期和深睡期各占一半。新生儿的昼夜节律尚未形成，睡眠时间较为分散，通常每 2～4 小时醒来一次进食。

新生儿对这个新奇的世界还不能立刻适应，经常出现黑白颠倒的情况。新生儿时期是视觉发展关键期，新生儿白天睡眠时，照护者应拉开窗帘，夜间应尽量关闭灯光，让新生儿形成"白天就是白天，晚上就是晚上"的概念。由于新生儿的神经系统尚未完全发育，新生儿常常会出现"惊跳反射"，这是一种正常的现象，当周围稍微有点光线变化或有响动时，会突然伸展手脚，出现不自主地抖动，然后把自己"吓醒"，这个时候可以给他包一个襁褓，一般都会很快好转。"惊跳反射"在婴儿出生后的第一个月内最常发生，会随着婴儿年龄的增长逐步减少，在 3—5 个月时逐渐消失。

3. 婴儿睡眠规律

1）1—3 月龄

1—3 月龄的婴儿每天需要约 16 小时的睡眠。白天婴儿需要睡 4～5 次，每次睡眠时长间隔为 2～3 小时，昼夜节律形成后婴儿白天的睡眠次数和时长都会明显减少。夜间应睡 10～11 小时。

婴儿在出生后 6 周，大脑松果体开始分泌褪黑素，发育到 3 个月左右，褪黑素分泌增多。褪黑素既可以诱导婴儿入睡，又能使肠道周围的平滑肌放松，同时具有体温调节、提高机体免疫力、维持血压和血糖的稳定等功能。褪黑素的分泌是有昼夜节律的，一般在凌晨 2～3 点达到最高峰，到黎明前褪黑素分泌量显著减少。褪黑素分泌水平的高低直接影响睡眠质量和睡眠模式。此外，婴幼儿生长发育所必需的生长激素约 80% 是在睡眠时呈脉冲式分泌，分泌高峰主要与深睡眠有关，多是在夜间 10 点至凌晨一两点之间的深睡眠阶段。

2 月龄的婴儿由于肠胀气等影响，难以哄睡，可通过"飞机抱"、排气操等操作进行缓解。这个时候注意培养婴儿昼夜分明的作息规律，逐渐建立入睡前的固定行为模式，养成晚上定时入睡、白天按时小睡且自行入睡的睡眠模式。3 月龄时，婴儿睡眠—觉醒生物节律基本形成，但是这个生物钟节律与外界环境和照护者照护密切相关，3 个月是婴儿的"睡眠倒退期"。很多时候婴儿不是饥饿或者需要安抚，而是因为疲倦或急于睡觉而哭闹不止，因此，需要照护者有足够的敏锐性和耐心，逐步帮助这一阶段的婴儿建立良好的入睡模式。当婴儿出现第一阶段睡眠信号时，立即将婴儿侧身，按住手臂，腿蜷缩，模拟在子宫里的姿势。照护者用空心掌拍屁股，先快速拍，让婴儿从屁股到头部轻微晃动，等婴儿平静后放慢速度。配合"白噪声"，继续拍屁股，直到婴儿成功入睡。

2）4—8 月龄

4—8 月龄的婴儿每天需要 14～15 小时的睡眠。这个阶段的婴儿逐步建立规律的生物钟，白天遵循"吃—玩—睡—玩"的模式，白天一般睡 3 觉，包括晨觉、午觉和黄昏觉。

在早上起床活动、喝奶后的2小时内会有短暂的疲劳，大概在10点之前，表现为注意力不集中、双目无神、打呵欠等，照护者应及时发现这一睡眠信号，及时哄睡，晨睡45分钟左右即可，过长则影响午睡时间。

午睡时间应该在2小时以上，一般在中午吃完辅食喝完奶后的一个小时左右，婴儿开始出现疲劳信号，应提前酝酿，固定睡前程序，逐渐形成规律。午觉不要超过14点，因为错过了婴儿最疲劳的时候，疲劳过度，很难安抚入睡。

16点左右，又会有一个疲倦时间，照护者应随时捕捉这一睡眠信号，及时哄睡，黄昏觉时间不宜长，最多45分钟，超过1小时再清醒，晚上很难早睡。如果到了17点还没开始黄昏觉，应忽略这个小觉，把夜觉提前，避免过度疲劳难以安抚。对于睡半小时就醒或抱睡、放床就醒的婴儿，照护者注意不要小睡结束就抱出去玩，应进行接觉。习惯性抱睡的不要灰心，抱睡着了之后，慢慢地、大胆地放床，要让婴儿知道并习惯床才是睡觉的地方而不是怀抱。

晚上继续维持一致的"睡前程序"，例如洗澡、吃奶、绘本阅读、更换纸尿裤、入睡等。另外，应培养婴儿自主安抚入睡的能力，保持房间黑暗和安静，同时确保婴儿白天有足够的户外活动时间，并且能吃饱、吃好。

3）9—12月龄

9—12月龄的婴儿每天仍需要14小时左右的睡眠，但白天的小睡次数减少至1~2次。夜间睡眠时间逐渐稳定，70%~80%的婴儿在9个月以后可以实现一夜安睡。夜间睡眠质量对婴儿的生长发育至关重要，家长应维持规律的作息时间，帮助婴儿建立良好的睡眠习惯（见表5-2）。

表5-2 不同月龄的婴幼儿睡眠规律

月龄	白天睡眠（小时）	白天小睡（次数）	夜间睡眠（小时）	睡眠总时长（小时）
新生儿	睡眠间隔较短，一般2~4小时就会醒来一次			18~20
1—3个月	4~6	4~5	10~11	16
4—8个月	3~5	3	8~10	14~15
9—12个月	3~4	1~2	7~9	14

4. 幼儿睡眠规律

1—3岁的幼儿每天需要12~13小时的睡眠。随着年龄的增长，白天的小睡次数进一步减少，大多数1岁左右的幼儿白天只睡一次，通常是午觉。幼儿的夜间睡眠逐渐趋于稳定，可以一夜安睡直到早晨。

随着活动量的增加，这个年龄段幼儿在入睡前容易因玩耍过度而兴奋，进而影响睡眠，因此，照护者应帮助幼儿建立良好的睡前程序，如洗澡、讲故事或播放舒缓的音乐，帮助他们进入放松状态，从而有助于幼儿安然入睡。

（二）培养婴幼儿良好的睡眠习惯

影响婴幼儿睡眠的因素主要涉及生理、心理和环境三方面。生理因素包括饥饿、湿疹、胃食管反流、肠胀气等；环境因素如强烈的视觉、听觉等感官刺激引起的不适；

心理因素则主要体现在缺乏安全感、情感需求高的婴幼儿群体中，照护者对此应保持更多耐心，减少焦虑情绪。

因此，培养婴幼儿良好的睡眠习惯可以从以下几方面入手：

（1）排除生理性因素。拍嗝不够的婴儿易因胃胀气而惊醒；俯卧时间不足的婴儿可能会因肠胀气影响睡眠；缺乏维生素 D 的婴幼儿，常常表现出夜惊；湿疹患儿，晚间易出现皮肤瘙痒。此外，睡前吃得太多或太少，白天过度兴奋及情绪波动（如紧张、焦虑）等因素也会影响婴幼儿睡眠。因此，培养良好的睡眠习惯需优先排除生理性干扰。

（2）营造舒适的睡眠环境。选择安静的睡眠环境，避免噪声干扰；使用柔光照明避免强光抑制褪黑素分泌；温度控制在 25℃，相对湿度控制在 60% 左右，远离空调风口及通风区域；被褥要干净、舒适，与季节相符，冬季要有保暖设施，夏季须备防蚊用具。必要时睡觉可穿适宜的婴儿睡袋，选择一个软硬度适中的床等。

（3）及时捕捉睡眠信号。当第一阶段睡眠信号开始时，如活动减少、眼睛无神、揉眼、对周围事物不感兴趣时，照顾者应立即停止逗弄婴幼儿，使其提早进入睡前模式。

知识拓展

婴幼儿的睡眠信号

婴幼儿的睡眠信号有以下几种：

第一阶段：活动减少、眼睛无神、揉眼、对周围事物不感兴趣；

第二阶段：抓脸、挠耳朵、用脸蹭你的身体、频繁吃手或其他物品自我安抚；

第三阶段：过度兴奋、尖叫、眼睛瞪大；

第四阶段：哭闹、难以安静。

（4）建立固定的"睡前程序"。例如，每天晚上先给婴幼儿一定的感官刺激（如洗澡），接下来进行当日最后一次哺乳，再讲个简短的睡前故事（放松），更换纸尿裤后向婴幼儿传达"现在开始睡大觉"的信号。如果到了 2 岁，为了让幼儿获得控制感，照护者可以尽可能让他在睡前多做选择，比如选择穿哪件睡袋或者听哪个故事。

（5）培养适宜的睡眠姿势。在婴儿还未能掌握翻身技能前，也就是还不会从俯卧翻成仰卧，或从仰卧翻成俯卧时，应严格采用仰卧位（面部朝上平躺），因为这种睡姿对该阶段的婴儿来说是最安全的。一旦婴儿学会了翻身，就可以让他在监护下有限自主地调整睡姿。

（6）逐步训练自主入睡。婴儿出生后的 0—4 月龄，如果婴儿睡眠时哭闹，解决睡眠哭闹的最好办法就是及时响应、给予关注。回应婴儿睡眠哭闹时，应首先满足他最迫切的需求，如果他又冷又饿，尿不湿也湿透了，应该先给他保暖，再换尿不湿，最后喂奶。4 个月后，在婴儿还没有睡着的时候把他放在婴儿床上，这样他可以尝试着自己入睡。轻轻地将他放下，轻声对他说"晚安"，然后离开。可以在婴儿房安装监控设备，随时关注婴儿的动态。如果婴儿只是翻身，可以观察一会，让他继续睡觉。如果婴儿哭闹，仔细查看婴儿情况并给予足够的安全感，确保婴儿很舒适且没有生病。在确定没有生病后，还需检查尿不湿等情况，如有排泄应及时更换，尽可能在微弱的灯光下迅速解决，离开时，适当安慰一下他，尤其在分离焦虑期，照护者应告知婴儿自己就在附近。随着时间的推移，逐渐减少夜间对婴儿的关注，如果照护者的做法始终如一，大多数婴儿在夜间会减少哭闹，并最终学会自己入睡。

四、任务实施

（一）任务分析

6 个月大的派派主要依赖奶睡、抱睡或摇睡等方式入睡，这表明他尚未建立自主入睡的能力。这些依赖型入睡方式容易导致派派在睡眠周期转换时（如从浅睡眠进入深睡眠），因环境改变（如被放下床）频繁惊醒，表现为难以在床上持续入睡。另外，派派白天每次小睡时间仅半小时，明显短于 6 个月婴儿正常的小睡时长。短暂的小睡可能无法让派派得到充分的休息，进而影响其整体的睡眠质量和日常状态。派派黄昏觉从 18:00 睡到 20:00，时间过长。这不仅影响了夜间正常的睡眠启动，还推迟了夜间入睡时间，使其需玩耍至深夜 11 点才能再次入睡，严重打乱了正常的昼夜节律。夜间醒来 2 ~ 3 次，虽然在部分 6 个月婴儿夜醒次数的范围内，但结合其整体不规律的睡眠模式，夜醒可能是由于白天睡眠不足、黄昏觉过长以及入睡方式不当（奶睡、抱睡或摇睡）等多种因素综合导致的。早上 6 点准时醒来，整体睡眠时间碎片化且缺乏规律，进一步影响了夜间睡眠质量和生长发育。

（二）任务操作

教师示范操作，学生分组练习。

1. 准备工作

1）个人准备

确保自身着装整洁、修剪指甲、去除首饰，并洗净双手，符合婴儿护理操作的职业要求。

2）环境准备

环境的温度需保持在 20 ~ 24℃；光线需保持柔和，避免明亮或刺眼的照明；噪声需尽量最小化；房间需整洁、安全，隔绝外界嘈杂声。通过综合调节以上因素，确保婴儿处于安静、舒适的睡眠环境中。

婴幼儿睡眠管理的用物清单

3）物品准备

扫码可获取婴儿睡眠管理用物清单。

2. 实施步骤

1）调整睡眠节律

6 个月的婴儿应遵循"吃—玩—睡—玩"的模式，逐步建立规律的生物钟，白天一般睡 3 觉，包括晨觉、午觉和黄昏觉。晨觉开始时间不宜超过 10:00，午觉开始时间不宜超过 14:00，黄昏觉开始时间不晚于 17:00。每一觉宜早不宜推迟，如果错过这次小觉，无需强行哄睡，可将下次小睡提前半小时安排。因此，基于上述原则，建议调整派派白天小睡安排，晨觉和黄昏觉最多 45 分钟，午觉 2 小时。黄昏觉结束后，逐步减少高强度的玩耍活动，代之以安静的活动，避免婴儿过度兴奋，逐步调整夜间入睡时间至晚间

20:00～20:30，保持夜间环境安静、昏暗，帮助婴儿形成固定的睡眠节律。

2）识别并回应入睡信号

当婴儿出现困倦信号，如眼神迷离、打哈欠、活动减少等，应立即停止刺激活动，并通过固定的睡前程序（例如洗澡、换睡衣等）帮助婴儿平静，诱导入睡。

3）改善入睡方式

应避免依赖摇晃或奶睡等外界干预，转而采用轻拍背部、臀部、播放白噪声等方式安抚，帮助婴儿自主进入睡眠。

4）减少夜间醒来次数

通过减少夜间喂奶频率并逐步推迟喂奶时间，同时融合轻拍、轻声安慰等非进食干预来帮助婴儿建立连续夜间睡眠模式。

5）建立规律的睡前程序

设立固定的睡前程序，例如洗澡、换睡衣、讲故事、播放舒缓的音乐等。通过固定的睡前步骤，逐渐让婴儿适应并提前进入睡眠状态。

五、任务评价

从自评、他评和教师评价等角度对任务实施过程进行点评（见表5-3）。

赛证真题 5-2

表 5-3　任务实施评价表

项目		操作要求	回应性照护要点/说明	是否做到
操作准备		自身准备：着装整洁、修剪指甲、去除首饰、洗净双手、仪容仪表符合职业要求	语言流畅，语音标准，态度亲和，陈述完整	□是□否
		环境准备：室内干净、整洁、安全，温湿度及光线、声音强度适宜	营造舒适的睡眠环境，避免过度刺激婴幼儿感官	□是□否
		物品准备：物品齐全，放置合理，确保有婴儿监控器、白噪声设备等帮助睡眠	物品摆放位置便捷，操作得当，保证环境清洁整齐	□是□否
操作过程	建立睡眠规律	安排晨觉、午觉和黄昏觉，晨觉和黄昏觉最多45分钟，午觉2小时，避免过度依赖摇睡、奶睡	按时安抚婴儿入睡，建立良好的小睡规律	□是□否
		注意观察婴儿打哈欠、揉眼睛、活动减少等入睡信号	准确识别婴儿的困倦信号并及时回应，避免过度疲劳	□是□否
		通过轻拍背部、臀部或播放白噪声等方式，帮助婴儿入睡	使用温和、安抚的方式，避免依赖抱睡或奶睡	□是□否
		控制黄昏觉不超过45分钟，并确保下午的小睡不晚于18:00结束	根据婴儿实际情况调整作息，减少黄昏觉对夜间睡眠的影响	□是□否
		婴儿夜醒时避免立即回应，观察婴儿是否能够自我安抚入睡	尽量减少夜间喂奶频率，减少对夜间过多干预	□是□否

项目		操作要求	回应性照护 要点／说明	是否做到
操作 过程	建立 睡眠 规律	制定固定的睡前步骤，包括洗澡、换睡衣、讲故事等	保持一致性，让婴儿适应并提前进入睡眠状态	□是□否
操作 整理		整理婴儿床等用物，保持睡眠环境清洁整齐 记录婴儿的作息时间，包括入睡和醒来的具体时间，以及每次睡眠的质量	操作规范，动作熟练，过程清晰有序 记录完整，数据准确，便于调整作息方案	□是□否

任务三 婴幼儿睡眠问题及照护

一、任务情境

派派是一名 5 岁的幼儿，最近睡眠状况不佳，晚上入睡后经常频繁翻身、踢被，有时还会突然惊醒哭闹，难以再次入睡。此外，遗尿的情况，原本已经逐渐减少，可最近又开始频繁发作。这让派派的家长十分担忧，不知如何是好。

请帮助派派的父母提出解决方案。

二、任务目标

知识目标：理解并掌握婴幼儿常见的睡眠问题及其应对策略。

技能目标：能有效识别婴幼儿的睡眠问题，并根据问题提出相应的解决方案。

素养目标：（1）培养耐心与细心，能够根据婴幼儿的具体情况调整护理方式。

（2）提升处理婴幼儿睡眠问题的应变能力，从容应对复杂问题。

三、知识储备

（一）睡眠不安现象与照护

睡眠不安是婴幼儿常见的睡眠问题之一，表现为婴幼儿在入睡过程中或睡眠期间频繁翻身、踢被、抓脸、揉眼，甚至容易惊醒。这种现象多与婴幼儿的中枢神经系统发育不完善或外界刺激过强或作息安排不当有关，通常随着婴幼儿年龄增长而有所缓解。

1. 睡眠不安的主要表现

婴幼儿在睡眠中频繁翻身、踢被、抓脸、揉眼，呼吸急促或表现出烦躁。婴幼儿容易从浅睡眠状态中惊醒，出现哭闹并难以再次入睡。夜间多次醒来，睡眠持续时间短，醒来后难以被安抚。

2. 睡眠不安的主要原因

睡眠不安的原因较复杂，可能主要包括以下几方面：

（1）中枢神经系统发育不完善：婴幼儿的大脑和神经系统尚在发育，容易对外界刺激产生强烈反应，导致夜间频繁醒来或不安。

（2）过度刺激：白天活动过度、情绪兴奋或睡前过度刺激（如大声吵闹、强烈的光线）都会引发婴幼儿在睡眠中的不安表现。

（3）睡眠环境：不合适的睡眠环境如温度过高或过低、噪声过大、床品不舒适等都会影响婴幼儿的睡眠质量，导致睡眠不安。

3. 睡眠不安的照护要点

（1）调整睡眠环境：确保婴幼儿的睡眠环境舒适，温度保持在 20～24℃之间，避免过冷或过热。使用柔软、透气的床品，保持房间安静，光线柔和，夜间尤其要避免强光和噪声，帮助婴幼儿进入安稳的睡眠状态。

（2）减少白天过度刺激：避免在临近入睡时让婴幼儿进行过度兴奋的活动，如大声喧哗、剧烈玩耍等。睡前 1 小时内应减少外界刺激，帮助婴幼儿放松。

（3）建立规律的睡眠习惯：通过每天固定的作息时间和睡前程序，如洗澡、换衣、讲故事等，帮助婴幼儿逐渐进入放松状态，使其养成良好的入睡习惯。

（4）逐步培养自主入睡能力：避免过度依赖奶睡、抱睡等方式安抚婴幼儿。可以在婴幼儿困倦但尚未入睡时，将其放入婴儿床，鼓励其自行入睡。如果婴幼儿醒来，可以轻拍安抚，但避免立即抱起或喂奶。

（二）夜惊现象与照护

夜惊是婴幼儿睡眠问题中较为常见的一种，主要表现为夜间睡眠中反复出现的极端恐惧和恐慌状态，常伴有剧烈的动作、大声喊叫和自主神经系统的高度兴奋。这种现象通常始发于 3—7 岁儿童（偶见于 18 月龄以上幼儿）。1%～6% 的婴幼儿会有这样的困扰，男孩和女孩夜惊的比例大致相当，夜惊发作通常会持续 2～10 分钟，之后婴幼儿可再度安然恢复到深度睡眠，但有些婴幼儿一个晚上会发生好几次。

1. 夜惊的主要表现

婴幼儿夜惊症状较为统一，典型症状如下：

（1）发作突然。睡眠中突然出现紧张、害怕、吼叫和自言自语、幻听和神志不清等症状。

（2）自主神经系统兴奋。婴幼儿会出现如心率增快、呼吸急促、出汗、瞳孔扩大等症状。

（3）意识模糊。照护者很难将婴幼儿叫醒，无法通过常规安抚手段缓解，夜惊多数发作持续 2～10 分钟，偶见延长至 45 分钟的案例。夜惊后婴幼儿通常会自动恢复睡眠，次日也不记得发生过什么。

（4）一般发生在非快速眼动睡眠期。

2. 婴幼儿夜惊的主要原因

引起婴幼儿夜惊行为的原因主要从外因和内因两方面进行分析。具体如下：

1）外因（环境因素）

①感官刺激。夜间突发强光（如手机蓝光）会干扰生物钟，突然的声响（如摔门声、鸣笛声）可能触发惊吓反射。②睡眠姿势不当。俯卧或蒙头会影响呼吸畅通，增加缺氧

风险；手臂压胸则会限制呼吸运动。③温度不适。过度包裹会导致体温升高（触摸颈背部潮湿可提示过热），粗糙的衣料可能引发皮肤敏感反应。

2）内因（机体因素）

①神经系统发育特点。大脑抑制功能未成熟，睡眠中易出现"半觉醒"状态。②营养缺乏。缺钙/维生素D可导致血钙降低，神经敏感度升高；缺镁可导致肌肉紧张度增加，易突发惊跳。③消化系统问题。肠痉挛疼痛（如乳糖不耐受者夜间腹胀）；胃食管反流刺激（平躺时胃酸反流）。④心理应激。白天受惊吓（如看到恐怖画面、摔伤经历），家庭冲突压力（父母争吵频繁的环境）。

3. 婴幼儿夜惊的照护要点

面对婴幼儿夜惊，我们可以采取以下措施：

（1）对婴幼儿进行言语安抚或者抚摸，帮助婴幼儿平复情绪，快速进入睡眠。

（2）为婴幼儿营造安静、舒适的睡觉环境，减少外在因素对其身体的影响。

（3）帮助婴幼儿建立规律作息，确保每日睡眠时常达标。

（4）家长需保持平静，睡前1小时避免讲恐怖故事或看刺激画面，可播放舒缓音乐（如古典乐或自然声），营造放松环境。

（5）不要让婴幼儿睡前过度兴奋或者过度劳累。如果白天婴幼儿玩得太累，可以泡个热水澡，做个抚触按摩。

（6）不要在婴幼儿面前大吵大闹，造成不良的心理负担。

需要注意的是，夜惊和惊跳是不一样的。惊跳一般发生于5个月以内的新生儿，主要是因为新生儿中枢神经系统发育不完善，中枢神经受刺激容易引起兴奋。惊跳在5个月以内都属于正常，照护者不用太在意。夜惊被推测与深度睡眠期及快速动眼期不正常的切换有关，因为婴幼儿深度睡眠期及快速动眼期两者占夜晚睡眠的比例皆很长，大脑发育尚未成熟，所以很容易发生。家中有其他儿童时，监护人应用适龄方式说明情况：对婴幼儿通过拥抱安抚，对学龄儿童用科学比喻解释睡眠机制，避免使用迷信说法引发恐慌。

（三）梦魇现象与照护

梦魇俗称做噩梦，指婴幼儿从噩梦中惊醒，发出尖叫声或哭声，表情惊恐、心跳加速，常常能回忆恐怖的梦境而引起焦虑或恐惧发作。

1. 梦魇的主要表现

梦魇多发生在凌晨深度做梦时段，孩子会突然惊醒、清楚记得梦境内容，出现心跳加快、呼吸急促等现象，不同于夜惊时的迷糊状态，这时孩子完全清醒，可能因恐惧而拒绝入睡。学龄前儿童（3—5岁）梦魇发生率为$10.2\% \sim 46.3\%$，性别分布上无显著差异（$p > 0.05$）。

2. 梦魇的主要原因

引起婴幼儿梦魇的原因主要从外因和内因两方面进行分析，具体如下：

（1）从外因来说，通常跟睡眠姿势、寝具风险（被子盖住了嘴鼻）、压迫刺激（手压在胸部）等有关。此外，饮食不当，如过饱或饥饿也是诱发梦魇的原因之一。

（2）从内因来说，跟婴幼儿自身的心理或生理因素有关。睡前过度紧张、兴奋会导致婴幼儿睡眠变差。例如因内心冲突和焦虑情绪等，均可诱发梦魇；睡前听恐怖故事、看恐怖影视也是常见诱因。此外，家庭氛围紧张、专制型教养环境中的幼儿，也更容易出现梦魇。

3. 梦魇的照护要点

对于婴幼儿做噩梦的情况，照护者可以这样做：

（1）及时陪伴。首先做的应该是尽快来到婴幼儿的身边，抱住婴幼儿并安抚他的情绪，向婴幼儿保证你会陪在他身边，不会让任何东西伤害他。

（2）照护者的认同。倾听婴幼儿对梦的描述，认同婴幼儿的感受，表达出"我知道你被吓到了，你很害怕"，然后温柔地提醒婴幼儿噩梦不是真的，那些可怕的东西是不存在的。需要注意的是，如果婴幼儿在夜间醒来，切记不要过度追问细节，以免再次引起婴幼儿恐惧或害怕的情绪。

（3）保持平和稳定的情绪。平和的情绪可以让婴幼儿意识到"这不是那么害怕的事情"。这样可以帮助婴幼儿更快地平复情绪。如果婴幼儿是因为白天看到了什么可怕的场景，或者是有什么特定的压力（比如如厕训练、要上幼儿园、要搬家等）而使晚上睡不安稳，照护者可以在白天的时候跟婴幼儿聊一聊这些问题，帮助纾解压力，消除他们心中的恐惧。

4. 婴幼儿夜惊与梦魇的区别

婴幼儿夜惊与梦魇常常容易混淆，二者的区别如表5-4所示。

表5-4　婴幼儿夜惊与梦魇的区别

	夜惊	梦魇
表现和行为	在睡眠中尖叫、哭喊、身体激烈扭动；婴幼儿可能会表现出激动、紧张、害怕的状态	做了令人恐惧的梦时，婴幼儿可能会醒来，受到惊吓并哭闹
发生及持续时间	发生在深睡阶段，也就是非快速动眼睡眠期	后半夜，睡眠比较浅，也就是快速动眼睡眠期
能否继续睡觉	大多数婴幼儿夜惊后能很快重新熟睡	由于紧张，很难继续入睡
是否有印象	第二天并不会记得前一天晚上发生了什么	对梦有印象，会讨论所做的梦

资料来源：马克·魏斯布鲁斯：《健康的睡眠，健康的孩子》，刘丹等译，广西科学技术出版社，2016，第6页。

（四）遗尿现象与照护

遗尿也就是我们通常说的尿床，一般发生在婴幼儿生长发育期间，熟睡时不自主地排尿现象。一般而言，2岁前的婴幼儿很少能实现夜间自主排尿控制，约10%的3—5岁幼儿偶有遗尿现象，通常属于正常生理现象。但若在早期未建立规律的排尿习惯，可能导致遗尿持续存在；若5岁后仍无法自主控制排尿，无论日间或夜间均出现不自主排尿，则须警惕病理性原因。

1. 遗尿的主要危害

影响婴幼儿的生长发育：长期尿床，患儿体内营养物质会出现缓慢流失，从而影响生长激素的分泌以及钙吸收和合成酶的生成。

影响婴幼儿大脑以及神经系统发育：婴幼儿遗尿症的出现主要是因为控制膀胱收缩功能的中枢神经系统发育不完善，精神过于紧张、白天劳累过度等原因引起的，如果治疗不及时，长期影响婴幼儿的大脑神经系统，就可能会影响智力发育。

影响婴幼儿的心理健康：遗尿症不仅会影响婴幼儿的身体健康，还可能引发长期心理问题。尿床史越长，心理影响越显著。患儿可能因长期遗尿产生自卑、焦虑、胆怯等负面情绪，严重时甚至导致性格孤僻或情绪暴躁。

2. 遗尿的主要原因

社会、家庭、环境、教育、幼儿生理心理状况等因素都可引起幼儿遗尿。其主要原因如下：

生理特点：婴幼儿膀胱容量较小，黏膜柔嫩，肌肉层及弹力纤维肌发育不良，储尿功能差。另外，中枢神经系统发育不完善，对排尿的控制能力差。

父母养育方式：缺乏排尿方式及规范如厕的训练。婴幼儿过度依赖纸尿裤，想尿就尿，膀胱得不到锻炼，无法控制排尿。

饮食与气候因素：婴幼儿年龄越小，新陈代谢越旺盛，需水量相对越大，如果摄入一些含糖分比较高的饮料和水果，排尿量会增加。另外，气温寒冷也容易导致排尿次数增多。

精神因素：婴幼儿白天玩耍过于疲劳；兴奋过度，强烈的精神刺激如受惊吓、心情焦虑、紧张不安；晚上睡觉前听恐怖故事均可能导致婴幼儿失去对排尿的主动控制，出现遗尿。

病理因素：隐性脊柱裂，膀胱逼尿肌活跃，是导致婴幼儿遗尿的常见病理性因素，需要通过相应检查后才能被发现。

3. 遗尿的照护要点

排尿是人体正常生理现象，1—3岁幼儿每日排尿 $500 \sim 600$ mL，1岁时每日排尿 $5 \sim 16$ 次；学龄前至学龄期（3—12岁）排尿频率逐渐减少至每日 $6 \sim 7$ 次。遗尿大多数发生在夜间熟睡期间，严重者在日间睡眠中也可能发生。若遗尿问题长期未能纠正，可能会影响幼儿生长发育。针对遗尿及其诱因，建议采取以下照护措施：

（1）帮助婴幼儿养成良好的作息和卫生习惯，家长需掌握尿床时间和规律，夜间适时轻柔唤醒排尿；白天避免过度兴奋和剧烈运动，防止过度疲劳造成夜间睡眠过深。

（2）注意饮食。咖啡因有利尿作用，应避免进食巧克力、咖啡、奶茶等咖啡因含量高的食物。在睡觉之前两个小时不要喝大量的水，避免利尿饮品，可适当补充优质蛋白（如鸡肉、鸭肉等）。

（3）做好婴幼儿的心理辅导，不要打骂、责罚婴幼儿，多安慰鼓励，减轻他们的心理负担，逐渐纠正婴幼儿的自卑、焦虑等情绪，帮助婴幼儿树立信心。

四、任务实施

（一）任务分析

梳理派派睡眠与遗尿问题的具体表现细节，例如，记录派派睡眠中翻身、踢被的频率，惊醒哭闹的时间点与持续时长；了解遗尿发生的时间规律，是每晚都有还是间歇性出现，以及最近生活中是否有特殊事件发生。

针对睡眠不安问题，从神经系统发育角度，思考5岁幼儿神经系统成熟度是否仍影响睡眠；回忆派派白天活动，判断是否存在过度兴奋、情绪波动大，或是睡前接触了强光、噪声等过度刺激；检查睡眠环境，查看温度、床品舒适度等情况。

针对遗尿问题，考虑派派的生理特点，如膀胱容量、神经系统对排尿控制力；了解其日常饮食，是否近期摄入过多高糖饮料、水果，以及生活环境温度变化；询问家长养育方式，是否缺乏规范如厕训练、过度依赖纸尿裤；回忆派派近期是否有精神压力事件，如受惊吓、心情焦虑等；若怀疑病理因素，思考是否需要进一步检查隐性脊柱裂等问题。

（二）任务操作

教师示范操作，学生分组练习。

1. 准备工作

1）个人准备

自身准备：着装整洁、修剪指甲、去除首饰、洗净双手、仪容仪表符合职业要求。

2）环境准备

室内干净、整洁，温度控制在 20~24℃，光线柔和，声音保持低噪声水平，床铺舒适、柔软无刺激性。

3）物品准备

物品准备齐全，放置合理。

4）幼儿准备

幼儿身体状况良好，能够识别疲倦信号，如揉眼、活动减少。

2. 实施步骤

1）针对睡眠不安的解决方案

调整睡眠环境：将卧室温度保持在 20~24℃，选用柔软、透气的床品；夜晚拉好窗帘，使用小夜灯，避免强光刺激，利用隔音设备或白噪声机减少噪声干扰。

减少白天过度刺激：临近入睡前1小时，避免让派派参与激烈游戏、观看刺激性动画片，可安排轻柔的亲子阅读、听舒缓音乐等活动。

建立规律睡眠习惯：每天固定时间睡觉、起床，睡前进行洗澡、换睡衣、讲温馨故事等固定流程，帮助派派放松身心。

培养自主入睡能力：在派派表现出困倦但尚未入睡时，将其放在床上，轻拍身体陪伴，逐步减少干预频率，鼓励其自行入睡；派派醒来时，先轻拍安抚，不急于抱起或喂奶。

2）针对遗尿问题的解决方案

养成良好作息和卫生习惯：白天定时提醒派派排尿，培养主动排尿意识；掌握派派尿床大致时间，定时唤醒排尿；白天避免过度疲劳、剧烈运动。

注意饮食：避免派派食用巧克力、咖啡、奶茶等高咖啡因食物；睡前2小时控制饮水量，不喝利尿饮品；日常饮食增加优质蛋白摄入，如鸡肉、鸭肉。

做好心理辅导：家长避免因遗尿而打骂、责罚派派，多给予安慰鼓励，如夸奖派派白天自主排尿的行为，增强其自信心。

五、任务评价

赛证真题 5-3

从自评、他评和教师评价等角度对任务实施过程进行点评（见表5-5）。

表5-5 任务实施评价表

项目	操作要求		回应性照护要点/说明	是否做到
操作准备	自身准备：着装整洁、修剪指甲、去除首饰、洗净双手、仪容仪表符合职业要求		语言流畅，语音标准，态度亲和，陈述完整	□是□否
	环境准备：室内干净、整洁、安全，且温湿度及光线、声音强度适宜		营造良好的睡眠环境，减少外界干扰	□是□否
	物品准备：物品准备齐全，放置合理		所有物品应提前准备好，安放有序	□是□否
	幼儿准备：幼儿身体状况良好，识别幼儿疲倦信号，如揉眼、活动减少		观察幼儿情绪，及时安抚	□是□否
观察与分析操作过程	睡眠环境	调节房间温度至20~24℃，关闭刺眼的灯光和避免外界噪声干扰	确保幼儿感受到舒适、安全的睡眠环境	□是□否
	睡眠质量	记录入睡时间，对比改善前入睡时间是否缩短；统计夜间醒来次数，观察是否减少；计算睡眠时长，查看是否延长；观察幼儿醒来后的精神状态，判断睡眠质量是否提高	安抚及时、有效，减少幼儿的情绪波动	□是□否
	遗尿情况	统计每周遗尿次数，对比计划实施前次数变化；观察幼儿白天自主排尿意识是否增强，是否能主动表达排尿需求	尽快安抚入睡	□是□否
操作整理	一周后：通过回忆和记录，初步评估睡眠和遗尿情况变化，如入睡时间是否提前、夜间醒来次数是否减少、本周遗尿次数与上周对比情况 一个月后：全面分析四周的记录数据，对比计划实施前后的睡眠和遗尿各项指标变化，如入睡时间平均缩短情况、夜间醒来次数减少比例、遗尿次数下降幅度等，综合判断解决方案的有效性		操作规范，动作熟练，过程清晰有序 确保记录准确完整，为后续调整护理提供依据	□是□否

项目六　婴幼儿出行照护与回应

任务一　婴幼儿出行包裹技巧及抱、背的姿势

一、任务情境

宽宽 6 个月了，可是任凭父母再怎么悉心照料，宽宽身体发育速度较慢，吃奶也不如邻居家的同龄宝宝，爸爸妈妈很担心，打算带宽宽去咨询医生。医生发现宽宽被严实地裹在"蜡烛包"里，立即提醒宽宽爸妈，不能把孩子包成这样。宽宽的父母惊讶道："裹蜡烛包的习俗，是祖祖辈辈流传下来的，难道不对吗？"

作为照护者，指出"蜡烛包"的习俗有何不妥，并对宽宽进行正确的包裹。

二、任务目标

知识目标：掌握婴幼儿出行包裹技巧及抱、背的姿势。

技能目标：学会包裹婴幼儿，抱、背婴幼儿。

素养目标：深刻理解安全照护的意义，学会尊重生命、珍爱生命、敬畏生命。

三、知识储备

（一）外出包裹婴幼儿的作用

1. 带给婴幼儿安全感

胎儿在宫内呈蜷缩姿势，羊水提供温和的压力和包裹感。出生后，科学适应的襁褓可通过模拟子宫内触压，安抚婴儿的惊跳反射，帮助过渡性适应。

2. 保护婴儿免受惊吓

睡眠对婴幼儿的健康非常重要，婴幼儿出生后，因中枢神经系统发育不完善，易因突发声响、温度变化等刺激触发惊跳反射，导致睡眠片段化。科学的襁褓包裹可以缓解婴幼儿因外界刺激产生的不适，有利于提升其睡眠质量。

3. 方便照护者安全抱起婴幼儿

因婴幼儿的身体非常柔软，颈部无支撑力，家长需掌握正确抱姿而非依赖包裹，错误包裹可能增加操作难度。特别是喂奶的时候，错误抱姿可能导致婴儿气道压迫或脊柱受力不均，其危害远超出"不便"范畴。

4. 婴幼儿保暖效果好

婴幼儿皮下脂肪少，易散失热量，尤其当婴幼儿仰卧睡眠时，四肢分开，裸露面积增大，导致散热增加。正确包裹可以让婴幼儿在一个暖和的环境中沉睡，增加婴幼儿的安全感。注意在合适温度的室内是没有必要包裹的，只要给婴幼儿穿上厚薄相宜的合体衣服即可。

微课
包裹婴幼儿

（二）正确包裹婴幼儿

1. 准备包被

菱形铺放：将包被平铺成菱形，顶部向外折叠形成倒三角形或直线边缘，预留头部位置。

2. 放置婴幼儿

位置对齐：将婴幼儿仰面放在包被中心，头部位于折叠后的边缘外，双肩与包被顶部折线齐平，如图6-1所示。

3. 包裹身体

包裹一侧：轻压婴儿一侧手臂，将同侧包被向对侧包裹，拉紧后将被角压在对侧身下（如右侧包被向左包裹，压于左侧臀部下方）。

包裹另一侧：重复上述步骤，包裹另一侧包被并压紧，确保身体被均匀覆盖（见图6-2）。

4. 处理脚部

预留活动空间：脚部下方留出约成人一掌宽的距离（10 cm），将包被底部向上折叠至婴儿腰部，避免完全束缚脚部。

5. 调整与固定

松紧检查：胸廓处可放入照护者手掌（2~3 cm空隙），确保呼吸顺畅。

腿部保持自然屈曲，髋关节可自由活动，避免"蜡烛包"式紧裹（见图6-3）。

6. 防风与固定

外出时可用绑带轻系包被，避免松散，但不可过紧。

注意事项：包被松紧适宜，胸廓位置能放进照护者的一手为宜，婴幼儿脚下可以自由活动。

正确包裹婴幼儿有助于增强婴幼儿安全感，保护婴幼儿免受惊吓，方便照护者安全抱起婴幼儿，以及保持良好的保暖效果。重要的是要确保婴幼儿的髋关节不受限制，促进髋关节的自然发育，同时需特别注意保持婴幼儿的呼吸通畅。

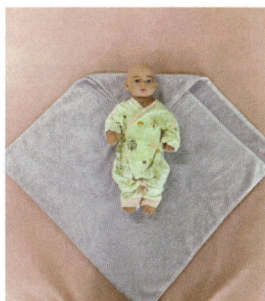

图6-1　放置婴幼儿

图6-2　包裹身体

图6-3　调整与固定

（三）不同月龄婴幼儿抱行方式

1. 摇篮式横抱

摇篮式横抱适合新生儿或3个月内的婴幼儿，需要照护者用一只手依次托住婴幼儿的头、肩、颈部，沿背部滑至腰外侧并握住外侧大腿，使婴儿头部自然枕于臂弯里，同时用另一只手稳固支撑腰部和臀部（见图6-4）。

2. 飞机抱

飞机抱适合安抚哭闹、喝奶后胀气或有肠绞痛的婴幼儿，需要照护者先将婴儿俯卧于一只手前臂，随后用另一只手稳固支撑其背部，并用空心掌轻拍或按摩辅助排气。（见图6-5）。

图6-4 摇篮式横抱   图6-5 飞机抱

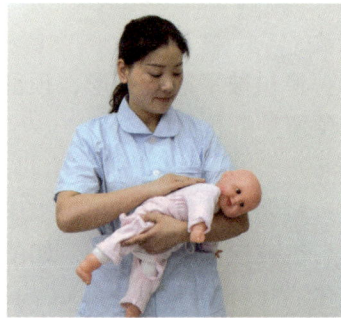

3. 橄榄球式横抱

橄榄球式横抱适合婴幼儿洗头洗澡时使用，需要照护者将婴幼儿身体夹在一侧腋下，一只手托头，手臂支撑婴儿的背部、肘部，固定婴幼儿的臂部，另一只手托着婴幼儿的头部和颈部，贴近照护者腰部或胸前（见图6-6）。

4. 靠肩式竖抱

靠肩式竖抱适用于3个月以上婴幼儿辅助拍嗝。操作时，照护者可稍向后倾上身躯干，使婴幼儿胸腹部紧贴自身胸前及肩部，一只手托住婴幼儿臀腰部，另一只手护着婴幼儿头颈肩部（见图6-7）。

图6-6 橄榄球式横抱   图6-7 靠肩式竖抱

5. 托抱

托抱适用于短距离移动婴幼儿，并能促进面对面交流互动。托抱时需要照护者一只手托住婴幼儿的头、颈、肩，另一只手托住婴幼儿的臀部，使其头颈部略高于躯干（见图 6-8）。

6. 依偎式贴胸抱

依偎式贴胸抱可有效增强婴儿安全感。照护者将婴幼儿头靠在胸前或肩膀下方，一只手臂托住婴幼儿颈背部，另一手臂托住婴幼儿臀部，头部侧向一边，避免受压口鼻（见图 6-9）。

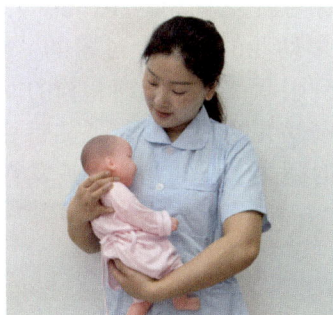

图 6-8　托抱　　　　　　图 6-9　依偎式贴胸抱

7. 坐立抱

坐立抱适用于 3 月龄以上婴儿外出时使用。需要让婴幼儿坐在照护者一只手的前臂上，同时托住他的臀部，另一只手挽住婴幼儿的胸部（见图 6-10）。

8. 侧骑跨式竖抱

侧骑跨式竖抱适用 7 月龄以上婴儿外出时使用。需要照护者单手虎口卡于婴儿大腿根部，保持双髋外展屈曲 M 字腿位；另一手环绕婴儿胸背部，维持脊柱直立，使婴儿侧身骑跨于照护者髋部，头颈部倚靠照护者肩胸区；全程确保气道通畅（见图 6-11）。

图 6-10　坐立抱　　　　　图 6-11　侧骑跨式竖抱

（四）"蜡烛包"的危害

民间有个传统习惯，把刚出生的婴儿双臂紧贴躯干，把双腿拉直，用布、毯子或棉布进行包裹并在外用袋子扎紧，以此来避免罗圈儿腿的出现，这种包裹方法被称为"蜡烛包"。虽然"蜡烛包"有助于保暖，抱起来也方便，但是"蜡烛包"会给婴儿的生长发育带来一系列不良影响。

（1）影响婴儿的发育。腿长得直不直，与骨骼发育有关，比如佝偻病导致的骨骼改变可能导致X形腿或O形腿。包"蜡烛包"将腿捆直就能让腿长直的说法，没有依据。婴儿四肢屈曲的姿势是神经系统发育不成熟的表现，不必人为地去矫正。随着年龄的增长，四肢会自然地伸直，更不会出现四肢的畸形。若是将婴儿的腿绑直后再包"蜡烛包"，会对髋关节发育产生不利影响，易造成"髋关节发育不良"，诱发髋关节脱位。婴儿刚出生时，髋关节发育尚不成熟，双下肢的自然状态像青蛙腿一样，外展外旋，这样的姿势使股骨头正好处于髋臼的中心，不容易发生髋关节脱位。但如果将婴幼儿的腿绷直，股骨头的位置就会偏离髋臼中心，增加髋关节发育不良的风险。

（2）影响婴幼儿的呼吸。过紧的"蜡烛包"会限制婴幼儿的呼吸，尤其在哭泣时，肺的扩张会受到限制，影响胸廓和肺的发育。

（3）限制婴幼儿的活动。包了"蜡烛包"的婴幼儿，虽然安静了，但是因为活动少，胃口也小了，时间久了婴幼儿的生长发育也会受到限制。

思政专栏

提升科学素养，培育求真进取精神

育儿过程中常出现一些"经验之谈"，作为婴幼儿照护者的我们应提升科学素养，不听信所谓的"传统"或"习俗"，抱着严谨治学、求真务实的态度，认真学习各种婴幼儿照护知识，为实训实践打下坚实的知识基础。例如总有不少照护者生怕宝宝因饥饿导致营养不良，就算在夜里也会主动叫醒宝宝起来喝奶，其实，特别是月子里的宝宝，都是吃了睡、睡了吃的，宝宝饿了自然会醒来的。人为频繁地叫醒宝宝起来喝奶，容易干扰宝宝睡觉，打乱宝宝的睡眠规律，反而不利于宝宝发育。还有，照护者嚼碎食物喂婴幼儿的行为不可取。因为大人口腔带有很多病菌，宝宝抵抗力弱，很容易将病菌传染给宝宝，并且被咀嚼后的食物，不仅色、味、香都被破坏了，使宝宝对食物失去兴趣，还会剥夺宝宝锻炼咀嚼食物的机会，影响宝宝口腔消化液分泌功能。诸如此类，都需要照护者加强对科学素养与生命意识的教育，明确科学育儿的重要性，避免因处理不当而导致病情延误甚至威胁婴幼儿生命。

四、任务实施

（一）任务分析

将宽宽包裹成"蜡烛包"，若包裹得太紧会直接影响到宝宝的呼吸，同时还会影响宝宝肺部和胸部的发育，使得肺部抵抗力下降，从而导致肺部遭受感染的概率增加。宝宝腹部也会受到挤压，导致胃和肠蠕动受到影响而减缓，从而使得宝宝食欲下降，也会增加宝宝患便秘的概率。同时，影响宝宝智力发育，宝宝踢腿、挥手的动作可直接反馈给大脑，大脑则会感受到这种"动态"，并促进其发育进程。这种传统的"蜡烛包"违背了宝宝生理和心理发育的特点。

任务：正确完成包裹婴幼儿的操作，能够让婴幼儿感到安全舒适。

要求：准备 8 分钟，测试时间 8 分钟。

（二）任务操作

教师示范操作，学生分组练习。

1. 准备工作

1）个人准备

着装整洁、修剪指甲、去除首饰、洗净双手、仪容仪表等符合职业要求。

2）环境准备

室温调节到 26℃左右，同时关好门窗，保持室内干净、整洁、安全，且温湿度、光线及声音强度适宜。

3）物品准备

娃娃一个、操作台、包被等。

2. 实施步骤

（1）在操作台上铺好包被，包被呈菱形放置，最上角向外折。

（2）用托抱式将婴幼儿仰面放在包被上，婴幼儿的双肩与包被的最上缘齐平。

（3）包被的一侧回折包住婴幼儿，拉平后被角压在婴幼儿的对侧身下。

（4）婴幼儿脚下边留出照护者一手掌的距离，包被的最下角向上对折。

（5）包被的另一侧再折回包住婴幼儿的身体，拉平后被角压在婴幼儿的对侧身下。

注意：

永远不要将婴幼儿包裹得太紧，以免影响呼吸或血液循环。

确保包裹布不会遮住婴幼儿的脸部或口鼻。

定期检查包裹，确保婴幼儿没有过热或不适。

五、任务评价

从自评、他评和教师评价等角度对任务实施过程进行点评（见表 6-1）。

赛证真题 6-1

表 6-1　任务实施评价表

项目	操作要求	回应性照护要点 / 说明	是否做到
操作准备	自身准备：着装整洁、修剪指甲、去除首饰、洗净双手、仪容仪表符合职业要求	语言流畅，语音标准，态度亲和，陈述完整	□是□否
	环境准备：室内干净、整洁、安全，且温湿度、光线及声音强度适宜		□是□否
	物品准备：物品准备齐全，放置合理		□是□否
	婴幼儿评估：宽宽的紧张和抵抗可能是因为他没有得到正确的包裹，缺乏安全感	关注婴幼儿，与婴幼儿进行有效沟通互动	□是□否

续表

项目		操作要求	回应性照护要点/说明	是否做到
操作过程	包被摆放	在操作台上铺好包被，包被呈菱形放置，最上角向外折		□是□否
	包裹的正确顺序	用托抱式将婴幼儿仰面放在包被上，婴幼儿的双肩与包被的最上缘齐平 将包被的一侧回折，包住婴幼儿，拉平后把被角压在婴幼儿的对侧身体下方 婴幼儿脚下留出照护者一手掌的距离，包被的最下角向上对折 将包被的另一侧再折回，包住婴幼儿的身体，拉平后被角压在婴幼儿的对侧身体下方	—	□是□否
	检查	包被松紧适宜，胸廓位置能放进照护者的一手为宜，婴幼儿脚下可以自由活动	—	□是□否
操作整理	注意： 要确保婴儿的髋关节不受限制，促进其自然发育，同时需特别注意保持婴幼儿的呼吸通畅 整理现场用物		操作规范，动作熟练，过程清晰有序	□是□否

任务二　婴幼儿出行准备

一、任务情境

李明和妻子小华刚有了他们的第一个孩子，小丽丽。小丽丽现在 3 个月大，下周将是她的第一次出行，全家计划去郊外野餐。李明和小华作为新手父母，既对首次带女儿出行倍感兴奋，又因缺乏经验而手足无措。

请问李明和小华在准备带小丽丽出行前应该注意哪些事项？在出行过程中，他们应该如何确保小丽丽的安全和舒适？

二、任务目标

知识目标： 了解不同月龄婴幼儿出行必备用品以及出行注意事项。

技能目标： 能够制订合理出行计划，包括行程安排、喂养时间等。

素养目标：（1）培养对婴幼儿出行安全和健康的责任感。

（2）增强对婴幼儿需求的敏感性和应变能力。

三、知识储备

（一）婴幼儿出行物品准备

婴幼儿的出行物品最好分开打包，这样可以最快的速度找到它们，而且可以确保不落下重要的物品。为了使婴幼儿更快地适应新环境，可以带一些婴幼儿熟悉的物品，比如他经常使用的沐浴液和毛巾等，这些都可以让他更加安心和自在。

1. 生活物品

1）出行前衣物准备

衣服：照护者要根据季节和温度的变化给婴幼儿选择薄厚适宜的衣服，要选择简单、宽松、质地柔软、易穿脱、不影响活动的棉质内衣，至少两套衣服，一套内衣以便尿湿后或者出汗后能迅速更换，另一套备用，以防止婴幼儿不小心弄湿或弄脏时更换。

鞋袜：选择具有透气性和吸汗功能的鞋子，鞋帮高过脚面并留有 0.6 cm 空隙。学步期间的鞋子应选择鞋底软硬适中的款式，袜子则建议选用纯棉材质确保袜筒宽松、质地柔软且无线头。

2）随行物品准备

洗护用品：口水巾、毛巾、洗发沐浴液、护肤乳等，婴幼儿的皮肤稚嫩，冬天外出时可准备润肤油，夏天可准备防晒霜。

生活辅助用品：如纸巾、湿巾、棉柔巾、指甲剪、常用的药品（如退烧药、创可贴、湿疹膏等）、营养补充剂（维生素D）、防护用品（防蚊液）以及婴幼儿的玩具和书籍等；同时还需要为刚学会走路的婴幼儿准备学步带或者护膝。如果婴幼儿还在吃母乳，可以准备一块哺乳巾，或者找空中乘务员或列车员要一张毯子来遮挡。（哺乳隐私保护）

2. 饮食

如果婴幼儿是吃母乳，出门会简单得多，妈妈跟着就行。如果是喂奶粉，可准备足够的 40～50℃ 的恒温水，便于冲泡奶粉。如果吃辅食了，需要准备一些现成的辅食、饮水杯、辅食餐具、防水围兜等，以保证婴幼儿出行能够正常使用。

3. 大小便

如果婴幼儿还不能自主如厕，则需要准备纸尿裤或拉拉裤、隔尿垫、护臀膏、棉签、婴幼儿湿巾。出门的时候可以多备几片纸尿裤或拉拉裤，换下纸尿裤后用婴儿湿巾清洁婴幼儿的臀部，有尿布疹的涂上护臀膏。可携带密封的塑料袋，便于装脏纸尿裤和脏衣服等。如果婴幼儿正处于自主如厕阶段，需要带上婴幼儿常用的坐便器，否则，婴幼儿可能会拒绝大小便。

4. 出行工具

带婴幼儿出门前，先了解一下当日的天气、温度，并根据目的地的具体情况，选择合适的交通工具。无论选择什么样的交通工具，都应该以婴幼儿的安全为前提。外出时，婴幼儿大部分的时间都被背着、抱着，或坐在婴儿车上，所以一定要携带婴幼儿背带、婴幼儿推车等作为婴幼儿的交通工具。不管路途远近，尽可能备齐物品，以备不时之需。

（1）背、抱：小月龄的婴幼儿多以背、抱为主，可以选择婴儿背带，这样可以腾出双手，做一些简单的活动和操作。

（2）推车：准备坐躺两用的婴幼儿推车。

（3）乘车：不要在人多拥挤的时候乘坐公交车，这样可能会挤伤婴幼儿，而且车厢内空气不流通、环境嘈杂，会使婴幼儿感到不安，从而哭闹。注意安全乘车，如果是私家车，还需要备有婴幼儿安全座椅。

（4）乘坐飞机：乘坐飞机的时候，飞机上气压的快速变化可能导致婴儿感觉耳朵不舒服。婴儿无法像成年人一样通过有意张嘴等动作来缓解耳部的不适，但可以通过吮吸乳头或者奶嘴来缓解不适。为了减轻婴幼儿耳部的不适，可以在飞机起飞和降落时给他喂奶。

（二）不同月龄婴幼儿出行的照护要点

1. 6 月龄内的婴儿

如果婴儿是母乳喂养，可以不带奶粉、奶瓶、水杯，但是要为母亲多准备一些水，因为喂奶、旅行都会消耗水分。如果婴儿是用配方奶喂养的，就需要带足奶粉和奶瓶，奶粉应该置于专用存放盒里保存。同时必须使用煮沸、放凉至适宜温度的水冲泡奶粉，避免婴儿饮用不洁净的饮用水。这个阶段的婴儿还在照护者的怀抱中，旅途中要注意选择安全的交通工具。

2. 6—12 月龄的婴儿

需要准备些婴儿爱吃的小零食、小点心、水果等，可以给婴儿解馋、充饥。当婴儿已经会爬和扶着走了，要注意看护，防止跌倒。

3. 12—24 月龄的幼儿

该年龄阶段的幼儿进餐的时间已经能和照护者基本一致，要为幼儿挑选合适的主食和两餐之间的点心，需要注意食品的卫生。当幼儿对陌生环境不太适应时，可能会烦躁不安。照护者应给幼儿准备一些熟悉的玩具、物品等，让幼儿转移注意力。

尽量让幼儿在外面的作息时间和在家时保持一致，行程安排应轻松悠闲，以确保幼儿有充裕的睡眠时间。这个年龄的幼儿已经会很好地独自行走，活泼好动，凡事喜欢自己来，可能会自己走出照护者的视线范围，是照护者最需要注意的。

4. 24—36 月龄的幼儿

这个年龄的幼儿外出时最重要的就是保证安全。虽然不必时时刻刻看着幼儿，但是出游的时候一定要有一个照护者能够看着他，保证幼儿不走出视线。在幼儿玩耍前，要检查公园或小区内户外器械的安全性，查看这些器械是否装配牢固，螺钉、螺母是否拧紧，保证不会摇晃或断裂。不要让幼儿接触尖锐的器械，避免刺伤或刮伤。

四、任务实施

（一）任务分析

小丽丽 3 个月大，父母野炊出行前要从衣、食、行等方面准备好出行物品。出行前准备好奶粉（便携奶粉分装盒）、热水、尿布、湿巾、防晒霜等基础物品，如果出门时间较长，还可以准备电子体温计、退热贴等应急物品备用。出行中准备折叠婴儿推车（带防震功能）、野餐垫选择加厚防水材质（避免地面湿气）等来确保婴幼儿的安全与舒适，以应对突发哭闹、天气突变、交通堵塞等不确定因素。同时野餐地点需远离水域、陡坡等危险区域，婴儿手推车停放时务必扣紧刹车装置，不要让陌生人直接接触婴儿，以降低风险。

任务：作为照护者，请制订一个详细的操作计划和具体的实施步骤。

要求：准备时间为 8 分钟，测试时间为 8 分钟。

（二）任务操作

教师示范操作，学生分组练习。

1. 准备工作

1）个人准备

着装整洁、修剪指甲、去除首饰、洗净双手、仪容仪表等符合职业要求。

2）环境准备

查看出行地点的天气预报，准备相应的防晒或保暖措施；确保出行工具（如汽车、婴儿推车）安全且清洁。

3）物品准备

列出并检查所需物品清单，包括尿布、湿巾、换洗衣物、奶瓶、奶粉、辅食、小毯子、遮阳帽、防晒霜、玩具、安抚物品等。

2. 实施步骤

（1）安全座椅检查：确保婴儿安全座椅安装正确，同时根据婴幼儿的体重和身高调整安全座椅。

（2）婴幼儿穿着检查：根据天气情况为婴幼儿穿着合适的衣物，确保帽子、手套、袜子等保暖配件齐全。

（3）喂养准备：如果是母乳喂养，妈妈应穿着方便哺乳的衣物；如果是奶瓶喂养，需准备好消毒过的奶瓶和足够的奶粉。

（4）健康检查：出行前确保婴幼儿健康状况良好，无发热、腹泻等症状。准备必要的婴幼儿常用药品，如退烧药、止泻药、创可贴等。

（5）行程规划：规划好出行路线，避免高峰时段和拥堵路段，选择适合婴幼儿的目的地，考虑目的地是否配备儿童游乐区、亲子洗手间等便利设施。

（6）出行中的注意事项：保持婴幼儿在视线范围内，确保安全；定期检查婴幼儿的舒适度，如是否过热、需要换尿布等；保持耐心，对婴幼儿的需求及时响应。

（7）返回后的整理：回家后及时清洗婴幼儿的衣物和用品，检查婴幼儿是否有任何不适，必要时及时就医。

五、任务评价

从自评、他评和教师评价等角度对任务实施过程进行点评（见表6-2）。

赛证真题 6-2

表 6-2　任务实施评价表

项目	操作要求	回应性照护要点/说明	是否做到
操作准备	自身准备：着装整洁、修剪指甲、去除首饰、洗净双手、仪容仪表符合职业要求	语言流畅，语音标准，态度亲和，陈述完整	□是□否
	环境准备：检查出行地点的天气预报，准备相应的防晒或保暖措施；确保出行工具（如汽车、婴儿推车）安全且清洁		□是□否
	物品准备：物品准备齐全，放置合理		□是□否
	婴幼儿评估：出行前确保婴幼儿健康状况良好，无发热、腹泻等症状	关注婴幼儿，与婴幼儿进行有效沟通、互动	□是□否

续表

项目		操作要求	回应性照护 要点/说明	是否做到
具体 操作 步骤	安全座椅 检查	确保婴幼儿安全座椅安装正确，同时根据婴幼儿的体重和身高调整安全座椅		□是□否
	婴幼儿穿 着检查	根据天气情况为婴幼儿穿着合适的衣物，同时确保帽子、手套、袜子等保暖配件齐全	视情况而定	□是□否
	喂养准备	如果是母乳喂养，妈妈应穿着便于哺乳的衣物；如果是奶瓶喂养，准备好消毒后的奶瓶和充足的奶粉		□是□否
	健康检查	出行前确保婴幼儿健康状况良好，无发热、腹泻等症状。准备必要的婴幼儿常用药品，如退烧药、止泻药、创可贴等		□是□否
	行程规划	规划好出行路线，避开高峰时段和拥堵路段，选择适合婴幼儿的目的地，并考虑目的地是否配有儿童游乐区、亲子洗手间等便利设施		□是□否
操作 整理		注意： （1）保持婴幼儿在视线范围内，确保安全 （2）定期检查婴幼儿的舒适状况，如是否过热、需要换尿布等 （3）保持耐心，对婴幼儿的需求及时响应 （4）整理现场物品，回家后及时清洗婴幼儿的衣物和用品。检查婴幼儿是否有任何不适，必要时立即就医	操作规范，动作熟练，过程清晰有序	□是□否

任务三　婴幼儿安全座椅、推车的使用

一、任务情境

小芳是一名新妈妈，她有一个 6 个月大的宝宝，名叫天天。这个周末，她计划带天天去购物中心。由于路程较远需要驾车，小芳决定使用婴儿安全座椅来保障孩子的乘车安全。到达目的地后，她准备用婴儿推车让天天在购物时更舒适。

小芳在使用婴儿安全座椅时需要注意哪些安全事项？在购物中心使用婴儿推车时，小芳应该注意什么？

二、任务目标

知识目标：（1）理解婴幼儿不同成长阶段的生理特点，及其对安全座椅、推车的适配需求。

（2）掌握婴幼儿安全座椅和推车的使用规范及注意事项。

技能目标：（1）能根据婴幼儿的年龄、体重和体型，合理选择安全座椅、推车。

（2）能通过科学方法引导婴幼儿养成乘坐安全座椅的习惯。

素养目标：（1）培养对婴幼儿乘车和出行安全的高度责任感。

（2）培养在紧急情况下冷静应对和处理问题的能力。

三、知识储备

（一）婴幼儿脊椎发育特点

新生儿出生时，脊柱呈自然的长 C 形（凸）曲线，身体保持蜷缩状态。小月龄婴幼儿出行需由照护者抱行，此时需特别注意抱姿正确，因为婴幼儿脊柱的神经、韧带发育尚未成熟，且遵循特定顺序。正常的成年人脊柱有 4 个生理弯曲。3 个月左右，随着婴儿抬头动作的发育，颈椎逐渐向前凸起，形成颈曲，以支撑头部保持平衡。6 个月左右，当婴儿能够独立坐立时，受重力作用影响，胸椎向后凸，形成胸曲。12 个月左右，婴儿开始站立行走，腰椎向前凸起形成腰曲，以承担身体重量。骶曲形成，腰椎发育完成后，骶椎向后凸起并与骨盆结构适配形成骶曲，起到支撑腹部脏器的作用（见图6-12）。

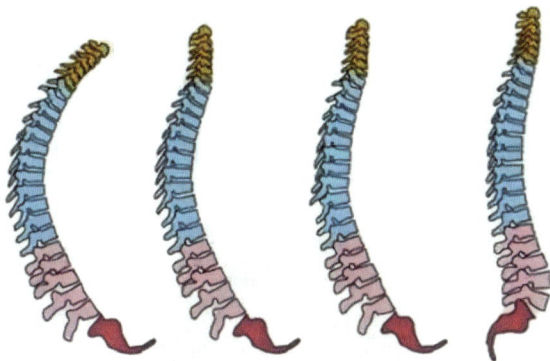

图6-12　脊柱的生理弯曲变化

（二）婴幼儿安全座椅的选择

1. 选择安全座椅的原因

使用私家车外出时，严禁让婴幼儿直接使用普通成人座椅（尤其是副驾驶座位）。因为车内的安全带都是按照成人设计的，仅适用于身高140 cm、体重36 kg以上的儿童及成人。更需杜绝将婴幼儿抱在怀里：以体重10 kg的婴儿为例，在40 km/h的时速下发生交通事故时，可产生体重30倍的瞬间冲击力（300 kg），没有人可以靠臂力阻止悲剧发生。交通事故中，0—6岁婴幼儿是事故伤亡的重灾区。这个年龄段的孩子，身体发育不完全，脆弱的骨骼使他们根本无法招架发生碰撞时的冲击力。

一般来说，新生儿头部占身长的1/4，头部重量接近体重的50%，且头部十分脆弱，需要倍加呵护。从婴幼儿身体在事故中的伤害占比来看，头部占比达到25%，常见的表现是头骨骨折，另一种则是脑震荡。而在事故中，头骨骨折的80%都伴有脑震荡，安全座椅最重要的功能之一就是保护婴幼儿的头部安全。根据美国高速公路安全管理局（NHTSA）的统计，使用安全座椅可以将冲撞意外事故中婴幼儿的死亡率降低至71%。根据交通事故数据统计：汽车未安装安全座椅的婴童致死率比安装安全座椅的要高出8倍，受伤率为3倍。因此，安全座椅是目前保障婴幼儿乘车安全的有效设备。

2. 不同月龄婴幼儿安全座椅的选择

婴幼儿在不同的年龄段，发育情况不同，适合的安全座椅也不一样。照护者应根据婴幼儿的生理特点来选择合适的安全座椅，让婴幼儿坐得舒心，出行安全更有保障。根据婴幼儿身高、体重的不同，可将安全座椅分为车载安全提篮、新生系安全座椅和成长系安全座椅。

车载安全提篮适用于体重0~9千克（0—9月龄）的婴儿，依照《机动车儿童乘员用约束系统》（GB 27887—2011）要求，13千克以下婴幼儿约束装置必须反向安装。汽车在行驶的过程中如果急刹车，座椅反向安装会更好地降低颈椎损伤风险，9个月之前的婴儿喜欢睡觉，能躺下来的座椅是非常必要的（见图6-13）。

新生系安全座椅适用于0~18千克（0—4岁）或0~25千克（0—6岁）的婴幼儿（见图6-14）。成长系安全座椅适用于9~36千克（9个月—12岁）的儿童（见图6-15）。

0—4岁的安全座椅，婴幼儿一般可使用至接近该年龄段的上限，但当婴幼儿超出当前座椅承重范围时，就需要更换为0—7岁或者0—12岁、9个月—12岁的安全座椅，因为4岁左右的婴幼儿，很大概率还不能直接使用"增高垫+汽车安全带"的方式。

不管使用什么类型的安全座椅，称重未达13千克或年龄不满15个月的儿童必须使用反向安装的安全座椅，建议4岁以下乘员持续反向安装。五点式安全带固定源自赛车安全带，是通过肩部两个点，腰部两个点，裆部1个点，腹部一个卡扣扣住安全带，共5个点将婴幼儿固定到安全座椅上，是安全座椅领域主流的固定方式。

图6-13　车载安全提篮　　图6-14　新生系安全座椅　　图6-15　成长系安全座椅
　　　　　　　　　　　　　　　（WPS AI 生成）　　　　　　　（WPS AI 生成）

3.培养婴幼儿乘坐安全座椅的习惯

日常生活中，尽管照护者一直强调安全座椅的重要性，但很多婴幼儿不喜欢安全座椅，最主要的原因在于婴幼儿天生喜欢探索、活泼好动，不喜欢受到束缚，狭窄的安全座椅让婴幼儿不舒服，所以让婴幼儿接受安全座椅的第一步是让他们喜欢上安全座椅。

0—9月龄时，要想让婴儿坐得舒服，选对出行时机很重要。当婴儿坐在安全座椅上时，两侧垫上浴巾，以免他低头垂肩地缩在安全座椅中，要尽可能地让他感到舒适。浴巾不能放在婴儿的身体下面或者夹在婴儿和安全带之间。如有需要，在裆部安全带下方垫一条卷起来的尿布或者浴巾，避免婴儿的下半身向前滑动过多。如果婴儿的头部一直向前倾，检查一遍安全座椅的后倾角度是否合适。遵照使用说明书里关于如何调节到合适倾斜度的指示。如果是远行，出行时机就很重要。结合婴儿的睡眠作息规律，早餐后或午餐后出行，是一个不错的选择。饱餐一顿的婴儿心情好，对安全座椅接受程度高。餐后半小时胃部血液循环加快，容易困乏，这种情况下的婴儿摇摇晃晃，唱几首儿歌、讲个故事就能睡着。

10—24月龄时，可以转移婴幼儿的注意力。这个阶段的婴幼儿喜欢攀爬，会拼命地想从安全座椅中出来，这是比较正常的现象。照护者在出门前可以让婴幼儿自己挑选喜爱的玩具或者绘本，旅途中每隔一段时间给他换一个娱乐项目。长途出行时，照护者每隔3个小时可以停靠服务区下车活动一会儿，让婴幼儿从安全座椅上解放一会儿。

25—36月龄时，可以通过讲道理的方式让幼儿待在安全座椅上。每次幼儿试图从安全座椅上下来时，照护者需要平静而坚定地告诉幼儿，只要汽车在行驶，幼儿就必须待在安全座椅中，还要让幼儿知道除非所有人都系好了安全带，否则绝不会开车。乘车时，也可以和幼儿讨论透过车窗看到的事物，让这段过程变成有趣的学习时光。鼓励幼儿给自己的毛绒玩具或洋娃娃系上安全带，并告诉幼儿玩具系上安全带后更安全。与安全座椅有关的动画片也对幼儿接受安全座椅很有帮助，比如宝宝巴士中的JOJO。

3—6岁时，照护者可以跟幼儿讨论安全问题，告诉他注意安全是成熟的行为。在他自己系上安全带的时候，记得及时表扬他。监护人也可以通过情境模拟游戏（比如扮演航天员、飞行员或者赛车手等），引导儿童使用汽车安全座椅。

家长应注意，一旦开始培养儿童乘坐安全座椅的习惯，就不可松懈，每次乘车都必须坚持使用。

（三）婴幼儿推车选择

选择婴幼儿推车时需要注意推车的功能、材料、质地等，最主要的是要根据不同年龄选择不同的推车。一般而言，婴幼儿推车可分为功能型和轻便型。

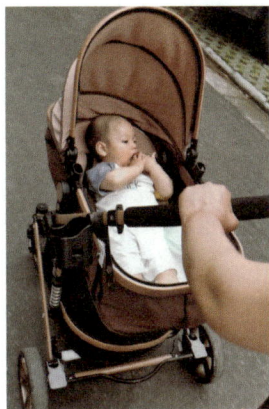

图 6-16　功能型推车

功能型推车通常重量在 10 ~ 12 kg，适合 0—3 岁婴幼儿使用（见图 6-16）。这类推车高大稳重，乘坐舒适性好，可坐可躺，功能丰富，因此重量相对较重。从外观上看，其骨架比较粗壮，前后轮大小不太一样，尤其是后轮尺寸通常会比较大。根据婴幼儿脊椎发育特点，不建议给 6 月龄以内的婴儿坐推车，因为 6 个月内的婴儿骨骼柔软，背部肌肉也缺乏力量，支撑不住身体的重量，如果长时间坐婴儿车，不仅会导致婴儿驼背或脊柱侧弯，还会影响内脏器官发育。如果要用推车，建议使用功能型婴幼儿推车。但婴幼儿大一点后出远门，公共交通、外出旅游等不如轻便车来得方便。

轻便型推车通常重量在 6 ~ 8 kg，外形轻巧，方便携带，折叠后体积也不会太大，6 月龄的婴儿就能使用（见图 6-17）。而如果是靠背放倒后平躺角度在 160 ~ 170 左右的车，6 个月以内的婴儿也是可以使用的。轻便型婴儿车的车架骨架比较细，四个车轮通常都一样大或相差不大，车轮直径都比较小，座椅一般也不会太高，适合婴幼儿远行使用。

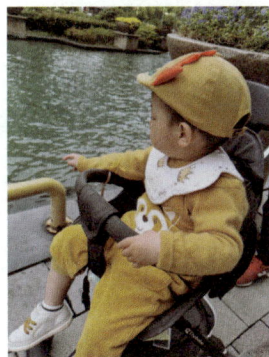

图 6-17　轻便型推车

（四）安全座椅、推车使用中的照护技巧

1. 使用婴儿安全座椅时

（1）选择合适的座椅：6 个月大的天天应使用向后安装的儿童安全座椅，以保护颈椎。

（2）避免安装在副驾驶：安全座椅不应该安装在副驾驶位置，以防止安全气囊对孩子造成伤害。

（3）确保安全带正确系紧：安全带应贴身系好，保留一指空间确保座椅角度小于45度。

（4）避免穿着蓬松的衣物：穿着羽绒服等可能会影响安全带的贴合度和安全性。

（5）阅读说明书：确保安全座椅的安装和使用完全符合产品说明书的要求。

2. 在购物中心使用婴儿推车时

（1）使用前检查：确保推车的所有部件牢固，刹车有效，安全带功能正常。

（2）系好安全带：确保天天在推车内始终系好安全带。

（3）避免超载：不要在推车中放置过重的物品，以免影响推车的稳定性。

（4）不要单独留下宝宝：任何时候都不要让天天单独留在推车内，确保家长在场。

（5）注意推车折叠：在折叠和打开推车时，确保天天远离，避免夹伤。

（6）避免在斜坡上使用：在有坡度的地方使用推车时，要特别小心，最好有制动装置。

（7）定期清洁：推车需要定期清洁，但不要使用挥发性溶剂，以免影响宝宝健康。

四、任务实施

（一）任务分析

作为新手妈妈，小芳在出行准备阶段需要检查安全座椅安装是否正确，行车时要正确固定宝宝、调整安全带（避免过紧或过松），同时避开颠簸路段并保持车内温度适宜。到达购物中心后，应选择稳定性好的推车，检查其刹车、安全带、支撑垫和遮阳篷是否正常。另外，行车要避开高峰期并保持相关用品的卫生等。

任务：作为照护者，请制订一个详细的操作计划和具体的实施步骤。

要求：准备8分钟，测试时间8分钟。

（二）任务操作

教师示范操作，学生分组练习。

1. 准备工作

1）个人准备

着装整洁、修剪指甲、去除首饰、洗净双手、仪容仪表符合职业要求。

2）环境准备

车内空调温度恒定于23～25℃，出风口避开婴儿区，强光、人流密集时启动推车蚊帐、防撞条。

3）物品准备

列出并检查所需物品清单，包含推车、安全座椅卡扣等。

2. 实施步骤

1）安全座椅操作规范

（1）安装前检查：确认座椅底座与车辆接口完全咬合，避免婴儿颈部受压。测试支撑腿是否垂直顶住车内地板，检查脚垫是否平整无折叠。

（2）婴儿固定流程：五点式安全带调整：肩带高度与婴儿肩部齐平，胸扣位于腋下3～4 cm处。收紧安全带至仅能插入一根手指（过松易导致滑脱）。头部保护：调节头枕至完全包裹头部，优先选择减震材质的头枕。

（3）行车环境控制：开启座椅智能通风系统（若配备），设置向外吸风模式，避免冷风直吹。空调温度恒定在23～25℃，出风口避开婴儿区域。

2）推车使用全流程

（1）安全调试：展开后测试双轮刹车联动系统，确保左右轮同步锁死。检查推车骨架关节处螺丝是否紧固（重点排查折叠部位）。

（2）婴儿舒适性配置：背部支撑，铺设3D蜂窝透气垫，保持脊柱自然曲度。

（3）遮阳系统：使用 UPF50+ 防晒篷，覆盖角度≥160°。强光环境下叠加推车蚊帐（兼具遮光防蚊功能）。

五、任务评价

赛证真题
6-3

从自评、他评和教师评价等角度对任务实施过程进行点评（见表6-3）。

表6-3　任务实施评价表

项目	操作要求		回应性照护要点/说明	是否做到
操作准备	自身准备：着装整洁、修剪指甲、去除首饰、洗净双手、仪容仪表符合职业要求		语言流畅，语音标准，态度亲和，陈述完整	□是□否
	环境准备：车内空调恒定于23～25℃，出风口避开婴儿区，强光、人流密集时启动推车蚊帐、防撞条		安全出行，思虑周全	□是□否
	物品准备：物品准备齐全，放置合理			□是□否
	婴幼儿评估：出行前确保婴幼儿健康状况良好，无发热、腹泻等症状		关注幼儿，与婴幼儿有效沟通、互动	□是□否
操作步骤	安全座椅操作规范	安装前检查：确认座椅底座与车辆接口完全咬合，避免婴儿颈部受压 测试支撑腿是否垂直顶住车内地板，检查脚垫是否平整无折叠	母乳喂养按日常节奏执行，若在行车中哺乳，需固定安全座椅	□是□否
		婴儿固定流程：五点式安全带调整：肩带高度与婴儿肩部齐平，胸扣位于腋下3～4 cm处。收紧安全带至仅能插入一根手指（过松易导致滑脱） 头部保护：调节头枕至完全包裹头部，优先选择减震材质的头枕	安全舒适，如有不适及时回应	□是□否
		行车环境控制：开启座椅智能通风系统（若配备），设置向外吸风模式，避免冷风直吹。空调温度恒定于23～25℃，出风口避开婴儿区域		□是□否
	推车使用全流程	安全调试：展开后测试双轮刹车联动系统，确保左右轮同步锁死。检查推车骨架关节处螺丝是否紧固（重点排查折叠部位）		□是□否
		背部支撑：铺设3D蜂窝透气垫，保持脊柱自然曲度		□是□否
		遮阳系统：使用 UPF50+ 防晒篷，覆盖角度≥160°。强光环境下叠加推车蚊帐（兼具遮光防蚊功能）		□是□否
操作整理	整理现场用物 回家后及时清洗婴幼儿的衣物和用品 检查婴幼儿是否有任何不适，必要时及时就医		操作规范，动作熟练，过程清晰有序	□是□否

项目七　婴幼儿家庭日常护理与回应

任务一　婴幼儿体格生长发育

一、任务情境

月月，女，10个月，父母将她带去医院检查发现，月月体重9.5 kg，身长73 cm，头围46 cm，胸围45 cm。月月父母担心月月生长迟缓，内心十分忧虑。

请问月月的体格生长发育正常吗？

二、任务目标

知识目标： 熟悉婴幼儿生长发育的规律。

技能目标：（1）掌握婴幼儿常用生长发育指标的测量方法、计算方法及正常值。

（2）通过分析测量结果，正确评估婴幼儿生长发育状况。

素养目标：（1）关注婴幼儿的成长变化，给予温暖和支持。

（2）观察婴幼儿的体格变化，理解生长发育规律，培养健康的生活习惯。

三、知识储备

（一）关注婴儿体格生长发育的重要性

在0—3岁期间，婴幼儿的体格生长和发展迅速，体重和身长呈现出明显的增长规律，其健康发展直接影响到日后的身体素质和心理健康。因此，关注这一阶段的体格生长至关重要。及时监测体重和身长的变化，确保婴幼儿获得充足的营养和适当的运动，有助于早期识别潜在的健康问题。同时，良好的生长发育不仅能为婴幼儿打下坚实的生理基础，还能促进他们的认知、社交和情感发展，帮助婴幼儿更好地适应未来的生活和学习环境。因此，照护者应重视并积极参与这一阶段的健康管理，确保婴幼儿在最佳的成长轨道上稳步前行。

（二）婴儿体格生长发育规律及测量

1. 体重的增长

体重是身体各器官、组织及体液重量的总和。因体脂和体液变化较大，体重在体格生长指标中最易波动，是反映婴幼儿体格生长（尤其是营养状况）最易直接获得的敏感指标。新生儿出生时的体重与胎次、胎龄、性别及宫内营养状况有关。

出生后新生儿体重增长应是胎儿宫内体重增长曲线的延续。部分新生儿在生后数天内，由于摄入不足、胎粪及水分的排出，可致体重暂时性下降，称为生理性体重下降。一般下降范围为出生体重的 5%～10%，多在出生后 3～4 日达到最低点，以后逐渐回升，至第 7～10 日恢复到出生体重。早产儿体重恢复较慢。如体重下降超过 10% 或至第 2 周体重仍未恢复到出生时水平，应考虑喂养不足或病理原因所致。生后如及早合理喂哺可减轻甚至避免生理性体重下降的发生。

婴幼儿年龄越小，体重增长越快。我国婴幼儿体格发育调查资料显示，正常足月儿生后第 1 个月体重增长可达 1～1.7 kg，生后 3—4 个月时体重约为出生体重的 2 倍；出生后前 3 个月体重增长约等于后 9 个月体重增长，即 12 月龄时婴儿体重约为出生体重的 3 倍（10 kg）。生后第 1 年是体重增长最快速的时期，为"第一个生长高峰"。生后第 2 年体重增加 2.5～3 kg，2 岁时体重约为出生体重的 4 倍（12～13 kg）；2 岁后到青春前期体重稳步增长，年增长约 2 kg。

婴幼儿体重增长为非匀速增长，存在个体差异，故大规模婴幼儿生长发育指标测量所得的均值数据只能提供参考。评价某一婴幼儿的生长发育状况时，应连续定期监测其体重，以个体婴幼儿自己体重的变化为依据，发现体重增长过多或不足，须追寻原因。当无条件测量体重时，可用公式估算体重（见表 7-1）。

表 7-1　婴幼儿体重推算公式表

月龄	1—6 个月	7—12 个月	2 岁	2—12 岁
体重（kg）	= 出生体重 + 月龄 ×0.7	= 出生体重 +6×0.7 +（月龄 −6）×0.4	= 出生体重的 4 倍	= 年龄 ×2+8

2. 身高（长）的增长

身高指头顶至足底的垂直距离，是头、躯干（脊柱）与下肢长度的总和。3 岁以下婴幼儿立位测量不易准确，应采用测量床仰卧位测量，称为身长；3 岁以后采用身高计立位测量，称为身高。

身高（长）的增长规律与体重增长相似，也是出生后第 1 年增长最快。新生儿出生时身长平均为 50 cm。出生后第 1 年身长平均增长约 25 cm，其中前 3 个月增长 11～13 cm，约等于后 9 个月的增长，故 1 岁时身长约 75 cm。第 2 年身长增加速度减慢，平均为 10～12 cm，到 2 岁时身长为 85～87 cm。2 岁后到青春前期身长（高）稳步增长，平均每年增加 5～7 cm。2—12 岁儿童的身高（身长）可按如下公式推算：身高（身长）（cm）= 年龄 ×7+75（cm）。

身高（长）的增长与遗传、种族、内分泌、营养、运动和疾病等因素有关。明显的身材异常往往由甲状腺功能减低、生长激素缺乏、长期严重营养不良、佝偻病等引起。短期的疾病与营养波动不会明显影响身高（长）。

3. 头围的增长

头围指眉弓上缘最高点经枕骨结节绕头一周的长度，是反映脑发育和颅骨生长的一个重要指标。3岁以内常规测量头围。胎儿时期脑发育居各系统的领先地位，故出生时头围相对较大，平均为34 cm。头围在1岁以内增长较快，前3个月和后9个月都约增长6 cm，故3个月时约为40 cm，1岁时约为46 cm。1岁以后头围增长明显减慢，2岁时约为48 cm；15岁时约为54 cm，基本同成人。头围过小常提示脑发育不良；头围过大或增长过快则提示脑积水、脑肿瘤的可能。

4. 胸围的增长

胸围是指自乳头下缘经肩胛骨角下绕胸一周的长度，可反映肺和胸廓的发育情况。新生儿出生时，胸围比头围小1~2 cm，为32~33 cm。1岁时胸围约等于头围，出现头围、胸围生长曲线交叉；1岁以后胸围发育开始超过头围，1岁至青春前期胸围超过头围的厘米数约等于婴幼儿年龄（岁）减1。头围、胸围生长曲线交叉时间与婴幼儿营养和胸廓发育有关，肥胖儿由于胸部皮下脂肪厚，胸围可于3—4个月时暂时超过头围；营养较差、佝偻病等婴幼儿的胸围超过头围的时间可推迟到1.5岁以后。

5. 上臂围的增长

上臂围指沿肩峰与尺骨鹰嘴连线中点绕上臂一周的长度，反映上臂骨骼、肌肉、皮下脂肪和皮肤的发育水平。常用以评估婴幼儿的营养状况。出生后第1年内上臂围增长迅速，1—5岁期间增长缓慢。在测量体重、身高不方便的地区，可测量左上臂围以普查5岁以下婴幼儿的营养状况，评估标准>13.5 cm为营养良好；12.5~13.5 cm为营养中等；<12.5 cm为营养不良。

四、任务实施

（一）任务分析

在对10个月的月月进行测量后，体重是9.5 kg，稍高于平均值；身长73 cm，接近平均值；胸围45 cm，属于正常范围头围46 cm，比参考值稍高。月月体重、身长、头围及胸围均处于正常范围，未发现生长迟缓迹象。头围略高可能与个体发育节奏相关，建议持续监测头围增长曲线。

任务：作为照护者，请用正确的方法对宝宝进行体格测量。

要求：准备8分钟，测试时间8分钟。

（二）任务操作

教师示范操作，学生分组练习。

1. 准备工作

1）个人准备

自身准备：着装整洁、修剪指甲、去除首饰、洗净双手、仪容仪表符合职业要求。

2）环境准备

室内干净、整洁、安全且温湿度及光线、声音强度适宜。

3）物品准备

扫描二维码可以获取婴幼儿体格测量的用物清单。

婴幼儿体格测量的用物清单

2. 实施步骤

1）体重测量

校正设备：测量前校正体重秤至零点，确保数值准确。脱去婴幼儿外衣、鞋袜及尿布，或保留单衣后扣除衣物重量。将婴幼儿轻放于秤盘中央，保持静止后记录体重（精确至小数点后两位）。

适用场景：

（1）新生儿/早产儿：采用卧位测量，保持安静状态。

（2）较大婴儿：可站立于秤上，需家长辅助稳定。

2）身长测量

体位准备：脱去衣物，婴幼儿仰卧于量板中线上，头部扶正，头顶紧贴固定端（如头板或书本）。

下肢固定：测量者一手按直婴幼儿膝部，使下肢伸直；另一手移动足板使其紧贴婴幼儿两侧足底并与底板相互垂直，量板两侧数字相等时读数。

读数记录：测量头顶至足底的垂直距离，精确至0.1厘米。

3）头围测量

定位与绕尺：软尺零点置于右侧眉弓上缘，软尺紧贴头皮经枕骨粗隆最高点。

操作要点：再经左侧眉弓上缘绕头一周，无压迫或松弛，读数精确至0.1厘米。

4）胸围测量

体位与固定：婴幼儿取卧位，双手自然平放；测量者一手将软尺0点固定于婴幼儿一侧乳头下缘，另一手将软尺紧贴皮肤，经背部两侧肩胛骨下缘回至0点。

呼吸控制：取平静呼吸时的中间读数，或吸、呼气时的平均数（精确至0.1厘米）。

关键注意事项如下：

环境要求：室温保持在26~28℃，避免寒冷干扰测量。

数据精度：体重以千克（kg）为单位，身长、头围、胸围以厘米（cm）为单位，均需精确至小数点后一位。

安全操作：测量时需轻扶婴幼儿头部或躯干，防止滑脱或扭伤；避免在饥饿、哭闹或排便后立即测量。

五、任务评价

从自评、他评和教师评价等角度对任务实施过程进行点评（见表7-2）。

赛证真题 7-1

表 7-2 任务实施评价

项目		操作要求	回应性照护要点/说明	是否做到
操作准备		自身准备：着装整洁、修剪指甲、去除首饰、洗净双手、仪容仪表符合职业要求	语言流畅，语音标准，态度亲和，陈述完整	□是□否
		环境准备：室内干净、整洁、安全，且温湿度及光线、声音强度适宜	创设良好的环境	□是□否
		物品准备：物品准备齐全，放置合理		□是□否
		婴幼儿准备：检查婴儿身体状况及精神状态	关注幼儿，与婴幼儿沟通互动有效	□是□否
操作过程	体重测量	使用前体重秤须校正零点	选择早晨空腹或者喂奶后3小时进行测量	□是□否
		将婴幼儿小心放置在测量盘上，测量时尽可能脱去婴幼儿衣裤，或扣除衣服的重量	读数精确到0.01 kg	□是□否
	身长测量	婴幼儿仰卧于量板中线上		□是□否
		将婴幼儿头扶正，使其头顶接触头板		□是□否
		测量者一手按直婴幼儿膝部，使下肢伸直；另一手移动足板使其紧贴婴幼儿两侧足底并与底板相互垂直，量板两侧数字相等时读数	读数精确到0.1 cm	□是□否
	头围测量	先将软尺置于右侧眉弓上缘		□是□否
		软尺紧贴头皮经枕骨粗隆最高点		□是□否
		再经左侧眉弓上缘绕头一周	读数精确到0.1 cm	□是□否
	胸围测量	婴幼儿可取卧位，两手自然平放		□是□否
		测量者一手将软尺0点固定于婴幼儿一侧乳头下缘，另一手将软尺紧贴皮肤，经背部两侧肩胛骨下缘回至0点		□是□否
		取平静呼吸时的中间读数，或吸、呼气时的平均数	读数精确到0.1 cm	□是□否
		包好尿布、穿衣		□是□否
操作整理		整理用物，分类处理 记录照护措施及婴幼儿情况	操作规范，动作熟练，过程清晰有序	□是□否

任务二　婴幼儿被动操

一、任务情境

豆豆，5个多月大了。在过去的5个月里，妈妈除了按时喂养豆豆外，并没有注重引导豆豆进行运动锻炼。尽管豆豆长得白白胖胖，但5个月大了，仍然无法自主翻身。

请问该如何帮助豆豆自主翻身呢？

二、任务目标

知识目标：（1）熟知婴儿被动操的优点与注意事项。

（2）掌握婴儿被动操的操作方法。

技能目标： 熟练操作婴儿被动操，帮助婴儿发展、巩固翻身动作。

素养目标：（1）在操作中关心爱护婴儿，具有同理心。

（2）给予婴儿安全感，引导婴儿从被动运动转为主动运动。

三、知识储备

（一）婴儿被动操的优点

婴儿被动操是指完全由成人帮助婴儿被动地改变身体姿势的操节活动。它适用于2—6个月的婴儿，具有促进胸、臂肌肉的发育，锻炼肩关节、膝关节、股关节、肘关节及其韧带的功能，以及提高两腿的肌力等作用。被动操有助于促进婴儿体格和神经系统的发育，能增进亲子感情，让婴儿感受到父母的爱心与耐心，有利于婴儿养成良好的性格。做操时伴有音乐，可以让婴儿接触多维空间，促进左右大脑平衡发育，从而促进婴儿的智力和体能发育。

微课
婴儿被动操

（二）婴儿被动操操作要点

1. 准备工作

1）环境准备

安静、舒适；室温保持在 24～28℃；室内不能有对流风。气温较低的时候，可以开启空调来保障室内温度。

2）物品准备

隔尿垫、纸尿裤或尿布、安抚玩具、舒缓的音乐、温开水。

3）照护者准备

剪短指甲、洗净并温暖双手、束起头发等；婴儿吃奶后30分钟到1小时，脱去外衣，选择在上午婴儿情绪好的时段。

4）婴儿准备：热身

婴儿自然躺在床上，照护者双手握住婴儿两手腕处向上轻轻抓握至肩部，按摩四下；由踝关节轻轻按摩四下至大腿根部；由胸部自内向外打圈按摩至腹部。

以上动作重复 4～6 次，缓解婴儿肌肉紧张，消除婴儿肌肉关节僵硬的状态，以适应身体活动的需要，防止做操时给婴儿造成伤害。

2. 操作流程

婴儿被动操共八节。上臂健身运动准备姿态：婴儿仰卧，照护者两手握住婴儿手腕，把大拇指放到婴儿手掌心内，让婴儿握紧拳头，双手放到婴儿两侧。

第一节：扩胸运动（见图 7-1、图 7-2）。

（1）准备姿势：婴儿仰卧，照护者双手握住婴儿的双手，把拇指放在婴儿手掌内。

（2）让婴儿握拳，双臂左右张开。

（3）双手胸口交叉式。

（4）重复步骤（2）。

（5）复原。

反复两个八拍。婴儿两臂胸前交叉的时候，照护者的双手不要太用力，避免伤到婴儿。

第二节：屈肘健身运动（见图 7-3）。

（1）准备姿势：婴儿仰卧，照护者双手握住婴儿的双手，把拇指放在婴儿手掌内，让婴儿握拳。

（2）往上弯折左臂腕关节。

（3）复原。

（4）往上弯折右臂腕关节。

（5）复原。

反复两个八拍。

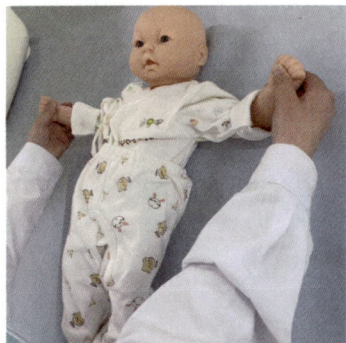

图 7-1 扩胸运动（1）

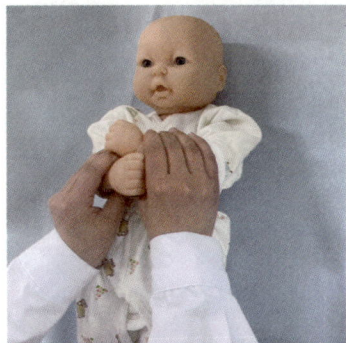

图 7-2 扩胸运动（2）

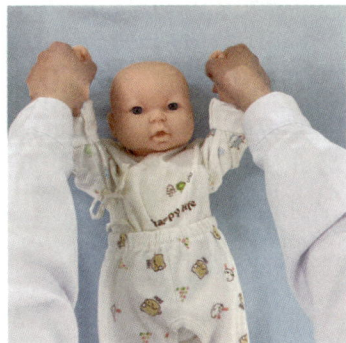

图 7-3 屈肘健身运动

上肢动作，每个动作为一个节拍，左右交替轮换，一共两个八拍。全部动作要轻柔，并且不能太用力，避免伤到婴儿。

第三节：肩关节脱位健身运动。

（1）准备姿势：婴儿仰卧，照护者双手握住婴儿的双手，把拇指放在婴儿手掌内，让婴儿握拳。

（2）握住婴儿右手由内向外做环形的转动肩关节脱位姿势，反复四拍。

（3）握住婴儿左手做一样的姿势，反复四拍。

上肢动作，每个动作为四个节拍，左右交替，一共两个八拍。婴儿手臂回旋的时候，要以肩关节为轴心，转动的时候，照护者的手不要用力太大，避免伤到婴儿。

第四节：上臂健身运动（见图7-4）。

（1）准备姿势：婴儿仰卧，照护者双手握住婴儿的双手，把拇指放在婴儿手掌内，让婴儿握拳。

（2）双手上下分离，向外平展，与人体呈90°角。

（3）双手向前平举，两手心相对，间距与肩同宽。

（4）双手胸口交叉式。

（5）双手往上举过头，手心往上，姿势柔和。

（6）复原。

反复两个八拍。上肢运动，每一个动作为一拍，一共两个八拍。婴儿屈臂的时候，照护者要稍用力，伸直的时候不要太用力，避免伤到婴儿。

第五节：踝关节健身运动（图7-5）。

（1）准备姿态：婴儿仰卧，照护者左手握住婴儿的右踝部，右手握住婴儿右足前掌。

（2）将婴儿脚尖往上屈曲踝关节。

（3）脚尖往下，屈伸踝关节。

（4）换左足做同样姿势。

反复两个八拍。

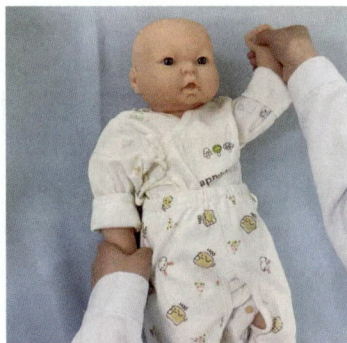

图 7-4　上臂健身运动　　　图 7-5　踝关节健身运动

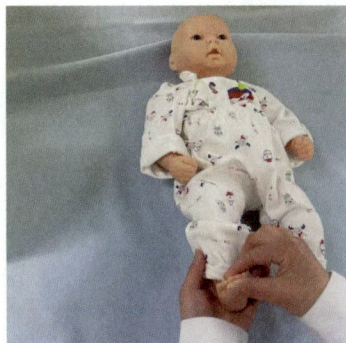

第六节：腿部伸曲健身运动（见图7-6）。

（1）准备姿态：婴儿仰卧，两腿挺直，照护者两手握住婴儿两小腿肚，更替屈伸膝盖骨，做踏车样姿势。

（2）左脚屈缩到腹腔。

（3）挺直。

（4）右脚屈缩到腹腔、挺直。

反复两个八拍。

下肢运动，每一个动作为一拍，左右脚交替，一共两个八拍。动作一定要轻柔，婴儿的腿屈至腹部时，照护者要稍用力。

第七节：举腿健身运动（见图 7-7）。

（1）准备姿态：两腿部挺直放正，照护者两手掌往下，握住婴儿两膝盖骨。

（2）将两腿部挺直平举 90°。

（3）复原。

反复两个八拍。

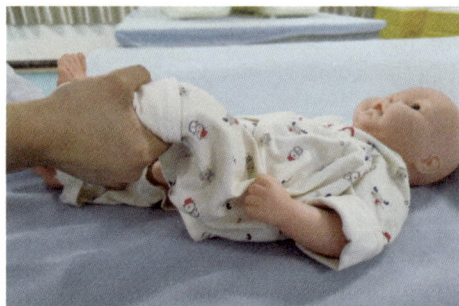

图 7-6 腿部伸曲健身运动

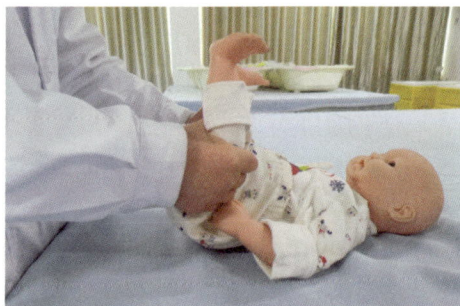

图 7-7 举腿健身运动

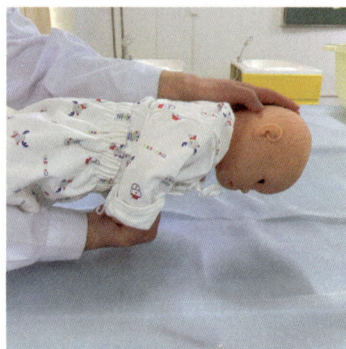

图 7-8 翻盘健身运动

第八节：翻盘健身运动（见图 7-8）。

（1）准备姿态：婴儿仰卧，照护者一手扶婴儿胸腹腔，一手垫于婴儿后背。

（2）协助从仰卧转体为侧卧。

（3）从侧卧再转体到仰卧。

反复两个八拍。

全身运动，每一个翻身动作为四拍，一共两个八拍。婴儿回旋时，以婴儿的股关节为轴心转动，照护者的动作要轻缓。左右翻转时，需要两手一起配合，一只手翻转婴儿的身体，另一只手护在婴儿身前，缓慢随着婴儿的身子同步移动。

思政专栏

传递爱和关心

照护者在做婴儿被动操时要顺着婴儿的力，以缓慢的动作改变婴儿的身体姿势，但注意给予婴儿充足的时间去接受和做出反应，以帮助婴儿后期自主运动，照护者精神要时刻集中，除了规避操作过程中伤及婴儿，还要始终保持微笑，注视着新生儿的眼睛，将目光集中在婴儿身上，把爱和关心传递给婴儿。

3. 注意事项

（1）动作要缓慢。婴儿由于身体功能发育不完善，对外界环境信息的接收和转换能力较弱，所以被动操的动作一定要缓慢，让婴儿有充足的时间去接受和做出反应，如此才能达到预期的运动效果。

（2）力度要轻柔。婴儿的肌肉、骨骼都很柔软，大人抱的时候要格外注意，3 个月以内的婴儿头颈肌肉缺乏充足的支撑力，给婴儿做被动操时，头颈部位需要做好保护，避免运动时损伤。

（3）精神要专注。给婴儿做被动操时，精神要集中，除了要时刻留意每一个动作避免伤及婴儿，还要始终保持微笑，将目光都集中在婴儿身上，注视着婴儿的眼睛，把爱传递给幼小的婴儿。

（4）时间安排要合适。做操之前，应让婴儿先排尿，建议在喂奶前 1 个小时或者喂奶后 1 小时左右进行。若进行期间，婴儿哭闹，不愿意继续，应立即停止。经过多次练习后，婴儿适应之后，就能逐渐适应。每日进行 1~2 次，每次 5~15 分钟即可。

四、任务实施

（一）任务分析

照护者让婴儿整天躺着会影响动作发育，建议训练俯卧抬头、翻身等动作。五个月宝宝不爱动可能的原因，包括生理因素、环境因素等，但这里豆豆的情况是缺乏训练，所以需要针对性对豆豆进行被动操训练。被动操的步骤应包括准备活动、四肢活动、侧身引导、俯卧训练、翻身辅助等，避免直接拉扯四肢关节，应握住大关节部位进行活动。翻身辅助时需同步转动头部，防止颈部扭伤。

任务：作为照护者，请用正确的方法对宝宝进行被动操。

要求：准备 5 分钟，测试时间 8 分钟。

（二）任务操作

教师演练：请结合任务情景，对所学知识与技能进行总结、示范。

学生演练：

1. 准备工作

1）个人准备

自身准备：着装整洁、修剪指甲、去除首饰、洗净双手、仪容仪表符合职业要求。

2）环境准备

室内干净、整洁、安全，且温湿度及光线、声音强度适宜。

3）物品准备

扫描二维码，获取被动操的用物清单。

2. 实施步骤

（1）解开婴儿包被和衣服。

（2）热身：婴儿自然躺在床上，照护者双手握住婴儿两手腕，向上轻轻抓握至肩部，

被动操的
用物清单

按摩四下；由踝关节轻轻按摩四下至大腿根部；由胸部自内向外打圈按摩至腹部。

（3）操作流程。

婴儿被动操共八节。上臂健身运动准备姿态：婴儿仰卧，照护者两手握住婴儿手腕，把大拇指放到婴儿手掌心内，让婴儿握紧拳头，双手放到婴儿两侧。包括：①扩胸运动；②屈肘健身运动；③肩关节脱位健身运动；④上臂健身运动；⑤踝关节健身运动；⑥腿部伸曲健身运动；⑦举腿健身运动；⑧翻盘健身运动。

（4）包好尿布、穿衣。

（5）整理用物，洗手。

五、任务评价

从自评、他评和教师评价等角度对任务实施过程进行点评（见表7-3）。

赛证真题 7-2

表7-3 被动操评估表

项目		操作要求	回应性照护要点/说明	是否做到
操作准备		自身准备：着装整洁、修剪指甲、去除首饰、洗净双手、仪容仪表符合职业要求	语言流畅，语音标准，态度亲和，陈述完整	□是□否
		环境准备：室内干净、整洁、安全，且温湿度及光线、声音强度适宜	创设良好的环境	□是□否
		物品准备：物品准备齐全，放置合理		□是□否
		婴幼儿准备：婴儿身体状况及精神状态，喂奶前1个小时或者喂奶后1小时进行被动操，检查婴儿纸尿裤是否需要更换	关注幼儿，与婴幼儿沟通互动有效	□是□否
操作过程	被动操步骤	解开婴儿包被和衣服	注意保暖	□是□否
		热身：婴儿自然躺在床上，照护者双手握住婴儿两手腕，向上轻轻抓握至肩部，按摩四下；由踝关节轻轻按摩四下至大腿根部；由胸部自内向外打圈按摩至腹部	动作要缓慢，力度要轻柔	□是□否
		扩胸运动：婴儿握拳，双臂左右张开，重复两个八拍		□是□否
		屈肘健身运动：让婴儿握拳后往上弯折左臂腕关节，复原再往上弯折右臂腕关节，反复两个八拍		□是□否
		肩关节脱位健身运动：握住婴儿右手由内向外做环形的转动肩关节脱位姿势，反复四拍；握住婴儿左手做一样的姿势，反复四拍	婴儿手臂回旋的时候，要以肩关节为轴心	□是□否

操作过程	被动操步骤	上臂健身运动：婴儿握拳，双手上下分离，向外平展，与人体呈90°角；双手向前平举，两手心相对，间距与肩同宽；双手胸口交叉式；双手往上举过头，手心往上，姿势柔和；反复两个八拍	婴儿屈臂的时候，照护者要稍用力，伸直的时候不要太用力	□是□否
		踝关节健身运动：婴儿仰卧，照护者左手握住婴儿的右踝部，右手握住婴儿右足前掌，将婴儿脚尖往上，屈曲踝关节；脚尖往下，屈伸踝关节；换左足做同样姿势。反复两个八拍		□是□否
		腿部伸曲健身运动：婴儿仰卧，两腿挺直，照护者两手握住婴儿两小腿肚，更替屈伸膝盖骨，做踏车样姿势；左脚屈缩到腹腔后挺直，右脚屈缩到腹腔、挺直。反复两个八拍	婴儿的腿屈至腹部时，照护者要稍用力	□是□否
		举腿健身运动：两腿部挺直放正，照护者两手掌往下，握住婴儿两膝盖骨；将两腿部挺直平举90°后复原，反复两个八拍		□是□否
		翻盘健身运动：婴儿仰卧，照护者一手扶拖拉机婴儿胸腹腔，一手垫于婴儿后背；协助从仰卧转体为侧卧；从侧卧再转体到仰卧。反复两个八拍	左右翻转时，需要一只手翻转婴儿的身体，另一只手护在婴儿身前，缓慢随着婴儿的身子同步移动	□是□否
		包好尿布、穿衣		□是□否
操作整理	整理用物，分类处理 记录照护措施及婴幼儿情况		操作规范，动作熟练，过程清晰有序	□是□否

任务三　婴幼儿常见传染病防治

一、任务情境

由于最近天气突然转凉，小芷发热也有 3 天了，体温最高升至 37.9℃，整个人无精打采的，食欲也变差了。妈妈觉得小芷大概是着凉了，就用温水给小芷进行擦拭降温。昨天晚上，妈妈发现小芷的头上、脸上冒出一颗颗的小疹子，小芷也开始不停哭闹，还总拿脑袋在枕头上蹭来蹭去。今天早上，妈妈发现小芷的前胸又出现了几颗小水疱，这才赶紧带小芷到医院就诊，被诊断为水痘。

请问针对小芷的情况，应该如何进行防护？

二、任务目标

知识目标： 理解并掌握婴幼儿常见传染病的特点及症状。

技能目标： 掌握婴幼儿各类常见传染病防治方法。

素养目标：（1）在照护患病婴幼儿时具有爱心、细心、耐心和同理心。

（2）树立生命安全和身体健康第一的理念，养成健康行为习惯。

三、知识储备

传染病是由病原微生物（如细菌、真菌、病毒）和寄生虫引起的，能在人与人之间，或人与动物之间传播的疾病。一般来讲，皮肤、黏膜为人体的第一道防线，婴幼儿皮肤、黏膜薄、嫩，屏障作用差。另外，由于体液中的白细胞、淋巴细胞等战斗力不强，当病原体突破第一道防线进入体内后，婴幼儿较强的免疫细胞难以有效清除，易导致病原体繁殖扩散。婴幼儿对传染病普遍缺乏特异性免疫力，是传染病的易感者。婴幼儿常见传染病有水痘、麻疹、手足口病、疱疹性咽峡炎、流行性腮腺炎、流行性感冒、细菌性痢疾等。如何科学识别常见传染病并开展有效防治，对于维护婴幼儿健康尤为重要。

（一）水痘

1. 流行特点

水痘是由水痘—带状疱疹病毒初次感染引起的急性传染病。病毒主要存在于患者呼吸道分泌物及疱疹液中，通过患儿打喷嚏、咳嗽的飞沫经呼吸道传播，冬春季因空气干燥、人群聚集易暴发流行。人群对水痘普遍易感，任何年龄段都可感染水痘—带状疱疹病毒，2—6岁为高发人群，20岁以上为低发人群。初愈者可获得持久免疫，但病毒潜伏于脊髓背根神经节，老年或免疫抑制者可复发为带状疱疹。

2. 症状

（1）潜伏期：不会立刻产生症状，潜伏期在10~21天，通常14天左右。

（2）前驱期：发疹前期有1~2天的低热。

（3）症状明显期：皮疹先见于头部和躯干，逐渐蔓延到面部和四肢。皮疹在躯干较多，在头部和四肢较少，呈现出向心性分布。最初为红色斑疹、丘疹，经数小时变为疱疹。疱疹基部有一圈红晕，在疱疹期间有瘙痒感，多数疱疹数日后结痂，1~2周后脱落。同一部位可同时存在斑疹、丘疹、疱疹和结痂。

3. 预防措施

（1）传染源：水痘的传染源主要是水痘病人，为了避免感染水痘，保持健康，须远离传染源，并严格执行患者隔离措施。隔离期从出疹开始，持续至疱疹完全结痂或出疹后7天。

（2）传播途径：水痘病毒在密闭的空间区域更容易被传染，需要注意多开窗通风，保持空气流通，降低感染率。日常中应养成良好的卫生习惯，要勤洗手，注意个人卫生，个人物品（毛巾/餐具）须专用并定期消毒。到公共场所或者是人群多的地方时，应正确佩戴口罩，做好个人防护措施，同时还要注意日常用品的清洁以及消毒。

（3）易感人群：接种冻干水痘减毒活疫苗，接种疫苗后15天产生抗体，30天时抗体水平达到高峰，抗体阳转率达95%以上，免疫力持久，接种水痘疫苗是预防和控制水痘的有效手段。平时应注意多补充营养、适当锻炼，提高机体免疫力以及抗病能力，也有助于预防水痘。

4. 居家照护

（1）皮肤护理：贴身衣物以宽松、棉质为宜，衣被保持清洁及平整。婴儿照护者应及时更换患儿发热汗湿后的衣物，保持患儿皮肤清洁干燥，避免使用肥皂等刺激性洗护产品。患儿皮疹未破损时，可遵医嘱在皮疹处涂上炉甘石洗剂或5%碳酸氢钠溶液以缓解瘙痒。若皮疹已经破损，则须遵医嘱，局部涂抹或口服抗生素。照护者要定期修剪患儿指甲或为其戴上手套，避免患儿瘙痒难耐时抓挠皮肤。在水疱结痂之前，尽量不要为患儿洗澡。

（2）饮食护理：水痘患儿的饮食应清淡、易消化且富含营养，多喂温开水；忌辛辣刺激食物（如姜、蒜、葱、洋葱、韭菜）及中医认为的发物（蚕豆、荔枝）。注意饮食卫生，患儿餐具需煮沸消毒5~10分钟。

（3）发热护理：患儿体温≤38.5℃时，无需使用口服退烧药物，采用物理降温，如贴退热贴、用毛巾包裹冰袋冷敷额头/腋下，或用温水（32~34℃）擦拭颈部、四肢。

如果患儿体温＞38.5℃，遵医嘱口服退烧药物（如对乙酰氨基酚或布洛芬混悬液），两种药物避免混用，按体重计算剂量。发热期间需多饮温开水，预防脱水。若出现持续高热（＞39℃）超过24小时，精神差、频繁呕吐，需立即就医。同时，还要注意保持患儿皮肤清洁。

（4）预防疾病传播：水痘具有极强的传染性，在患儿皮疹全部结痂脱落前，应避免与其他健康儿童接触。水痘患儿的衣物、被褥容易被水疱液污染，应注意及时清洁、消毒。

（二）手足口病

1. 流行特点

手足口病是由肠道病毒引起的急性传染病，其中以柯萨奇病毒A组16型（CoxA16）和肠道病毒71型（EV71）感染最常见，幼儿和儿童普遍易感，5岁以下儿童最易感，尤其是1—2岁发病风险最高。病毒主要存在于血液、鼻咽分泌物及粪便中，发病第1周内传染性最强。粪便排毒可持续3~5周：咽部排毒为1~2周，主要经粪—口途径传播，其次通过呼吸道分泌物和密切接触传播（如疱疹液、口鼻分泌物及被污染的手或物品）。其中污染的手是主要传播媒介。

2. 症状

手足口病的潜伏期多为2~10天，平均3~5天。根据病情的轻重程度分为普通病例和重症病例。

1）普通型病例

急性起病、发热，可伴有咳嗽、流涕、食欲缺乏等症状。

典型症状：发热1~2天后，口腔黏膜（舌、牙龈、颊黏膜等）出现散在疱疹，手足及臀部出现斑丘疹和疱疹。疱疹周围有炎性红晕，疱内液体少，故不痛不痒；皮疹消退后不留疤痕及色素沉着。

部分患儿仅表现为皮疹或疱疹性咽峡炎，一般1周内痊愈，预后良好。其特征可概括为："四不像"不像蚊虫咬、不像药物疹、不像口唇牙龈疱疹、不像水痘；"四不"：不痛、不痒、不结痂、不结疤。

2）重症病例

少数患者（尤其是3岁以下婴幼儿）病情迅速进展，发病后1~5天内可出现严重并发症（如脑膜炎、脑炎、肺水肿、循环障碍）或神经系统症状（如精神差、嗜睡、易惊、头痛、呕吐，甚至出现昏迷、肢体抖动、眼球震颤、惊厥等）；部分患者可伴有呼吸系统症状（如呼吸浅促、呼吸困难或节律改变、口唇发绀、咳嗽等）；极少数病例病情危重，可导致死亡，存活者可能遗留神经系统后遗症。

3. 预防措施

1）传染源

患者和隐性感染者为主要传染源，通常建议隔离10天，隔离至患儿主要症状消失，包括体温恢复正常（无反复发热），且手心、脚心、臀部等处的疱疹明显消退并结痂，方可解除隔离。

2）传播途径

家长和儿童应养成良好的卫生习惯，注意手部卫生。在触摸口鼻前、进食或处理食物前、便后、接触疱疹或呼吸道分泌物后、更换尿布或处理被粪便污染的物品后，应使用清水、洗手液或肥皂洗手，经常清洁和消毒（含氯消毒液）常接触的物品及物体表面。打喷嚏或咳嗽时用纸巾遮住口鼻，使用后的纸巾包裹好后再丢入有盖的垃圾桶，避免用手直接遮挡。

3）易感人群

接种 EV71 型灭活疫苗适用于 6 月龄—5 岁儿童，鼓励在 12 月龄前完成接种，不与他人共用毛巾或其他个人用品，避免与患儿密切接触，如接吻、拥抱等。家长应严格执行隔离制度，流行期间避免儿童参加集体活动。

4. 居家照护

（1）居家隔离：患儿体温正常且皮疹消退后 1 周方可解除隔离。居室需严格避免吸烟，保持室温 18～22℃，湿度 50%～60%，每日开窗通风 2 次，每次不少于 30 分钟，确保空气流畅。

（2）居家消毒：患儿餐具、衣物等可用含氯消毒液浸泡或煮沸消毒。患儿每天常接触的家具、玩具、地面等，每周用含氯消毒液消毒 1～2 次。患儿的分泌物、呕吐物或被污染物品须先清洁，再用含氯消毒液进行擦拭或浸泡消毒。接触患儿前后必须洗手。

（3）饮食护理：患儿应注意休息，多饮温开水。为患儿提供清淡、易消化且富含维生素的流质或半流质食物，如粥和牛奶等。若患儿口腔糜烂，宜进食流质食物，切勿食用冰冷、辛辣等刺激性食物。

（4）发热护理：一般为低热或中等热度，可先居家观察，让患儿多饮水。如体温≥38.5℃，可以采取物理降温（温热的湿毛巾擦拭颈部、腋窝、肘窝、腹股沟等大血管处；退热贴辅助）；注意多喝水，保持室内的空气流通，在发烧时不要穿太厚的衣服，以便于身体散热；持续高温（＞38.5℃超过 24 小时）或精神萎靡须及时就医。

（5）口咽部疱疹护理：保持口腔清洁，饮食后用温开水或生理盐水为患儿漱口。口腔糜烂的患儿可以遵医嘱涂金霉素鱼肝油，亦可选择西瓜霜或冰硼散吹敷口腔患处，每天宜清理 2～3 次。

（6）皮肤疱疹护理：

①患儿不宜穿着过厚的衣被，衣着以宽松柔软为宜，保持衣被清洁干燥。定期为患儿剪指甲，必要时可包裹双手，防止患儿抓破皮疹，引起感染。

②避免用沐浴露、肥皂等洗护用品清洁皮肤，防止刺激皮肤。

③疱疹未破者，遵医嘱将冰硼散或青黛散用蒸馏水溶化后用消毒棉签蘸涂患处，每天 3～4 次。疱疹破裂者，局部使用 1% 甲紫或抗生素软膏。臀部有皮疹的患儿，保持臀部清洁干燥，及时清理患儿的大小便。

（7）病情观察：注意观察患儿在家治疗期间的病情变化，若患儿出现持续发热、精神萎靡、易惊、肢体颤动、呕吐等症状，要及时送医，防止病症加重。

（三）疱疹性咽峡炎

1. 流行特点

疱疹性咽峡炎是由肠道病毒引起的以急性发热和咽颊部疱疹溃疡为特征的儿童急性上呼吸道传染性疾病。主要病原体是柯萨奇病毒 A 组 16 型（CoxA/6）和肠道病毒 71 型

（EV71）。传播途径为经胃肠道（粪—口途径）、呼吸道传播，5岁以下儿童为高发人群，四季皆可发生，以夏秋季最为常见。

2. 症状

（1）发热：以低热或中度发热为主，严重者为高热，体温可达40℃以上，可能引起患儿惊厥，热程持续2~4天。

（2）咽痛：咽痛严重者可影响吞咽；因咽痛而出现流涎、哭闹、厌食等状况。部分患儿伴有头痛、腹痛或肌痛等症状。

（3）伴发症状：咳嗽、流涕、呕吐、腹泻。

（4）局部体征：初时咽部充血，在咽腭弓、软腭、悬雍垂及扁桃体上可见散在的多个1~2 mm大小灰白色疱疹，周围伴有红晕，2~3天后破溃形成小溃疡。一般1周左右可自愈，预后良好。

3. 预防措施

（1）管理传染源：患儿从潜伏期至症状恢复期均需隔离。疱疹性咽峡炎传染性强，好发于1—7岁年龄的儿童。该疾病从被传染到症状发作时的潜伏期一般为2~4天，而潜伏期往往由于没有症状而被忽略，导致该疾病患儿未能及时被隔离引起在幼儿园或学校广泛传染。疱疹性咽峡炎在潜伏期的传染性最强，此期最需要进行隔离。当潜伏期过后患儿可突然出现高热，并由于咽峡部有大量疱疹及疱疹破溃后形成口腔溃疡。患儿有剧烈咽部疼痛、功能性吞咽困难、可致食欲差等发作期症状，此期一般为4~6天，也就是说从潜伏期到症状发生的7~10天都需要进行隔离。

（2）切断传播途径：疱疹性咽峡炎的主要传播途径是粪—口或呼吸道传播，因此要养成良好的卫生习惯，勤洗手、勤剪指甲、不咬玩具等，特别是饭前便后要用肥皂或洗手液给儿童洗手，在室内也要勤通风、保持空气流通，预防病毒感染引发的疱疹性咽峡炎。

（3）保护易感人群：疱疹性咽峡炎的传染性很强，疾病高发季节尽量少去人口密集的公共场所，避免与患儿接触，还需要增强自身的抵抗能力。疱疹性咽峡炎的易感性与机体免疫力密切相关，因此日常要经常进行体能运动锻炼，尤其是5岁以下的儿童，要保持有规律的适当的运动量，增强身体的抵抗能力，还须保持合理均衡的饮食习惯。平时一定不要喝生水，多食用新鲜的蔬菜水果给身体补充维生素、纤维素等营养物质，保证充足的睡眠时间，增强机体免疫力，能够减少受到疾病传染的可能。

4. 居家照护

（1）居家隔离：保持室温18~22℃，湿度50%~60%，每日开窗通风2次，每次30分钟。做好呼吸道隔离，避免交叉感染，建议居家隔离2周。

（2）居家消毒：经常通风，保持室内空气流通，每天至少开窗通风30分钟；使用的碗和筷子可以煮沸消毒。

（3）饮食护理：宜清淡易消化，避免过烫、辛辣、酸、粗、硬等刺激性食物，以流食或半流食食物（如浆糊）为主，少食多餐。

（4）口腔护理：餐后用淡盐水或生理盐水漱口，低龄患儿可以用棉签蘸取生理盐水轻拭口腔。

（5）发热护理：衣被不宜过厚；鼓励多饮水；保持皮肤清洁，及时更换汗湿衣服；每4小时测量体温，体温≥38.5℃，可采取物理降温或药物降温。

（6）卫生：照护者要注意卫生，勤洗手，勤剪指甲，接触患儿前、帮幼儿更换尿布、处理粪便后务必洗手，并妥善处理污染物；患儿接触过的玩具、奶瓶、餐具等物品要彻底消毒。

（7）病情观察：密切观察患儿的精神状态和饮食情况，如出现精神差、嗜睡、烦躁不安、面色苍白等症状要及时去医院就诊，以防并发症（如脑炎、心肌炎等）。

（四）流行性腮腺炎

1.流行特点

流行性腮腺炎是由腮腺炎病毒入侵人体腮腺而引起的急性呼吸道传染病。该病全年均可发病，但以冬春（2—5月）为主，患者及隐性感染者是主要传染源。主要通过飞沫传播，多见于2岁以上儿童。患儿接触传染源后12～25天发病，痊愈后可获得终身免疫。

2.症状

病发多为急症，无前驱症状。发病初期有发热、畏寒、头痛、肌痛、咽痛、食欲不佳、恶心、呕吐、全身不适等，数小时后腮腺逐渐肿痛，体温可达39℃以上。

腮腺肿痛为该病典型性特征。腮腺肿痛一般以耳垂为中心，向前、后、下发展，逐步形成梨形，无明显边缘；局部皮肤紧张，发亮但不发红，触感较为坚韧并富有弹性，碰触下有轻微痛感，张口或咀嚼（尤其是酸性饮食）时刺激唾液分泌，导致痛感加剧。通常情况下，一侧腮腺肿胀后1～4天感染至另一侧腮腺，患儿中约四分之三会形成双侧肿胀。严重者会传染颌下腺或舌下腺，10%～15%的患儿仅表现为颌下腺肥大，舌下腺感染较少见。重症患者腮腺周围组织会形成高度水肿，使面部形变，并可能导致患者难以吞咽。腮腺管开口处可能红肿，挤压腮腺无脓性分泌物溢出。咽部及软腭处可能形成肿胀，扁桃体向中线移动。腮腺肿胀于3～5天到达高峰，7～10天逐渐消退而恢复正常。腮腺肿大时体温升高多为中度发热，5天左右降至正常，病程10～14天。

3.预防措施

（1）管理传染源：早期患者及隐性感染者均为流行性腮腺炎的传染源。患者在腮腺肿大前7天至肿大后9天（约两周内具有传染性），其间可从唾液中分离出病毒。此时患者传染性较高，需单独隔离。传染源接触者一般需3周内定期检疫。

（2）切断传播途径：流行性腮腺炎主要通过飞沫传播。因此，预防时需要注意卫生习惯的养成。坚持锻炼可以增强免疫能力。其次衣服、被子等贴身衣物要经常清洗、烘干，保持室内通风，避免细菌滋生。最后要经常洗手消毒，防止疾病进入口腔。以上措施可以有效减少腮腺炎的出现，保证我们的健康。

（3）保护易感人群：流行性腮腺炎主要在人与人之间传播。冬春季节应减少前往人群密集场所；积极参加户外体育锻炼，可以促进身体血液循环，提高身体的免疫力，从而预防流行性腮腺炎的感染。流行性腮腺炎还可通过疫苗接种进行预防，也是最有效的预防措施。儿童应该按时完成预防接种，8月龄接种一针麻腮风疫苗，18月龄加强一剂，如在6岁前仅接种过一次麻腮风疫苗，建议6岁时接种一次冻干流行性腮腺炎活疫苗，15岁以下儿童均可接种此疫苗。若出现发热、腮腺肿瘤等疑似症状，应立即就医，避免病情加重。

4.居家照护

（1）减轻疼痛：保持口腔清洁，预防继发感染。由于腮腺肿痛会影响吞咽，口腔内残留食物易滋生细菌，因此需保持口腔清洁。应指导患儿用温盐水漱口，不会漱口的儿童可多饮水清洁口腔。做好饮食护理，儿童常因张口及咀嚼食物使局部疼痛加重，应给予富有营养、易消化的半流质食物或软食，不可给予酸、辣、硬而干燥的食物，否则可引起唾液分泌增多，排出受阻，腺体肿痛加剧。腮腺局部冷敷，使血管收缩，可减轻炎症充血程度及疼痛，可用如意金黄散调茶水或食醋敷于患处，保持局部药物湿润，以发挥药效，防止干裂引起疼痛。

（2）发热护理：保证休息，防止过劳，鼓励患儿多饮水以补充体液，并通过物理降温（如温水擦浴）辅助退热。一般来说流行性腮腺炎出现的发热主要是以高热为主要特征，温度在39℃以上，如果情况不是很严重，可以采取物理降温，比如冷敷或者可用温水擦拭腋下、腹股沟等大血管处，如果效果不太明显，最好在医生的指导下服用退烧药。

（3）病情观察：警惕腮腺肿大后两周内可并发脑膜炎，若患儿出现持续高热、剧烈头痛、呕吐或意识障碍（如惊厥、嗜睡）需立即就医。

（4）消毒隔离：一旦小儿得了腮腺炎，应隔离至腮腺肿大完全消退后才可入托或上学，以免传染给其他小儿。患儿生活用品、玩具、文具等煮沸或暴晒消毒，居室要通风换气；病人要注意卧床休息；如体温过高，可给予适量退热药，要注意冬季加强患儿的营养、保暖及耐寒锻炼，可口服板蓝根冲剂，并常用淡盐水漱口、洗鼻。腮腺炎流行期间，不要去人群集中的公共场所，避免接触传染源。

（五）流感

1.流感特点

流感是由流行性感冒病毒引起的常见急性呼吸道传染病，传染源为病人和隐性感染者，主要传播途径为飞沫传播（如咳嗽、打喷嚏），也可以通过眼睛、鼻腔、口腔等黏膜直接或间接传播。流感传播力强，易导致地方性流行，新流感病毒变异株可能导致世界性大流行。流行性感冒的特点为突然发生与迅速传播，多在冬春季暴发，婴幼儿发病率及死亡率极高。

2.症状

不同年龄段的儿童患流感的临床症状表现不同，年长儿童症状与成人相似，多为普通感冒型，起病急骤，伴有高热、畏寒、头痛、背痛、四肢酸痛、疲乏等症状，一段时间后出现咽痛、干咳、流鼻涕、眼结膜充血、流泪，以及局部淋巴结肿大，肺部可出现粗啰音，偶有腹痛、腹泻、腹胀等消化道表现。婴幼儿的临床表现与其他呼吸道病毒感染相似，不易区分，上呼吸道、喉部、气管、支气管、毛细支气管及肺部可能出现炎症，病情较严重，常伴有突发高热、全身中毒症状及鼻溢液，常伴呕吐、腹泻等，偶见皮疹及鼻出血，体温波动于38~41℃，可有高热惊厥。

3.预防措施

（1）管理传染源：流感患者及隐性感染者为主要传染源。患者发病后1~7天有传染性，病初2~3天传染性最强。故确认患病后应尽早隔离，至少隔离一周。

（2）切断传播途径：日常生活中培养良好的个人卫生习惯，使用肥皂或洗手液并用流动水洗手，避免使用污浊的毛巾。双手接触呼吸道分泌物（如打喷嚏）后应立即洗手。打喷嚏或咳嗽时应用手帕或纸巾掩住口鼻，避免飞沫污染他人。每天开窗通风，保证开窗通风数次，保持室内空气新鲜。

（3）保护易感人群：在流感高发期，尽量不到人多拥挤、空气污浊的场所，不得已必须去时，要戴口罩。接种流感疫苗可刺激机体产生特异性抗体，这样接触流感病毒以后就不容易得流感。合理睡眠，避免过度疲劳。人在睡眠时体内会产生一种有提高免疫力作用的物质。因此保证患儿充足的睡眠十分重要；注意保暖，避免受凉，导致呼吸道黏膜防御功能下降；保持心情舒畅。

4.居家照护

（1）发热护理：一般治疗，患者在流感发热期间，需要适当休息，保证充足睡眠，避免过度劳累，同时还要多喝热水补充水分，以防脱水。物理降温，除上述治疗外，可用毛巾在温水里浸泡后，进行全身擦拭，辅助退热。若患者在流行性感冒后发烧的情况比较严重，可及时到医院就诊，在医生指导下服用退热药物（如对乙酰氨基酚或抗病毒药物）。

（2）皮肤护理：婴幼儿的衣物保持宽松，避免过度包裹导致出汗，以防体温升高加重不适。

（3）饮食护理：流感患者的饮食要清淡，不宜进食辛辣、刺激、霉变、油腻的食物。食物应营养丰富，易消化吸收。发病期间可适当多进食稀饭、面条、蔬菜、水果等食物。三餐种类要丰富，要戒烟戒酒。

（4）开窗通风：每天通风2次，每次不少于30分钟，保持空气清新，降低环境温度。

（5）预防疾病传播：流感有较强的传染性，不要在人员拥挤、空气流动差的公共场所聚集。

（六）细菌性痢疾

1.流行特点

细菌性痢疾是由志贺菌感染引起的肠道传染性疾病。主要通过消化道传播，志贺菌随患者或带菌者的粪便排出，通过污染手、食品、水源或经苍蝇、蟑螂等媒介传播，最终经口进入人体消化道。细菌性痢疾全年均可发病，但夏、秋季高发。人群对志贺菌普遍易感，学龄前儿童患病多。

2.症状

细菌性痢疾的主要症状为发热、腹痛、腹泻、排黏液脓血便等。患者一般表现为畏寒高热，重型的患者可出现严重脱水、中毒性休克甚至危及生命。

3.预防措施

（1）管理传染源：对患者和带菌者进行有效隔离和彻底治疗。患者需隔离至症状消失，且连续2次大便培养（间隔24小时）均为阴性。慢性病患者和带菌者不得从事饮食业、保育业或在水厂工作，一旦感染应立即隔离并给予彻底治疗。

（2）切断传播途径：饭前便后及时用流动水洗手，要充分冲洗30秒以上。日常生活注意卫生习惯，尤其应注意饮食和饮水的卫生情况，食物要新鲜、干净，不喝生水，不吃腐败变质不干净的生冷食品，加工食物时生、熟分开。饭菜尽量现吃现做，如进食剩菜一定要彻底热透。食物不宜长期冷藏，因低温仅能延缓细菌繁殖，不能彻底灭菌搞好环境卫生，切断传播途径。居室要保持清洁并时常通风，卫生间更应时常打扫、定期消毒，注意消灭苍蝇，它是传播病菌的超活跃分子。

（3）保护易感人群：目前尚未广泛推广的痢疾疫苗，预防仍以卫生管理为主。坚持母乳喂养可增强婴儿免疫力；儿童应加强锻炼，增强体质，身体越好，抗病能力才越强。

4. 居家护理

（1）饮食护理：细菌性痢疾患儿因胃肠功能出现紊乱，为了减轻胃肠道的负担，应给患儿吃清淡易消化的半流食如米粥、面条汤等。病情好转后，先过渡至软饭，再逐步吃些鸡蛋、瘦肉等高蛋白食物以增加营养。要给患儿勤喂水，一方面可以补充因腹泻丢失的水分，另一方面也可以加速细菌毒素的排泄，优先补充口服补液水，若无条件可喂白开水、糖盐水或稀释果汁水等。多样的饮品可提高患儿接受度。

（2）臀部护理：患儿每次大便后需用温水清洗臀部并涂油膏，如凡士林、鞣酸软膏或植物油，以防发生臀红或肛门周围糜烂。幼儿（如2岁以下）便后可用温水清洗并更换尿布，减少肛门刺激。年长儿排便时避免长时间用力，以防脱肛。若发生脱肛时，可用消毒的凡士林纱布或盐水纱布将脱出的部分轻揉托回。照护者不必过于担心着急，因为待痢疾好了，脱肛也就随之痊愈了。

（3）观察病情：有少数急性痢疾病儿，发病1~2天后才转为中毒性痢疾，因此在此期间要注意观察病情变化，一旦出现中毒性痢疾的症状，如高热、惊厥、面色苍白、脉搏细弱、精神萎靡或烦躁等，应及时送往医院治疗。此外，患儿每次大便后，照护者应注意观察大便的量和性质，并记录次数，只有前后比较才能了解患儿的病情是好转还是加重，为医生制订治疗计划提供可靠的依据。

（4）腹部保暖：腹部保暖可以减少胃肠的蠕动和痉挛，达到减轻疼痛和减少大便次数的目的。首先要避免腹部受凉，给患儿穿好衣服盖严腹部。可用40℃左右的热水袋轻敷腹部，避免直接接触皮肤，每次≤15分钟。

（5）隔离：细菌性痢疾属于消化道传染病，首先要注意隔离与消毒。隔离至症状消失且大便无脓血后1周，或连续2次大便培养阴性（间隔48小时）。有条件应做大便培养，两次阴性后才能解除隔离。餐具要单独使用，用后煮沸消毒15分钟。患儿的衣服被褥要勤洗勤晒。

（6）疗程应足够：必须完成全程抗菌治疗（通常5~7天），即使症状缓解也不可擅自停药，以防耐药或转为慢性痢疾。

思政专栏

传承红色基因，培育时代新人

电影《啊！摇篮》讲述了烽火年代那段鲜为人知的婴幼儿保育历史。影片呈现了无数感人的保育故事，如为了安抚一名因头上长癣而被剃光头的幼儿情绪，保育员不顾个人形象也跟着一起剃光头；患腮腺炎的幼儿耳朵疼，保育员顶着烈日生炉子为幼儿热敷；为照顾突发麻疹的幼儿，保育员一个多月没有睡过囫囵觉，终于让所有幼儿平安地度过危险期等。作为新时代的婴幼儿照护者，更应该传承红色基因、紧跟时代步伐，用自己的爱心、耐心、细心、同理心哺育祖国的花朵、培育时代新人。

四、任务实施

（一）任务分析

小芷发热三天，最高体温 37.9℃，伴有皮疹、水疱，确诊水痘。水痘是由水痘—带状疱疹病毒引起的传染病，主要通过飞沫和接触传播。所以防护的关键要从隔离、皮肤护理、预防感染和症状缓解等方面展开。水痘防护核心在于控制传染源、缓解症状及预防继发感染，家庭护理需结合物理降温、皮肤清洁和严密观察，同时严格隔离至皮疹全部结痂脱落为止，降低疾病传播风险。

任务：请采用相应的护理措施对小芷进行疾病的预防与护理。

要求：准备 8 分钟，测试时间 10 分钟。

（二）任务操作

教师示范操作，学生分组练习。

1. 准备工作

1）个人准备

自身准备：着装整洁、修剪指甲、去除首饰、洗净双手、仪容仪表符合职业要求。

2）环境准备

家庭隔离房间（床铺、患儿衣物、消毒盆）要干净、整洁、安全，且温湿度及光线、声音强度适宜。

3）物品准备

棉签、炉甘石洗剂、碘伏、纱布、体温计、含氯消毒片、儿童退烧药等。

2. 操作步骤

1）疾病判断

指出水痘疱疹特征："斑疹→丘疹→水疱→结痂"共存。

询问家长：孩子是否接触过水痘患者？皮疹是否从躯干开始？

2）隔离与消毒

配制含氯消毒液（1 片消毒片 +1 升水），浸泡患儿衣物。

强调隔离期至所有水疱结痂（7～10 天）。

3）皮肤护理操作

未破损水疱：用棉签单向涂抹炉甘石洗剂（避免污染药液）。

破损水疱：碘伏消毒后覆盖无菌纱布（动作轻柔，避免撕扯）。

4）症状处理

体温测量：37.9℃为低热，物理降温即可（温水擦浴）。

提醒：禁用阿司匹林退热，可选用对乙酰氨基酚。

口服退烧药：体温超过 38.5℃时使用对乙酰氨基酚，每次 10 mg/kg。

提醒家长：剪短孩子指甲，避免抓破水疱。

五、任务评价

任务评价表如表 7-4 所示。

赛证真题 7-3

表 7-4　婴幼儿常见疾病护理与预防评估表

项目	操作要求	回应性照护要点／说明	是否做到
疾病判断	正确辨别疾病，并描述典型症状和病因	语言流畅，语音标准，陈述完整	□是□否
疾病区分	能清楚区分不同疾病的异同点，展示对疾病的深度理解		□是□否
预防措施	提出合理的预防措施	能有效与"家长"沟通，提供专业建议并缓解对方的担忧	□是□否
护理措施	提出合理的护理措施，包括家庭护理和医疗建议	清晰解释护理措施的依据，并能应对护理挑战	□是□否

任务四　婴幼儿常见疾病的防治

一、任务情境

秋秋，女，11 个月大，中午红烧肉吃得比较多，当晚出现腹泻、呕吐，家人赶紧送医，初步诊断为轻型腹泻。

作为照护者，请对秋秋采取正确的照护措施。

二、任务目标

知识目标： 理解并掌握婴幼儿营养性疾病的概念、病因及症状。

技能目标： 掌握婴幼儿营养性疾病的家庭照护技巧。

素养目标：（1）树立以婴幼儿为本的现代婴幼儿照护观。

（2）增强婴幼儿健康照护的意识。

三、知识储备

（一）蛋白质－能量营养不良

蛋白质－能量营养不良因多种原因引起能量和（或）蛋白质长期摄入不足，不能维持因正常生长发育及新陈代谢而导致自身组织消耗的一种营养缺乏疾病。多见于 3 岁以下的婴幼儿。主要表现为体重减轻，皮下脂肪减少和皮下水肿，常伴有各个器官不同程度的功能紊乱。临床上常见的 3 种类型：以能量供应不足为主的消瘦型、以蛋白质供应不足为主的水肿型、介于两者之间的混合型。

1.病因

（1）食物供给不足或者喂养方法不当。作为本病发生的关键因素之一，可因贫穷、饥荒、战争等原因导致婴幼儿食物供给不足。而喂养不当是导致我国婴儿营养不良的主要原因，如母乳不足而未及时添加其他乳品；断母乳后未及时添加辅食；奶粉配制过稀；长期以粥、米粉、奶糕等淀粉类食品喂养等。幼儿期的营养不良多为婴儿期延续而来，或源于饮食行为问题，如偏食、挑食、吃零食替代正餐、早餐营养不足等。

（2）疾病因素。消化系统疾病或是先天性的生理缺陷也可能会导致继发性的营养不良。例如过敏性肠炎、唇腭裂等病症会干扰食物的摄入、消化和吸收过程，进而导致营养不良的情况发生。急性或慢性的感染以及消耗性疾病都会显著增加营养需求。如果此时摄入的食物不能满足这种额外的需求，那么就有可能导致营养不良的发生。

（3）先天不足。早产儿、双胞胎或多胞胎以及出生时体重偏低的婴儿，往往因为宫内储备不足，且出生后追赶生长需求高，更易发生营养不良。

2. 症状与体征

起初仅表现为体重减轻、皮下脂肪变薄、皮肤干燥，但身高（长）无影响，精神状态正常；继而婴幼儿体重和皮下脂肪进一步减少，身高（长）停止增长，皮肤干燥、苍白、肌肉松弛；病情进一步加剧时体重明显减轻。皮下脂肪消失，皮肤苍白、干燥无弹性，额部出现皱纹如老人状，肌肉萎缩呈皮包骨，身高（长）明显低于同龄人，精神萎靡、反应差，或抑制与烦躁交替出现，食欲低下，腹泻和便秘交替，体温偏低、脉细无力。部分婴幼儿因血浆白蛋白明显降低而出现浮肿。重度营养不良可损害重要脏器功能，如心脏功能下降。皮下脂肪的消耗首先累及腹部，其次为躯干、臀部、四肢，最后为面颊。因皮下脂肪减少首先发生于腹部，故腹部皮下脂肪层厚度是判断营养不良程度的重要指标之一。

根据营养不良的程度可划分为轻度、中度、重度，婴幼儿的症状与体征不同。

轻度营养不良：一般食欲较好，身高不受影响，精神状态良好，无明显症状。

中度营养不良：食欲减退，身高增长缓慢，易疲劳，免疫力下降，可能出现腹泻等症状。

重度营养不良：食欲丧失，身高停止增长，精神萎靡，免疫力极度低下，易并发感染，死亡率较高。

营养不良婴幼儿易出现各种并发症，最常见的并发症为营养性贫血，主要与铁、叶酸、维生素 B_{12}、蛋白质等造血原料缺乏有关；营养不良可有多种维生素和微量元素缺乏，常见者为维生素 A 缺乏和锌缺乏；由于免疫功能低下，易患各种感染，如上呼吸道感染、支气管肺炎、鹅口疮、结核病、中耳炎、尿路感染等，特别是婴儿腹泻，可迁延不愈，加重营养不良，形成恶性循环；营养不良还可并发自发性低血糖，若不及时诊治，可致死亡。

3. 治疗要点

早发现，早治疗，采取综合性治疗措施，包括调整饮食以及补充营养物质；祛除病因，治疗原发病；控制继发感染；促进消化和改善代谢功能；治疗并发症。

4. 预防措施

（1）合理喂养：母乳是婴儿天然的最佳食物，若母乳充足，添加辅食合理，则婴儿很少发生营养不良。婴儿满 6 月龄起须及时添加辅食，对母乳不足或无法母乳喂养的，应选择合适的配方奶粉来进行混合喂养或纯奶粉喂养，并严格按照比例冲泡奶粉，根据婴幼儿体重给予充足的量。

（2）预防疾病：照护者应注意喂养过程中的食品、食具和个人卫生，预防腹泻发生。患严重心、肾疾病的婴幼儿应及时治疗。合理安排婴幼儿的生活作息，保障睡眠，养成良好的饮食习惯，适当进行体育锻炼，增强体质。

5.照护措施

1）饮食护理

蛋白质 – 能量营养不良婴幼儿因长期摄入不足，其消化系统已形成代偿性适应状态，若过快增加摄入量易出现消化不良、腹泻，因此饮食调整的内容和量应根据营养不良的程度、消化吸收能力和病情，逐渐增加，不可急于求成，其饮食调整的原则是由少到多、由稀到稠、循序渐进，逐渐增加，直至恢复正常。

（1）能量的供给：①对于轻度营养不良婴幼儿，初始每日 80～100 kcal/kg，每周递增 10～15 kcal/kg，至 140～150 kcal/kg 时可获得理想体重增长（每日增重 10～15 g/kg）开始每日可供给能量 250～330 kJ/kg（60～80 kcal/kg），以后逐渐递增。当能量供给达每日 585 kJ/kg（140 kcal/kg）时，体重一般可获得满意增长。待体重接近正常后，恢复供给小儿正常需要量。②对于中、重度营养不良婴幼儿初始每日 60～80 kcal/kg，耐受后每周增加 10 kcal/kg，目标为 120～130 kcal/kg。需按实际体重计算，避免过量。

（2）蛋白质的供给：蛋白质摄入量从每日 1.5～2.0 g/kg 开始，逐步增加到每日 3.0～4.5 g/kg，如过早给予高蛋白质食物，可引起腹胀和肝肿大。食品除乳制品外，可给予豆浆、蛋类、肝泥、肉末、鱼粉等高蛋白食物，有条件者可给酪蛋白水解物、氨基酸混合液或要素饮食。

（3）维生素及矿物质的补充：食物中应含有丰富的维生素及矿物质，一般采用每日给予蔬菜及水果的方式，应从少量开始，逐渐增加，以免引起腹泻。

（4）鼓励母乳喂养：对能母乳喂养的婴幼儿，注意尽量保证母乳喂养；无母乳或母乳不足者，可给予稀释牛奶，少量多次喂哺，若消化吸收好，逐渐增加牛奶量及浓度。待婴幼儿食欲及消化功能恢复后，再添加适合小儿月龄的高能量、高蛋白食物。

（5）选择合适的补充途径：胃肠道功能良好者，尽量选择口服补充的途径；如果婴幼儿出现食欲差、吞咽困难、吸吮力不足、胃肠功能严重紊乱等情况，可在专业人员的帮助下选择鼻胃管喂养或者静脉营养。

2）促进消化、改善食欲

遵医嘱给予各种消化酶（胃蛋白酶、胰酶等）和 B 族维生素口服，以助消化；给予锌制剂，每日口服元素锌 0.5～1.0 mg/kg，提高味觉敏感度、增加食欲。

3）养成良好的卫生习惯

保持皮肤清洁、干燥，防止皮肤破损；做好口腔护理，保持生活环境舒适卫生，注意做好保护性隔离，防止交叉感染。

4）体重监测

体重是反映婴幼儿营养状况最直接有效的指标，治疗及护理开始后应每日记录进食情况及对食物的耐受情况，定期测量体重、身高及皮下脂肪的厚度以判断疗效。

5）提供舒适的环境，促进生长发育

提供舒适的环境，合理安排生活，减少不良刺激，保证婴幼儿精神愉快和有充足的睡眠；进行适当的户外活动和体格锻炼，促进新陈代谢，利于生长发育。

（二）婴幼儿单纯性肥胖症

婴幼儿单纯性肥胖症是由于长期能量的摄入超过人体的消耗，导致体内脂肪过度积聚，体重超过参考值范围的营养障碍性疾病。根据《中国儿童肥胖诊断评估与管理专家共识》中的诊断指标，建议年龄＜2 岁的婴幼儿使用"身长的体重"来诊断。根据世界卫生组织 2006 年儿童生长发育标准，参照同年龄、同性别和同身长/身高正常人群的体重的平均值，计算体重标准差（或 Z 评分），大于参照人群体重平均值的 2 个标准差（Z 评分＞+2）为"超重"，大于参照人群体重平均值的 3 个标准差（Z 评分＞+3）为"肥胖"。同时还建议年龄≥2 岁的儿童使用体质指数（BMI）来诊断。BMI= 体重（kg）/ 身高^2（m^2），与体脂相关且相对不受身高的影响。2—5 岁儿童可参考《中国 0—18 岁儿童、青少年体脂指数的生长曲线》中制定的中国 2—5 岁儿童超重和肥胖的 BMI 参考界值点。《中国居民营养与慢性病报告（2020 年）》（国家卫生健康委发布）的数据显示，我国 6 岁以下儿童的肥胖率为 10.4%。肥胖不仅影响婴幼儿的健康，还会成为成人患肥胖症、糖尿病、高血压、冠心病等疾病以及猝死的诱因，社会和家庭应予以重视。

1. 病因

单纯性肥胖症占肥胖症的 95%～97%，不伴有明显的内分泌、代谢性疾病，其发病与下列因素有关：

（1）能量摄入过多为本病的主要原因。长期摄入过多的高脂肪、淀粉类食物，超过机体的代谢需要，多余的能量转化为脂肪，积聚在体内。

（2）活动量过少。缺乏适当的活动和体育运动即使摄入食物不多也会导致肥胖。肥胖儿大多不喜爱运动，从而导致恶性循环。

（3）遗传因素。肥胖具有高度遗传性，肥胖双亲的后代发生肥胖者高达 70%～80%；双亲之一尤其是母亲肥胖者，后代肥胖发生率为 40%～50%；双亲正常的后代发生肥胖者仅为 10%～14%。

（4）其他因素。如精神创伤、心理异常或饥饿中枢调节异常等，可能导致儿童过量进食，从而引发肥胖。

2. 症状与体征

（1）食欲旺盛：肥胖症婴幼儿通常食量较大、偏爱高热量的食物。

（2）皮下脂肪丰满：肥胖症婴幼儿的皮下脂肪丰满，均匀分布于全身各处，严重肥胖症婴幼儿胸腹部、臀部及大腿皮肤可能出现白色或紫色类似妊娠纹的皮纹。双下肢负荷过重可能导致膝外翻和扁平足。

（3）体格生长指标异常：婴幼儿肥胖症的诊断基于体重与同性别、同身高参照人群均值的对比（超过均值 10%～19% 为超重；超过 20%～29% 为轻度肥胖；超过 30%～49% 为中度肥胖；超过 50% 为重度肥胖），此类婴幼儿的 BMI 通常也高于同龄儿水平。

（4）肥胖——换气不良综合征：过度肥胖的婴幼儿易有疲劳感，活动后容易出现气促，由于脂肪堆积过多，胸廓和膈肌受限，出现肺通气换气障碍，导致婴幼儿出现低氧血症、红细胞增多、发绀，严重者会引发心力衰竭而导致死亡。

（5）情绪波动：婴幼儿因体态肥胖，常出现自卑、胆怯、孤独等心理障碍。

3. 治疗要点

可采取饮食控制、运动加强、心理障碍消除及药物辅助治疗的综合措施。其中，饮食疗法和运动疗法是核心措施，旨在减少高热量摄入和增加能量的消耗，促使体内过剩的脂肪不断减少，从而实现体重逐步下降。需要注意的是，药物及外科手术一般不推荐用于婴幼儿。

4. 预防措施

（1）合理喂养：提倡母乳喂养，及时添加辅食，保证营养均衡，纠正挑食和偏食。饮食应避免高糖、高脂肪食物，多摄入蔬菜、水果等低热量食物。照护者需学习科学喂养方式，培养婴幼儿良好的饮食习惯，并避免过度喂养。

（2）定期进行体格检查：带婴幼儿定期前往妇幼保健机构或社区卫生服务中心进行生长发育的监测，或通过生长发育曲线图等工具动态监测婴幼儿体重、身长等体格生长指标，及早发现肥胖的趋势，并通过合理喂养进行干预和纠正。

5. 照护措施

1）饮食护理

在保证婴幼儿基本营养及正常生长发育的前提下，须控制每日能量摄入量低于机体消耗／总量，以实现体重减轻。

肥胖婴幼儿正处于生长发育阶段，加上治疗的长期性，建议多采用低脂肪、低碳水化合物及适量高蛋白的饮食结构。

鼓励婴幼儿选择体积大、饱腹感明显而能量低的蔬果类食品，如萝卜、青菜、黄瓜、番茄、莴苣、苹果、柑橘、竹笋等，其纤维还可减少糖类的吸收和胰岛素的分泌，并能阻止胆盐的肠肝循环，促进胆固醇排泄，且有一定的通便作用。

培养良好的饮食习惯，提倡少量多餐，杜绝过饱，不吃夜宵和零食，细嚼慢咽等。

2）运动护理

适当的运动能促使脂肪分解，蛋白质合成增加，促进肌肉发育。肥胖婴幼儿常因运动时气短、运动笨拙而不愿运动，可以通过辅助肥胖婴幼儿被动运动或通过游戏、玩具的方式增加婴幼儿的运动量。婴幼儿自主运动发育完全后，应选择有效而又容易坚持的运动项目，提高对运动的兴趣，如晨间跑步、散步、踢球、游泳等。运动量需根据婴幼儿耐受力而定，以运动后轻松愉快、不感到疲劳为宜，如运动后出现疲惫不堪、心慌气促以及食欲大增，提示活动量过度。鼓励家庭成员共同参与运动，提高婴幼儿的积极性。

3）行为矫正及心理支持

对肥胖婴幼儿的行为治疗，家庭参与非常重要。注意避免家长因过度焦虑而频繁求医或对婴幼儿进食行为过度干预，以免加重精神压力。引导婴幼儿正确认识自身体型的改变，帮助其对自身形象建立信心，消除因肥胖带来的自卑心理，鼓励其多参与集体活动。对婴幼儿坚持控制饮食及加强运动给予肯定，鼓励让婴幼儿充分参与制定饮食控制和运动计划，增强其主动性。

（三）维生素 D 缺乏症

维生素 D 缺乏症是由维生素 D 缺乏引起的一种全身慢性营养性疾病，主要包括维生素 D 缺乏性佝偻病和骨软化症。这种疾病病因一致，但临床表现各异。

1. 病因

维生素 D 缺乏症的根本原因是婴幼儿体内维生素 D 不足，任何影响维生素 D 的获取和代谢过程的因素，都可能引起维生素 D 缺乏，主要原因有以下五个方面。

（1）妊娠期维生素 D 储备不足：如果母亲在怀孕期间，尤其是妊娠后期存在维生素 D 缺乏，或者出现早产、双胞胎等情况时，均易导致新生儿体内维生素 D 储备不足。

（2）日照不足：人体内的维生素 D 主要来自皮肤的光照合成，而紫外线无法穿透玻璃，因此室内隔着玻璃晒太阳无效。若婴幼儿缺乏室外活动，日照不足，就会引起自身合成的维生素 D 减少。

（3）维生素 D 需要量增加：骨骼的生长速度与维生素 D 和钙的需要量成正比，而婴幼儿早期的生长速度过快，尤其早产儿和双胎婴儿出生后生长发育代偿性加快，容易出现维生素 D 缺乏。

（4）维生素 D 摄入不足：由于天然食物中维生素 D 含量较少，母乳中维生素 D 含量也不高，若婴幼儿同时缺乏户外活动，自身合成的维生素 D 不足，即使母乳喂养、饮食均衡，仍易导致缺乏维生素 D。

（5）疾病及药物影响：胃肠道和肝胆疾病会影响维生素 D 的合成和吸收，比如慢性腹泻、婴儿肝炎综合征。药物也会影响维生素 D 的代谢，如抗惊厥药苯巴比妥、苯妥英钠和糖皮质激素等。

2. 症状与体征

1）维生素 D 缺乏性佝偻病

维生素 D 缺乏性佝偻病（以下简称"佝偻病"）是因维生素 D 缺乏导致钙磷代谢紊乱，从而使正在生长的骨骺端软骨板不能正常钙化、造成以骨骼病变为特征的一种全身慢性营养性疾病。主要见于 2 岁以下的婴幼儿，主要表现为生长中的骨骼改变、肌肉松弛和非特异性神经精神症状。重症佝偻病可导致婴幼儿消化功能紊乱、心肺功能障碍并可影响智能发育及免疫功能等。可分为以下四期：

（1）初期。

初期（早期）多见于 6 个月以内的小婴儿，主要表现为非特异性神经精神症状，如易激惹、烦躁、睡眠不安、夜间啼哭。常伴与室温季节无关的多汗，尤其头部多汗而刺激头皮，致婴儿常摇头擦枕，出现枕秃。

（2）激期。

初期婴幼儿若未经适当治疗，可发展为激期（活动期）。婴幼儿除有上述症状外，主要表现为骨骼改变、运动功能减退以及智力发育迟缓。详见表 7-5。

表 7-5　维生素 D 缺乏性佝偻病激期骨骼改变

部位	骨骼改变	好发年（月）龄
头部	颅骨软化，重者可出现乒乓球样的感觉，即用手指轻压枕骨或顶骨后部可感觉颅骨内陷	3—6 个月
	方颅，即额骨和顶骨双侧骨样组织增生呈对称性隆起	7—8 个月
	乳牙萌出晚且颗数少	满 13 个月仍未出牙
	前囟增宽，闭合延迟	＞1.5 岁
胸部	肋骨串珠：肋骨与肋软骨交界处骨骺端因骨样组织堆积而膨大，呈圆形隆起，上下排列如串珠状。以两侧 7～10 肋最明显	1 岁左右
	郝氏沟又称肋膈沟，膈肌附着部位的肋骨长期受膈肌牵拉而内陷，而形成一条沿肋骨走向的横沟	

续表

部位	骨骼改变	好发年（月）龄
胸部	鸡胸：肋骨（第 7、8、9 肋骨多见）与胸骨相连处软化内陷，致胸骨柄前突，形成鸡胸 漏斗胸：如胸骨剑突部位向内凹陷，形成漏斗胸	1 岁左右
四肢	手镯、足镯：手腕、踝部肥厚的骨骺形成钝圆形环状隆起	>6 个月
	"O" 型腿（严重膝内翻）、"X" 型腿（严重膝外翻）	1 岁左右
脊柱	侧弯、后突	学坐后
骨盆	扁平骨盆	

（3）恢复期。

经适当治疗后，婴幼儿症状和体征显著减轻或消失，精神状态活跃，肌张力恢复正常。

（4）后遗症期。

多见于 3 岁以后儿童，临床症状消失，但遗留不同程度的骨骼畸形。

2）维生素 D 缺乏性手足搐搦症

维生素 D 缺乏性手足搐搦症（又称佝偻病性低钙惊厥），因维生素 D 缺乏致血钙降低引发神经肌肉兴奋性增高，表现为惊厥、喉痉挛或手足搐搦，多见于 6 个月以内的婴儿。正常血清钙浓度为 2.25～2.75 mmol/L；当血清钙浓度在 1.75～1.88 mmol/L，可不出现典型症状，但可通过刺激神经肌肉引出特殊体征，如①面神经征：以手指尖或叩诊锤轻击婴幼儿颧弓与口角间的面颊部，引起眼睑和口角抽动者为阳性，新生儿可呈假阳性；②陶瑟征：以血压计袖带包裹上臂，使血压维持在收缩压与舒张压之间，5 分钟之内该手出现痉挛状为阳性；③腓神经反射：以叩诊锤骤击膝下外侧腓神经处，引起足向外侧收缩者为阳性。当血清钙低于 1.75 mmol/L 时，婴幼儿表现为惊厥、手足搐搦和喉痉挛。

3. 治疗要点

治疗目的在于控制病情活动，防止骨骼畸形。

4. 预防措施

1）孕期补充维生素 D

孕妇注意补充富含维生素 D、钙、磷和蛋白质的食物，增加户外活动，多晒太阳。防止妊娠期并发症，孕妇如患有低钙血症或骨软化症则应积极治疗。妊娠后 3 个月，每日可补充维生素 D 800～1 000 IU，同时补充钙剂。孕妇遵医嘱补充维生素 D 可避免早产儿或多胞胎因先天储备不足导致的维生素 D 缺乏的情况。

2）出生后补充维生素 D

新生儿自出生后第 2 周开始，每日补充维生素 D 400～800 IU，早产儿、低体重儿、双胞胎每天补充维生素 D 800～1 000 IU。婴幼儿发育过程中应及时添加富含维生素 D、钙、磷和蛋白质的辅食，断奶后应培养幼儿良好的饮食习惯，避免偏食、挑食。

5. 照护措施

1）户外活动

指导家长每日带婴幼儿进行一定时间的户外活动，让婴幼儿暴露部分皮肤直接接收阳光照射。出生后 2 ~ 3 周后即可进行户外活动，冬季应保证每日 1 ~ 2 小时户外活动。夏季气温太高，应避免太阳直射，可在阴凉处活动。冬季室内活动时，打开窗户，让紫外线能够照射进来。

2）补充维生素 D

（1）提倡母乳喂养，6 月龄后及时添加辅食，给予富含维生素 D、钙、磷和蛋白质的食物。

（2）遵医嘱供给维生素 D 制剂，过量可能出现中毒症状，如恶心、厌食、烦躁不安、便秘等，应立即停药并就医。

3）预防骨骼畸形和骨折

婴幼儿衣着柔软、宽松，床铺松软，避免早坐、久坐，以防脊柱后突畸形；6 月龄前避免早站、久站和早行走，以防下肢弯曲形成"O"型或"X"型腿。严重佝偻病患儿肋骨、长骨易发生骨折，护理操作时应避免重压和强力牵拉。

4）加强体格锻炼

对已有骨骼畸形可采取主动和被动运动的方法矫正。如遗留胸廓畸形，可做俯卧位抬头展胸运动；下肢畸形可施行肌肉按摩，"O"型腿按摩外侧肌群，"X"型腿按摩内侧肌群，以增加肌张力，矫正畸形。对行外科手术的矫治者，指导照护者正确使用矫形器具。

5）惊厥及喉痉挛的紧急处理

因维生素 D 缺乏导致手足搐搦症婴幼儿出现惊厥时，照护者应立刻将婴幼儿就地平卧，松开领口或包被，将婴幼儿头偏向一侧，颈部伸直，头后仰。喉痉挛发作时保持头后仰位，立即呼叫急救，切勿强行撬开牙关，如婴幼儿已出牙，可以在其上下门齿之间放置软垫，以免舌头被咬伤。

6）预防感染

保持室内空气清新，定时开窗通风，温、湿度适宜，避免公共场所聚集，减少交叉感染。

（四）缺铁性贫血

缺铁性贫血是体内铁缺乏导致血红蛋白合成减少，典型表现为以小细胞低色素性贫血、血清铁蛋白减少和铁剂治疗有效。以 6 个月—2 岁婴幼儿多见。

1. 病因

（1）先天储铁不足：胎儿主要通过胎盘从母体获得铁元素，胎儿总铁储备的 60% 在妊娠末 3 个月通过胎盘主动转运获得。母亲孕期缺铁、胎儿宫内生长迟缓、多胎、早产、低出生体重、胎—胎输血、胎—母体输血、出生前或出生时的失血（如胎盘早剥、脐带结扎过早）等都可能导致婴儿出生后铁储备不足。

（2）铁摄入量不足：饮食中铁供应不足是缺铁性贫血的主要原因。4—6 月龄后，胎儿期储备铁逐渐耗尽，需要通过辅食补充。婴儿期单纯乳类喂养，未及时添加辅食，储存铁耗竭后即发生缺铁性贫血。

（3）生长发育速度快：婴儿期生长发育速度较快，血液中的血红蛋白增加。低出生体重儿、早产儿需要追赶生长，其体重及所需合成的血红蛋白增加的倍数更高，总铁

知识链接
维生素 D
中毒防治

知识链接
铁营养与
儿童大脑发育

需求量较足月儿增加 3~4 倍，铁缺乏风险增加。

（4）铁吸收障碍：食物中的铁主要以 Fe^{2+} 的形式在十二指肠和空肠上段被吸收。饮食搭配不合理可影响铁的吸收。维生素 C、稀盐酸、果糖、氨基酸等还原物质可使 Fe^{3+} 变成 Fe^{2+}，有利于铁的吸收。蛋、牛奶、抗酸药物等可抑制铁的吸收。胃肠炎、慢性腹泻可减少铁吸收。

（5）铁丢失过多：婴儿铁丢失以牛奶蛋白过敏并引起肠出血最常见；肠息肉、胃肠炎、鼻出血、钩虫病等都可造成长期慢性失血，每失血 1 mL 全血约损失 0.5 mg 铁元素。

2. 症状与体征

（1）贫血貌：皮肤黏膜苍白，特别是口唇黏膜和甲床明显，婴幼儿疲劳感增加，不爱活动。贫血时间长者，皮肤干燥，毛发枯黄易脱落，出现反甲，容易感染。

（2）消化系统症状：食欲减退，少数患者可能有异食癖；表现为恶心、呕吐、腹痛、便秘或腹泻等症状。

（3）神经系统症状：烦躁不安、易激惹或精神不振、注意力不集中、记忆力减退、学习能力下降等。

（4）心血管系统症状：严重贫血时心率加快，心脏增大，可能导致心悸、气短、乏力等症状，甚至发生心力衰竭。

3. 治疗要点

祛除病因，铁剂治疗；纠正不良的饮食习惯，科学合理喂养。

4. 预防措施

（1）孕期补铁：孕妇应合理饮食，注意添加含铁丰富的食物，合理安排休息和运动，预防早产，防止出现婴幼儿先天储备铁不足。

（2）提供含铁丰富的饮食：提倡母乳喂养，及时添加辅食，补充含铁的配方米粉、蛋黄等食物。早产儿、双胞胎和低体重儿，出生后 2 个月即可按医嘱给予铁剂预防贫血。注意婴幼儿的饮食搭配要合理，培养良好的饮食习惯。

（3）定期体检：按规定时间带婴幼儿到社区卫生服务中心进行健康检查，观测婴幼儿血液检查指标，及时发现贫血并进行治疗。

5. 照护措施

（1）合理饮食指导：增加食欲，合理搭配婴幼儿的饮食。创造良好的进食环境，经常更换饮食品种，注意色、香味的调配，增添新鲜感；根据医嘱给婴幼儿服用助消化的药物如胃蛋白酶、多酶片等，促进消化，增加食欲；提供含铁丰富的食物，如强化铁配方奶粉，及时添加含铁丰富的辅食，如铁强化米粉，动物性食物。含维生素 C 丰富的水果、果糖等可促进铁吸收，可与铁剂或含铁食品同食；牛奶、蛋类、茶、麦麸等可影响铁吸收，应避免与含铁食品同食。鲜牛奶须加热处理后喂养婴幼儿，以降低因过敏导致肠出血。

（2）用药指导：口服铁剂可以治疗和纠正婴幼儿缺铁性贫血，告知婴幼儿照护者铁剂服用正确的剂量、疗程、方法及不良反应；口服铁剂宜从小剂量开始，逐渐增加至全量，避免空腹服用，在两餐之间服用可以减少对胃肠道的刺激。与维生素 C、氨基酸、稀盐酸等同时服用可以促进吸收；忌与抑酸药、钙剂等抑制铁吸收的药物同时服用。口服铁剂可致胃肠道反应，如恶心、呕吐、腹泻或便秘、厌食、胃部不适及疼痛等。服用铁剂期间，婴幼儿大便会变成黑色或呈柏油样，是因铁与肠内的硫化氢作用生成黑色的硫化铁所致，是正常现象，停药后可恢复，不必担忧。

（3）预防感染：婴幼儿居室应空气新鲜、阳光充足，温、湿度适宜。尽量避免到人群密集的公共场所，防止交叉感染。保持皮肤清洁，勤换内衣裤、尿不湿，培养婴幼儿饭前便后洗手的良好习惯；鼓励婴幼儿多饮水，保持口腔清洁，必要时每日进行口腔护理 2 次，预防口腔感染。

（4）休息与活动：根据婴幼儿的情况合理地安排一日活动。贫血症状较轻的婴幼儿，不必严格限制日常活动，但应避免剧烈运动，活动间歇充分休息，保证足够睡眠。贫血症状较重的婴幼儿，应注意多休息，减少耗氧，根据其活动耐力下降的情况制定活动类型、强度及持续时间。

（五）腹泻病

腹泻病（Diarrhea）是一组由多种病原、多种因素引起的疾病，以排便次数异常增多伴粪便性状改变为特征，严重者可引起水、电解质和酸碱平衡紊乱，高发于 6 个月龄—2 岁婴幼儿，是造成婴幼儿营养不良、生长发育障碍的主要原因之一。

1. 病因

1）易感因素

婴幼儿肠道黏膜屏障功能未完善、消化酶活性低，且肠道菌群定值不稳定导致对食物质和量变化耐受性较差。生长发育高峰期对营养物质的需求多，消化道的负担重。人工喂养代乳中的乳铁蛋白、免疫因子等含量低或缺少，食物或食具易受污染，因此人工配方奶喂养的婴幼儿更易发生腹泻。

2）感染因素

肠道内感染：大多数病原微生物通过污染的食物、水，或通过污染的手、玩具及日用品等进入消化道引起的肠道感染，以病毒和细菌多见。病毒性腹泻（如轮状病毒、诺如病毒）全年散发，秋冬季高发；细菌性腹泻（如致病性大肠埃希菌、沙门菌）夏季多见。

肠道外感染：由肠道外感染的病原体（主要是病毒）同时感染肠道，如中耳炎、肺炎、上呼吸道、泌尿道及皮肤感染时，因发热及炎症反应导致肠蠕动亢进，内毒素、外毒素直接损伤肠黏膜。

3）非感染因素

（1）饮食因素。

喂养不当：不规律的喂养时间、不合适的食物质量和数量，以及过早摄入淀粉类或高脂肪食物都可能导致腹泻。例如，给婴儿提供含有果糖过高或山梨醇过多的果汁可能会引发渗透性腹泻。此外，某些刺激性食物，如调料和富含纤维素的食物，也可能引起腹泻。

过敏反应：个别婴儿可能会对牛奶、大豆制品（如豆浆）或其他特定食物成分过敏或不耐受，这可能会导致腹泻。

其他因素：包括先天性（如先天性乳糖酶缺乏）或继发性的双糖酶缺陷，可能诱发腹泻。此外，气候变冷导致腹部受凉，肠蠕动增加；天气炎热导致消化液分泌减少或过度饮水，这些情况都可能触发消化功能紊乱并引起腹泻。

（2）气候因素。

气候变化、腹部受凉会使肠蠕动增加，天气过热导致消化液分泌减少或者口渴喝奶过多，都会引起腹泻。

2. 症状与体征

（1）局部症状：以胃肠道症状为主，多见于轻型腹泻，排便频率增加（通常 4~10 次 / 日，病毒性感染可达 20 次 / 日）除腹泻外还表现为食欲不振、腹痛、腹胀等。

（2）全身症状：如发热、激惹、精神烦躁或萎靡、意识障碍、面色苍白、水电解质和酸碱平衡紊乱、脱水等，多见于重型腹泻。轻、重型腹泻的主要鉴别点如表 7-6 所示。

表 7-6　轻、重型腹泻的主要鉴别点

类型	轻型腹泻	重型腹泻
常见原因	喂养不当、气候因素或肠道外感染	肠道内感染
大便次数	增多，每日不超过 10 次	每日大于 10 次，甚至数十次
大便性状	稀薄或带水，呈黄色或黄绿色，有酸味，粪质不多，常见白色或黄白色奶瓣和泡沫	水样或蛋花汤样，混有黏液，或带脓血，或有腥臭
呕吐	偶有	频繁
全身症状	一般无发热、脱水及全身中毒症状	有发热，可达 40℃，常出现不同程度脱水，电解质和酸碱平衡失调，甚至出现嗜睡、休克等表现

3. 治疗要点

调整饮食，预防和纠正脱水；合理用药，控制感染，预防并发症的发生。不同类型的腹泻病治疗重点各有不同，轻型腹泻以补锌及饮食治疗为主；重型腹泻以病因治疗及维持水电解平衡为主。

4. 预防措施

（1）合理喂养：提倡母乳喂养，循序渐进添加辅食、食物转换合理，适时调整辅食与奶量，避免夏季断奶。使用人工配方奶粉喂养的婴幼儿须按要求科学配乳。

（2）饮食卫生：为婴幼儿选择卫生的食物并保证进食过程的卫生。

（3）增强体质：婴幼儿应适当进行户外活动，加强锻炼；与此同时，应特别注意在夏季和秋冬季这些胃肠道疾病高发时期，适当增减衣物，减少聚集。为预防轮状病毒引起的腹泻，也可为婴幼儿接种轮状病毒疫苗。

5. 照护措施

（1）饮食护理：在护理腹泻的过程中，强调避免过度限制饮食或长时间禁食，以免导致营养不良和酸中毒的风险增加。对于母乳喂养的婴儿，建议继续哺乳，减少哺乳频率并缩短每次哺乳时间。人工喂养的婴儿应在病情改善后逐渐恢复正常饮食。若出现严重呕吐，须短暂禁食 4~6 小时（允许饮水），待病情好转后继续进食，由少到多，由稀到稠。对于病毒性肠炎病例，尤其是存在双糖酶（主要是乳糖酶）缺乏的情况下，应考虑提供低乳糖或无乳糖的食物。随着病情稳定，逐步恢复全面饮食，并加强营养补充。

（2）维持水电解质及酸碱平衡：维持水电解质及酸碱平衡至关重要。口服补液溶液（如 ORS）常用于预防脱水和纠正轻度至中度脱水。轻度脱水：50 ml/kg×4 h；中度脱水：100 ml/kg×4 h（每次腹泻后补充 10 ml/kg）静脉补液适用于较重的脱水病例或伴有呕吐和腹胀的婴幼儿。补液方案的选择基于患者的年龄、营养状态和个人调节。

（3）控制感染：严格执行消毒隔离措施，感染性腹泻患儿需单间隔离，使用专用便器（便器需用含氯消毒剂浸泡 30 分钟）。告知照护者在接触婴幼儿前后要洗手。对腹泻婴幼儿使用的尿布、粪便等物品进行分类消毒处理，防止交叉感染。对于发热的婴幼儿，根据具体情况给予物理降温或药物降温。

（4）臀部护理：选用吸收性强且质地柔软的纸尿裤，并及时更换；每次排便后用温水清洗臀部并彻底擦干，以保持皮肤清洁干燥。局部皮肤发红处可涂上 5% 鞣酸软膏或 40% 氧化锌软膏，并轻轻按压数分钟，以促进吸收。对于皮肤糜烂或溃疡的情况，可采取暴露疗法，仅在臀部下方放置一块尿布，使皮肤暴露于空气或阳光下。女婴需特别注意会阴清洁。

（5）观察与记录：密切观察并记录婴幼儿大便次数、颜色、量及性状改变。注意观察婴幼儿意识状态，有无口渴，皮肤、黏膜干燥程度，眼窝及前囟凹陷程度及尿量多少等，对比治疗前后的变化，评估病情的转归情况。

四、常见疾病的回应性照护要点

1. 建立稳定的情感关系

照护者与儿童之间应形成稳定的情感关系，这有助于儿童在面对疾病时感到安心和依赖。照护者应通过温柔的语言、亲切的态度和适当的肢体接触，向儿童传递关爱和支持。

2. 敏锐观察与及时回应

照护者应敏锐地发现儿童的行为变化，特别是当儿童出现疾病症状时。例如，当儿童出现哭闹、发热、腹泻等症状时，照护者应立即关注，并采取相应的护理措施。及时回应对于缓解儿童的不适和防止病情恶化至关重要。

3. 准确判断与恰当回应

照护者在回应儿童的需求时，应准确判断其背后的原因和可能的疾病影响。例如，当儿童哭闹时，照护者应先判断其是否因为饥饿、疼痛、不适或需要安慰等原因。在了解原因后，照护者应给予恰当回应，如喂奶、安抚、调整环境等。

4. 疾病期间的特殊照护

（1）提供舒适的环境：确保儿童处于干净、整洁、通风良好的环境中，避免交叉感染。根据天气和儿童的体温适当增减衣物，保持适宜的室温。

（2）合理饮食：根据儿童的病情和医生的建议，提供营养丰富、易消化的食物。避免油腻、刺激性食物，以免加重儿童的肠胃负担。

（3）按时服药：遵医嘱让儿童按时服药，并注意观察药物的副作用和疗效。如儿童出现不良反应，应立即就医。

（4）心理支持：儿童在生病期间可能会感到害怕、焦虑或不安。照护者应给予儿童足够的心理支持，通过讲故事、玩游戏等方式转移其注意力，减轻其心理负担。

（5）持续监测与及时就医：照护者应持续监测儿童的病情变化，包括体温、呼吸、精神状态等。一旦发现异常或病情加重，应立即就医。同时，照护者应了解常见疾病的护理知识和急救技能，以便在紧急情况下能够迅速做出正确的反应。

五、任务实施

（一）任务分析

秋秋吃了油腻食物后发烧、便秘、哭闹，这可能是因为红烧肉比较油腻，导致消化不良。喂养方法不当是本病发生的关键因素，这里可能需要调整饮食，避免油腻食物，注意补充水分，改为清淡易消化的流质或半流质饮食，如米汤、稀藕粉等，减轻胃肠负担。

任务：作为照护者，请对秋秋采取正确的护理措施。

要求：准备 8 分钟，测试时间 8 分钟。

（二）任务操作

教师示范操作，学生分组练习。

1. 准备工作

1）个人准备

自身准备：着装整洁、修剪指甲、去除首饰、洗净双手、仪容仪表符合职业要求。

2）环境准备

室内干净、整洁、安全，且温湿度及光线、声音强度适宜。

3）物品准备

扫描二维码获取轻型腹泻患者照护的用物清单。

轻型腹泻患者照护的用物清单

2. 实施步骤

面对秋秋的情况，作为照护者，应采取以下照护措施和预防措施，帮助秋秋早日康复。

1）饮食护理

停止添加新的辅食，在护理腹泻的过程中，强调避免过度限制饮食或长时间禁食，以免导致营养不良和酸中毒的风险增加。若出现严重呕吐，须短暂禁食 4～6 小时（允许饮水），待病情好转后继续进食，由少到多，由稀到稠。随着病情稳定，逐步恢复全面饮食，并加强营养补充。

2）维持水电解及酸碱平衡

遵医嘱，口服补液盐（ORS）常用于预防脱水和纠正轻度至中度脱水。对于轻度脱水，按 50～80 ml/kg 的剂量，少量多次喂服，争取在 8～12 小时内将累积损失量补足，脱水纠正后，可将 ORS 溶液用等量水稀释，根据病情需要随时口服。

3）观察记录

密切观察并记录秋秋大便的次数、颜色、量及性状变化。注意其意识状态，观察有无口渴，皮肤、黏膜干燥程度，眼窝及前囟凹陷程度及尿量的多少等，对比治疗前后表现，评估病情的转归情况。

4）臀部护理

选用吸收性强且质地柔软的纸尿裤，并及时更换；每次排便后用温水清洗臀部并彻底擦干，以保持皮肤清洁干燥。局部皮肤发红处可涂上 5% 鞣酸软膏或 40% 氧化锌软膏，并轻轻按压数分钟以促进吸收。若皮肤糜烂或溃疡，可采取暴露疗法，仅在臀部下方放置一块尿布，使皮肤暴露于空气或阳光下。女婴需特别注意会阴清洁。

5）及时就医

如秋秋出现精神状态差、呕吐腹泻症状加重、食欲差，应及时就医。就医后需配合医生治疗，并注意以下事项：按时服药、定期复查；注意调整孩子的饮食，初期应以清淡、易消化的流质或半流质食物为主，逐渐恢复正常饮食。

6）心理护理

关爱秋秋，对照护者做好腹泻相关知识的宣教，提高照护者的疾病防护知识，缓解照护者的紧张、焦虑情绪。

7）健康指导

包括疾病护理指导和预防知识宣教。

六、任务评价

轻型腹泻患者照护的评价表如表 7-7 所示。

赛证真题 7-4

表 7-7 轻型腹泻患者照护评价表

项目		操作要求	回应性照护要点	是否做到
操作准备		自身准备：着装整洁、修剪指甲、去除首饰、洗净双手、仪容仪表符合职业要求	语言流畅，语音标准，态度亲和，陈述完整	□是□否
		环境准备：室内干净、整洁、安全，且温湿度及光线、声音强度适宜		□是□否
		物品准备：物品准备齐全，放置合理		□是□否
		婴幼儿评估：检查婴儿身体状况及精神状态及合作程度。解释照护措施的目的、方法、注意事项及配合要点	关注婴幼儿，与婴幼儿进行有效沟通互动	□是□否
操作过程	饮食护理	停止添加新的辅食，在护理腹泻的过程中，强调避免过度限制饮食或长时间禁食，以免导致营养不良和酸中毒的风险增加。若出现严重呕吐，需短暂禁食 4~6 小时（允许饮水），待病情好转后继续进食，由少到多，由稀到稠。随着病情稳定，逐步恢复全面饮食，并加强营养补充		□是□否
	维持水电解及酸碱平衡	遵医嘱口服补液盐（ORS）轻度脱水 50~80 ml/kg，少量多次喂服		□是□否

项目		操作要求	回应性照护要点	是否做到
操作过程	观察记录	密切观察并记录大便次数、颜色、量及性状改变。注意观察意识状态，有无口渴，皮肤、黏膜干燥程度，眼窝及前囟凹陷程度及尿量多少等	对比治疗前后的变化，评估病情的转归情况	□是□否
	臀部护理	选用吸收性强且质地柔软的纸尿裤，并及时更换；每次排便后用温水清洗臀部并彻底擦干，以保持皮肤清洁干燥。局部皮肤发红处可涂上 5% 鞣酸软膏或 40% 氧化锌软膏，并轻轻按压数分钟，以促进吸收。如皮肤出现糜烂或溃疡，可采取暴露疗法，仅在臀部下方放置一块尿布，使皮肤暴露于空气或阳光下。女婴需特别注意会阴清洁。	指导家长正确洗手，并做好污染尿布及衣物的处理	□是□否
	及时就医	如出现精神状态差、呕吐、腹泻症状加重、食欲差，应及时就医	紧密关注婴幼儿情况变化	□是□否
	心理护理	关心爱护婴幼儿，对照护者做好腹泻相关知识的宣教，提高照护者的疾病防护知识，缓解照护者的紧张、焦虑情绪		□是□否
	健康指导	疾病护理指导：向照护者解释秋季腹泻的病因、潜在并发症以及相关的治疗措施和预后等。说明调整饮食的重要性。指导照护者正确洗手，并做好尿布及衣物的处理，讲解臀部皮肤护理的意义及方法，教会照护者口服补液盐溶液的配制和使用 预防知识宣教：宣传母乳喂养的优点，指导合理喂养，注意食物要新鲜、清洁以及辅食添加的原则及顺序。奶瓶和食具每次使用后要洗净、煮沸或高温消毒。加强体格锻炼，适当户外活动，气候变化时防止受凉或过热。预防类似情况发生	要强调饮食调整及饮食卫生的重要性。指导科学合理喂养，提倡母乳喂养	□是□否
操作整理		注意： 整理现场用物，清理污物，清洁环境，洗手 记录照护过程的情况等	操作规范，动作熟练，过程清晰有序	□是□否

任务五　婴幼儿常用护理技术

一、任务情境

　　甲型流感流行期间，某托育机构保育人员在晨检时发现幼儿多多（25个月）体温为37.6℃，伴随有呼吸增快，询问家长，家长反馈多多在来的路上非常开心，一路奔跑过来。为了更好地判别多多的情况，请重新为多多进行体温、呼吸、脉搏的测量。

　　作为照护者，如何为幼儿进行体温、呼吸、脉搏的测量呢？

二、任务目标

　　知识目标：理解并掌握婴幼儿常用护理技术知识。

　　技能目标：掌握婴幼儿常用的护理技能。

　　素养目标：（1）培养全面的婴幼儿照护专业人员。

　　　　　　　　（2）在操作中关心、爱护婴幼儿，具有同理心。

三、知识储备

（一）生命体征监测技术

　　体温、脉搏、呼吸与血压是人体四大生命体征，能客观反映机体内在活动，用于评估机体状况，并与病情进展、情绪波动等因素相关。

　　1. 测体温

　　体温分为体核温度和体表温度。体核温度是指机体深部组织（如胸腔、腹腔或盆腔）的温度，相对稳定且高于体表温度，正常范围通常为36.5～37.5℃。体表温度是皮肤、皮下组织及脂肪的温度，易受环境温度和衣着影响，通常低于体核温度。基础体温是指人体在持续较长时间（6～8小时）睡眠后醒来、未进行任何活动时测量的体温。

　　由于体核温度不易直接测量，临床常以口腔、直肠或腋窝温度作为替代，其中直肠

知识链接
如何处理打碎
的水银体温计

知识链接
生命体征监测
相关知识

温度（肛温）最接近体核温度。

测量体温对及时发现并处理发热症状至关重要。尤其对婴幼儿而言，通过正确的测温方法可以确保结果准确，从而辅助健康评估。依据测量体温的方法不同，使用的体温计也不同，常见的温度计如图7-9所示。日常生活中可根据婴幼儿的年龄和病情选用合适的测温方法。

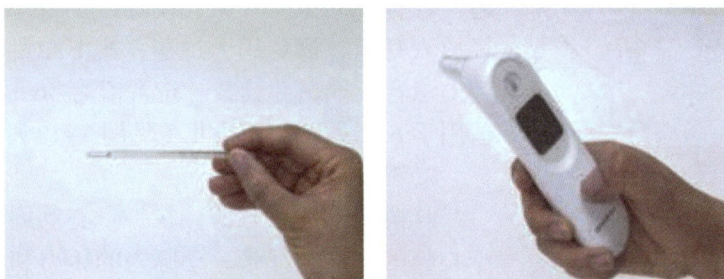

微课
给婴儿测体温

图7-9　温度计

（1）腋下测温法：最常用，也是最安全、便捷的测温方式。患儿取卧位或坐位，照护者先拭去腋窝的汗液，将清洁水银温度计甩至35℃以下，将温度计（腋温表）的水银球一端放在患儿腋窝正中，将上臂紧贴腋窝，10分钟后，取出温度计读数，正常值为36～37℃。一般用于2岁以上的患儿。若患儿刚刚出过汗或晒过太阳，先擦干汗液，稍等一下再测量（见图7-10）。

图7-10　腋温测量示意图

（2）口腔测温法：测温时间短，准确。将清洁体温计（口温表）甩低于35℃，将水银端斜着放到患儿的舌下热窝处，要注意不要让患儿用牙齿咬体温计，尽量让患儿闭着口，用鼻子呼吸，3分钟后，将温度计取出，擦拭干净，读数，正常值为36.3～37.2℃。测量时间过短或过长都会影响温度计最终读数的准确性。此方法适用于神志清醒且能配合的3岁以上儿童。口腔疾病的患儿不宜用此法。若婴幼儿在吃奶、吃饭或哭闹时，待婴幼儿安静15～20分钟后再进行测量（见图7-11）。

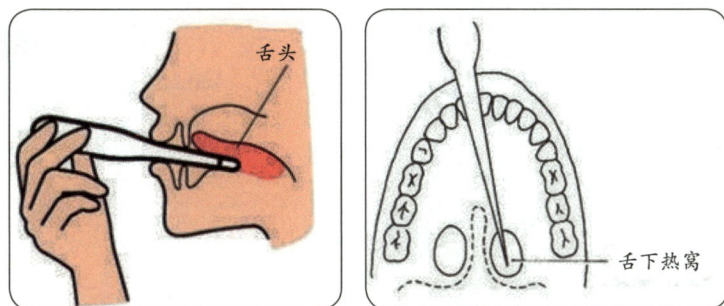

图7-11　口温测量示意图

（3）肛门内测量法：测温时间短，准确。患儿取侧卧位，下肢屈曲，将清洁已润滑的体温计（肛温表）甩至35℃以下，将水银端轻轻插入肛门内3～4 cm，3分钟

图7-12 肛温测量示意图

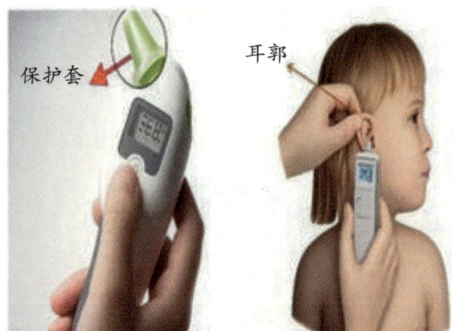

图7-13 耳温测量示意图

后，将温度取出，擦拭干净，读数，正常值为36.5～37.7℃。适用于1岁以内、不合作的以及昏迷、休克的患儿（见图7-12）。

（4）耳内测量法：准确、快速，不易造成交叉感染。该方法目前在临床或家庭使用已较普遍。轻轻拉动患儿耳朵，使耳道变直，将探头轻轻放入耳道，避免用力过猛，按下测量按钮，听到提示音后取出并读数，正常值为36.5～37.3℃，适用于6个月以上婴幼儿（见图7-13）。

2.测脉搏和呼吸

脉搏又称动脉脉搏，在每个心动周期中，由于心脏的收缩和舒张，动脉内的压力和容积也发生周期性变化，导致动脉管壁产生有节律的搏动。正常情况下，脉搏与心率是一致的。

呼吸是机体从外界环境中摄取氧气，并排出二氧化碳，完成机体与外界的气体交换过程。

测脉搏和呼吸时需确保婴幼儿处于安静状态。协助其坐位或平卧位，保持手臂自然放松。用食指、中指、无名指指腹轻按于婴幼儿桡动脉处或其他浅表大动脉处测量，压力大小以能清楚触到脉搏为宜；计时30秒，将测量的脉搏数×2并记录；脉率异常应测量1分钟；如发现婴幼儿有心律不齐或脉搏短绌，应两人同时分别测量心率和脉率；由听心率者统一发出"开始""停止"指令，计数1分钟；保持测量脉搏姿势不动，观察婴幼儿胸部、腹部起伏（一起一伏为1次），计时1分钟，记录呼吸频次；若婴幼儿呼吸微弱，可将棉絮置于其鼻孔前计数，记录棉絮被吹动的次数。各年龄阶段呼吸和脉搏正常值详见表7-8。

表7-8 各年龄段呼吸和脉搏正常值

年龄	呼吸（次/min）	脉搏（次/min）	呼吸：脉搏
新生儿	40～50	120～140	1：3
1岁以内	30～40	110～130	1：3～1：4
1—3岁	25～30	100～120	1：3～1：4
4—7岁	20～25	80～100	1：4
8—14岁	18～20	70～90	1：4

3.测血压

血压是血液对血管壁单位面积产生的压强。在不同血管内，血压被分别称为动脉血压、毛细血管压和静脉血压，而一般所说的血压是指动脉血压。在一个心动周期中，动脉血压随心室收缩和舒张呈现周期性波动。在心室收缩时，动脉血压上升达到的最高值称为收缩压。在心室舒张末期，动脉血压下降达到的最低值称为舒张压。收缩压与舒张压的差值称为脉搏压，简称脉压。在一个心动周期中，动脉血压的平均值称为平均动脉压，约等于舒张压加 1/3 脉压。

测血压时应将婴幼儿取坐位或仰卧位，协助婴幼儿露出手臂并伸直，手掌向上；手臂、心脏、血压计应在同一水平，即坐位时肱动脉平第 4 肋间，卧位时肱动脉平腋中线；放平血压计，开启开关，排尽袖带内空气。将袖带的气袋中部对着肘窝平整地缠于上臂，袖带下缘距肘窝 2~3 cm，袖带松紧度以能插入检查者 1 指为宜。袖带宽度一般为上臂的 1/2~2/3，新生儿适用宽度为 2.5~4 cm，婴幼儿 6~8 cm，学龄前期 9~10 cm，学龄儿可用 13 cm；戴好听诊器，先触及肱动脉的搏动，再将听诊器胸件紧贴肱动脉搏动处，关闭压力活门，充气至肱动脉搏动消失后，再升高 20~30 mmHg；缓慢均匀放气（水银柱以每秒下降 4 mmHg 为宜），视线与水银柱面保持一致。当听到第一声动脉搏动音时，汞柱此时所示刻度为收缩压；随后动脉搏动音逐渐增强，柯氏音第 V 时相（搏动音消失）对应的汞柱刻度为舒张压。测毕，解除袖带，驱除余气，关闭压力阀门，整理袖带放入盒内，倾斜血压计盒盖 45° 使水银完全回流后，关闭水银槽开关。各年龄段正常血压值详见表 7-9。

表 7-9　各年龄段正常血压值

年龄	血压（mmHg）
1 个月	84/54
1 岁	95/65
6 岁	105/65
10—13 岁	110/65
14—17 岁	120/70

注：2 岁以上儿童血压计算公式：
收缩压（mmHg）=（年龄 ×2）+80；舒张压（mmHg）=2/3 收缩压。

微课
给婴儿喂药

（二）给药

给药是实施药物治疗的关键操作，为临床最常用的治疗手段之一，在预防、诊断和治疗疾病过程中起着重要的作用。

婴幼儿给药的方法应以保证用药效果和安全为原则，综合考虑患儿的年龄、疾病、病情，选定适当的剂型、给药途径，以排除各种不利因素，减少患儿的痛苦。

1. 口服法

口服法是最常用的给药方法，对患儿身心的不良影响小，只要条件许可，尽量采用口服给药。对于婴幼儿来说，宜选用口感友好的剂型（如糖浆、混悬剂），或易溶解的冲剂，也可将药片研碎加少量水或果汁（不超过一茶匙），但任何药物均不可混于奶中或主食喂哺，以免患儿因药物的苦味产生条件反射而拒绝进食。肠溶或时间缓释片剂、胶囊则不可研碎或打开服用，以免破坏药效。可优先使用专用喂药器或口服注射器（须与注射用注射器分开放置，避免误用）。

用小药匙喂药，则从婴幼儿的口角处顺口颊方向慢慢倒入药液，待药液咽下后方将药匙拿开，每次量最多不超过1 mL。此外，可用拇指和食指轻捏双颊，使之吞咽。年长儿可尝试整片吞服，若需磨粉，应将粉末与少量果酱或布丁混合服用。

2. 滴眼药／眼膏

遇到眼部感染或炎症等眼部疾病时，需要给婴幼儿点眼药水或眼膏治疗。照护者应清洁双手并检查婴幼儿的眼睛是否有分泌物（如有分泌物可使用无菌棉签或纱布轻轻擦拭干净）。协助患儿仰卧或坐姿，头部稍微向后倾斜，照护者用左手拇指轻拉下眼睑，食指轻压上眼睑，暴露下结膜囊。照护者用左手食指和拇指将婴幼儿上下眼睑分开，照护者右手持药水瓶，轻轻将眼药水滴入下眼皮内，每次1~2滴即可，滴药时，让婴幼儿头部尽量后倾，眼睛向上看，滴完药后压迫泪囊几分钟。需要注意的是，常用的眼药膏一般装在软管中，点眼药膏的准备工作和眼药水相同，照护者分开婴幼儿上下眼睑后，直接将药膏挤入结膜囊内（可用玻璃棒蘸取少量软膏），闭眼后，用指腹沿眼睑缘由内向外轻揉，促进药膏分布。

3. 滴鼻药

当婴幼儿患有感冒、鼻窦炎或因上呼吸道感染引起鼻塞等症状时，需要用医生指定的鼻药来达到杀菌、消炎和通气的目的。

滴药前，清理婴幼儿的鼻子，如果鼻腔内有干痂，可以先用温盐水清洗，等待干燥后再滴入鼻药；滴药时，婴幼儿取卧位或坐位，肩下垫软枕，使头部后仰30℃（鼻尖指向天花板）。照护者右手持药瓶，在距离鼻孔2~3 cm处，将鼻药滴入每个鼻孔，每侧鼻孔滴入2~3滴；滴药后，让孩子保持该姿势5~10分钟以便药物吸收。

4. 滴耳药

婴幼儿滴耳药需要特别细致和耐心，以确保药物能够正确且安全地送达需要治疗的部位。滴药前，照护者应清洁双手，检查药物的有效期和类型，确保使用正确的药品。如果药液较冷，可将冷药液放置于掌心回温（勿用热水加热，避免药物变性），使其接近体温，减少刺激。让患儿侧躺或坐在成人腿上，确保患耳朝上。对于婴儿，将耳垂轻轻向下拉；对于较大幼儿，将耳郭向后上方拉，以使耳道变直（如外耳道有脓液，应先用棉签清除脓液）；滴药时，轻轻摇晃药瓶，确保药液混合均匀，将药瓶倾斜，避免瓶嘴接触耳部，减少污染风险。按照医生指示的剂量，将药液缓缓滴入耳道，通常是2~3滴。滴药后，使用手指轻轻按压耳屏3~5次，帮助药液进入更深的耳道。让患儿保持侧躺姿势至少5分钟，以便药物被充分吸收。

（三）冷、热疗法

冷、热疗法是利用低于或高于人体温度的物质作用于体表皮肤，通过神经传导引起皮肤和内脏器官血管的收缩或舒张，从而改变机体各系统体液循环和新陈代谢，达到治疗目的的方法。

人体皮肤能产生多种感觉，由于皮肤分布着多种感受器，如冷感受器、温感受器、痛觉感受器等。冷感受器位于真皮上层，温感受器位于真皮下层，痛觉感受器广泛分布于皮肤的表层。冷感受器比较集中于躯干上部和四肢，数量较温感受器多4～10倍。因此机体对冷刺激的反应比热刺激敏感。当温感受器及冷感受器受到强烈刺激时，痛觉感受器也会兴奋，使机体产生疼痛感觉。

冷、热疗法虽直接作用于皮肤表面，但会引发机体局部或全身的反应，包括生理效应和继发效应。

（1）生理效应冷、热疗法的应用使机体产生不同的生理效应（见表7-10）。

（2）继发效应是指用冷或用热超过一定时间，产生与生理效应相反作用的现象。如热疗可使血管扩张，但持续用热30～45分钟后，则血管收缩；同样持续用冷30～60分钟后，则血管扩张，此为机体的防御性调节反应。因此，冷、热治疗应有适当的时间，以20～30分钟为宜，婴幼儿应根据个体情况选择合适的时间，如需反复使用，建议间隔至少1小时后再重复使用，让组织有一个复原过程，防止产生继发效应而抵消生理效应。

表7-10　冷、热疗法的生理效应

生理指标	生理效应	
	用热	用冷
血管扩张/收缩	扩张	收缩
细胞代谢率	增加	减少
需氧量	增加	减少
毛细血管通透性	增加	减少
血液黏稠度	降低	增加
血液流动速度	增快	减慢
淋巴流动速度	增快	减慢
结缔组织伸展性	增强	减弱
神经传导性	增快	减慢
体温	上升	下降

1. 冷疗法

冷疗法适用于婴幼儿的轻微烫伤、扭伤、低热、肿胀或疼痛，能有效收缩血管，减少局部血流。可以通过治疗从而缓解炎症、肿胀和疼痛。

当婴幼儿体温≤38.5℃时，可采用冷疗法物理降温，相比退烧药物更安全；若体温>38.5℃且药物降温不理想时，也可联合冷疗法辅助退热。

照护者可选用冷敷贴或者冷敷袋，也可采用自制冰袋（将冷水或者碎冰置于热水袋等容器中），还可用毛巾折叠成多层，置于冷水中，拧成半干状态，在照护者手腕内侧测试冷敷用物温度，确保不会过冷；再将冰袋或毛巾敷在婴幼儿额头上，也可敷于腋窝、肘窝、腹股沟等大血管丰富处；每5～10分钟更换一次，以维持降温效果。单次冷敷时间建议15～20分钟，避免同一部位持续冷敷导致皮肤冻伤。操作时要密切观察婴幼儿的反应，确保婴幼儿没有感到不适或寒冷。不要在婴幼儿的胸部、腹部或后颈部进行冷敷，以免引起寒战、胃肠痉挛或循环障碍。

2. 热疗法

热疗法能促进血液循环并缓解肌肉痉挛、减轻疼痛，并有助于慢性炎症或非感染性炎症的消退。婴幼儿的皮肤比成人更加娇嫩，因此在进行热疗法护理时需要格外小心。

当幼儿发生闭合性创伤时，24～48小时后可采用热疗法，眼结膜炎也可采用热疗法，一些血液循环不良的患者，局部有疼痛的患儿，小儿疖肿（化脓性毛囊炎或毛囊深部周围组织的感染）初起时均可采用热疗法。

婴幼儿热疗法可使用专门为婴幼儿设计的热水袋或热敷包，这些产品通常具有更好的温度控制和安全特性。在将热疗法物品放在婴幼儿患处之前，先用手腕内侧测试温度，确保不会过热。在婴幼儿安静或睡着的时候进行热疗法，避免他们在移动中受到烫伤。婴幼儿的热疗法时间应较短，通常5～10分钟即可，避免长时间热疗法可能引起的不适或伤害。在热疗法过程中，密切观察婴幼儿的反应，若出现持续哭闹、皮肤鲜红伴疼痛或水疱，立即停止并冷敷处理。

四、常用护理技术的回应性照护要点

（1）观察和评估。在开始使用护理技术前，仔细观察婴幼儿的身体状况和情绪，确认冷疗法或热疗法是当前适当的干预措施，检查婴幼儿的皮肤是否有破损或过敏，避免在这些问题区域进行护理技术。

（2）环境调整，确保房间温度适宜。创建一个安静、舒适的环境，使用柔和的光线和避免噪声，有助于孩子放松。

（3）建立信任。在实施护理技术前与婴幼儿进行眼神交流，使用柔和的声音和安抚的语言，通过拥抱、抚摸或轻拍背部等肢体接触来传递安抚。

（4）观察与理解。注意婴幼儿的非语言信号，如哭泣、面部表情、身体动作等，它们可能表示不舒服或疼痛，尝试理解这些信号背后的原因，比如是否因为即将实施的护理技术而感到焦虑或恐惧。

（5）持续监测。在实施护理技术过程中持续观察婴幼儿的反应，包括面部表情、身体语言和声音，确保他们感到舒适。

（6）沟通和安抚。用温柔的声音和肢体动作安抚婴幼儿，解释正在进行的护理技术，即使他们不能完全理解，也能感受到你的关爱。在实施护理技术的过程中根据情况给予拥抱或轻拍背部，增加安全感和舒适感。利用玩具、唱歌或讲故事等方式分散婴幼儿的注意力，使实施过程更加轻松愉快。

（7）适应性调整。根据婴幼儿的反馈和反应，随时调整护理技术的持续时间和位置，确保最佳效果。如果婴幼儿表现出明显的不适，立即停止并尝试其他舒缓方法。

（8）教育和预防。向家长说明正确的护理操作方法，以及如何识别和应对可能的不良反应。

五、任务实施

（一）任务分析

照护者需复测体温、呼吸、脉搏，以评估多多是否存在甲型流感感染风险。首先，正确测量体温的方法很重要，需根据体温计类型（如电子式、水银式）选择对应的测量方式，并确保读数准确。体温计使用前需确认测量部位符合规范（如腋下测量）并保证足够的测量时长。另外，幼儿活动后可能导致体温暂时升高，所以需要让幼儿休息后再测体温。同时，呼吸和脉搏的测量方法需要符合婴幼儿的特点，比如在安静状态下计数，避免因哭闹而影响结果。

运动、哭闹或高温环境可能导致体温、呼吸、脉搏短暂升高，需多次测量以排除干扰因素。通过规范复测和综合评估，可有效识别早期感染病例，降低托育机构内甲型流感传播风险。

任务：作为保育人员，请对幼儿进行体温、呼吸、脉搏的测量。

要求：准备 8 分钟，测试时间 8 分钟。

（二）任务操作

教师演练：请结合任务情景，对所学知识与技能进行总结、示范。

学生演练：

1. 准备工作

1）个人准备

自身准备：着装整洁、修剪指甲、去除首饰、洗净双手、仪容仪表符合职业要求。

2）环境准备

室内干净、整洁、安全，且温湿度及光线、声音强度适宜。

3）物品准备

扫描二维码获取测量体温、脉搏、呼吸的用物清单。

测量体温、脉搏、呼吸的用物清单

2. 实施步骤

作为照护者，应立即将多多带进保健室休息至少 30 分钟，为多多戴好口罩，同时做好复测体温、脉搏、呼吸的准备。

（1）备齐用物，检查体温计是否完好，将体温计水银柱甩至 35.0℃以下。

（2）核对并向患儿解释测量步骤，帮助多多采取舒适卧位。

（3）测量腋温：擦干腋窝，水银端放于腋窝正中，屈臂过胸，将体温计与皮肤紧密接触，嘱患儿夹紧，保持 10 分钟。

（4）测量脉搏：以食指、中指、无名指的指端按压在多多的桡动脉处，压力大小以能清楚触到脉搏为宜，计时 1 分钟并记录。

（5）测量呼吸：保持测量脉搏姿势不动，观察患儿胸部、腹部起伏（一起一伏为 1 次），计时 1 分钟，记录呼吸频次。

（6）与多多沟通交流，安抚多多情绪，10 分钟后取出体温计，用消毒纱布擦拭。

（7）读取体温计上的数值后，将体温计放入污表盒内。

（8）协助多多穿好衣服，并取舒适体位。

（9）整理、洗手、记录数值。

（10）多多体温、脉搏、呼吸都正常，可能是由于路上奔跑导致体温偏高、呼吸偏快的，将多多送回班级，同时与班级老师做好交接。请老师多注意观察多多的情况，有异常及时上报，并做好相应处理。

六、任务评价

测量体温、呼吸、脉搏的评价表如表 7-11 所示。

赛证真题 7-5

表 7-11　测量体温、呼吸、脉搏评价表

项目		操作要求	回应性照护要点	是否做到
操作准备	自身准备：着装整洁、修剪指甲、去除首饰、洗净双手、仪容仪表符合职业要求		语言流畅，语音标准，态度亲和，陈述完整	□是□否
	环境准备：室内干净、整洁、安全，且温湿度及光线、声音强度适宜			□是□否
	物品准备：物品准备齐全，放置合理			□是□否
	婴幼儿评估：检查婴儿身体状况及精神状态及合作程度。解释体温、脉搏、呼吸测量的目的、方法、注意事项及配合要点		关注婴幼儿，与婴幼儿有效沟通、互动	□是□否
操作过程	测量腋温	擦干腋窝，水银端放于腋窝深处，屈臂过胸，将体温计与皮肤紧密接触，嘱患儿夹紧，保持 10 分钟	确定最佳测量方法和时机，活动后休息 30 分钟后测量，操作时动作温柔，准确记录	□是□否
	测量脉搏	以食指、中指、无名指的指腹轻按于多多桡动脉处，压力大小以能清楚触到脉搏为宜，计时 1 分钟并记录		□是□否
	测量呼吸	保持测量脉搏姿势不动，观察患儿胸部、腹部起伏（一起一伏为 1 次），计时 1 分钟，记录呼吸频次		□是□否
	取体温计读数	10 分钟后取出体温计，用消毒纱布擦拭。读取体温计上的数值后，将体温计放入污表盒内	紧密关注患儿情况变化	□是□否
	整理记录	洗手、记录数值		□是□否
	持续监护与关爱婴幼儿	协助婴幼儿穿好衣服，持续监测和观察婴幼儿生命体征情况，有异常情况及时处理或就医		□是□否
操作整理	注意：选用合适的测量工具，确保使用的测量工具干净卫生；测量后正确记录各值，注意任何异常的体征，应及时处理		操作规范，动作熟练，过程清晰有序	□是□否

项目八　婴幼儿家庭常见意外伤害照护与回应

任务一　婴幼儿食物中毒的现场救护

一、任务情境

朋朋，3岁，从托育机构回家时身体并无不适，但晚饭时妈妈发现他食欲不振，几乎没有进食，全身也没有力气。一晚上不是拉肚子就是呕吐不止，到凌晨时，发烧到38.9℃。

作为照护者，请对朋朋出现的症状进行现场救护。

二、任务目标

知识目标： 了解并掌握常见的有毒食物。

技能目标：（1）能识别常见的有毒食物及食物中毒症状。

（2）能对食物中毒进行紧急处理及预防。

素养目标：（1）培养照护者敏锐地觉察婴幼儿的变化，识别食物中毒症状。

（2）重视饮食安全，确保婴幼儿身心健康。

三、知识储备

（一）婴幼儿食物中毒的类型

食物中毒的主要类型如下：

（1）细菌性食物中毒：属于临床常见食物中毒类型，由于食材保存不当、烹调不当、生熟没有分开或食用隔夜的剩饭、剩菜等导致。通常在夏秋季发病，因为在高温、高湿环境下，食物容易滋生细菌，主要以腹痛、腹泻、恶心、呕吐等消化道症状为主。虽然发病率高，但预后良好，经过治疗在2~3天均能明显缓解。

（2）真菌性食物中毒：主要见于腐败、变质的食物中，且普通烹调方法无法破坏毒素，如霉变的甘蔗、花生或玉米等。

（3）化学性食物中毒：主要包括农药类（如有机磷农药污染的食物）、工业化学物质

（如亚硝酸盐、甲醇假酒）、家庭化学药（如误食清洁剂等）。

（4）动物性食物中毒：主要由动物性食品引起，如河豚毒素中毒。

（5）植物性食物中毒：误食有毒植物（如毒蘑菇、曼陀罗）

此外，少数食物中毒原因不明，以上五类均属于食物中毒范畴。

（二）食物中毒的临床表现

虽然食物中毒的原因不同，症状各异，但一般都具有以下流行病学和临床特征：

（1）潜伏期短：一般从几分钟到几小时，食入被污染食物后，短时间内家中出现大量病例；发病迅速，短时间内病例高峰，呈暴发流行趋势。

（2）临床表现相似：主要表现为急性胃肠道症状。

（3）与特定食物有关：病人在近期同一段时间内都食用过同一种"污染食物"，发病范围与食物分布呈一致性，不食者不发病，停止食用该种食物后很快不再有新病例。

（4）无传染性：一般人与人之间不传染。发病曲线呈骤升骤降的趋势，没有传染病流行时发病曲线的余波。

（5）季节性明显：夏秋季多发生细菌性和有毒动植物食物中毒；冬春季多发生肉毒中毒和亚硝酸盐中毒等。

食物中毒具体表现为恶心、呕吐、腹痛、腹泻、发热、脱水、休克、代谢性酸中毒等。

（三）发生食物中毒的紧急处理

食物中毒的处理原则：停止进食，留样待测。当怀疑食物中毒时，应立即停止继续进食，并妥善保存剩余食物。迅速判断，分类处理。对发生中毒的轻症患儿可尝试催吐法，以尽快排出有毒物质，重症患儿应立即送往医院救治处理。

食物中毒的紧急救治办法，可概括为：催吐、洗胃、导泻、解毒、补液。

（1）催吐：如婴幼儿中毒时间较短（通常在食入毒物 1~2 小时内），且无明显呕吐症状，可采用此法。最简单的，可用食指、筷子或压舌板刺激舌根诱发呕吐，呕吐胃内未吸收的食物残渣。若食物黏稠，可先饮用 500 mL 清水稀释后再进行催吐，将胃内残存的有毒食品吐出。对神志不清的患儿禁用此法。

（2）洗胃：重症患儿应及时送往医院，由医护人员插胃管，用清水或碳酸氢钠溶液反复洗胃，直到将所有的胃内容物洗干净。洗出的胃内容物及时送检，可以帮助明确食物中毒的毒素，寻找有效的特效解毒药。

（3）导泻：如果食入毒物超过 2 小时，且精神尚好，则可服用导泻药（如硫酸钠或硫酸镁等），将胃肠道内有毒物体尽快排出体外。若婴幼儿已出现严重腹泻，禁用导泻剂。

（4）解毒：谨遵医嘱，服用药物，通过特效解毒药，如有机磷中毒用碘解磷定/氯解磷定；酒精中毒用纳洛酮。

（5）补液、抗炎、抗休克：严重脱水者需补充电解质（如服口服补液盐或糖盐水），并行抗炎、抗休克治疗。剧烈腹痛者，可予解痉镇痛。

（四）婴幼儿食物中毒的回应性照护要点

如果婴幼儿食物中毒，可从以下方面进行回应性照护：

（1）一旦发现婴幼儿出现恶心、呕吐、腹泻、腹痛、发热等疑似食物中毒的症状，应立即观察并详细记录症状，以便就医时向医生详细描述。尽管情况紧急，但家长需保持冷静，避免过度慌乱，以便能够更有效地处理问题和照顾婴幼儿。

（2）在送医前，可以尝试让婴幼儿喝一些温水，但避免强迫其进食或饮水。如果婴幼儿能够自行呕吐，应让其自然吐出胃内容物，但切勿强行催吐。

（3）确保充分休息，避免过度劳累。在病情允许的情况下，可以适当进行一些轻松的活动，如散步、做简单的游戏等，以促进身体恢复。

（4）食物中毒可能导致婴幼儿焦虑或恐惧，照护者应给予婴幼儿足够的关爱和安慰，通过安抚和陪伴缓解情绪，保持积极的心态。

四、任务实施

（一）任务分析

照护者应该立即观察朋朋的精神状态，并监测其面色、呼吸频率和体温等生命体征。同时详细询问托育机构朋朋的饮食情况，包括吃了什么食物、进食量、进食时间等，以及是否接触过其他可能导致不适的物品。鉴于朋朋出现食欲不振、拉肚子、呕吐和发烧症状，高度怀疑食物中毒。

任务：作为照护者，请采取正确的紧急处理措施。

要求：准备8分钟，测试时间8分钟。

（二）任务操作

教师示范操作，学生分组练习。

1. 准备工作

1）个人准备

自身准备：着装整洁、修剪指甲、去除首饰、洗净双手、仪容仪表符合职业要求。

2）环境准备

室内干净、整洁、安全，且温湿度及光线、声音强度适宜。

3）物品准备

扫描二维码获取食物中毒紧急救护的用物清单。

2. 实施步骤

面对朋朋的情况，作为照护者，应迅速而冷静地采取以下紧急处理措施，确保孩子的安全与健康。

1）停止进食，留样待测

立即停止让朋朋进食任何食物或饮料，以免加重肠胃负担或影响后续的诊断和治疗。如果晚餐中有剩余食物，应妥善留样并放入冰箱保存，供后续食品检测。

2）催吐（视情况而定）

在病因未明确时，不建议自行催吐，不当催吐可能对孩子造成伤害，且腐蚀性物质中毒等情况下属禁忌。若明确摄入有毒物质且时间在2小时内，可尝试催吐。

食物中毒
紧急救护的
用物清单

3）采取导泄措施

若毒物超过 2 小时且精神尚可，可尝试服用导泻药（如硫酸钠或硫酸镁等），促进毒物体尽快排出体外。若患儿已经出现中毒性腹泻，则不能使用此法，以免加重脱水或电解质紊乱。

4）立即送医

朋朋出现高热、呕吐、腹泻及全身无力，提示病情危重，须立即拨打急救电话或送急诊。途中保持患儿平卧，观察其意识与呼吸，避免剧烈晃动。

5）补液（在送医前可尝试，但应谨慎）

若患儿能够少量饮水且不引起呕吐，可少量服用按比例调配的口服补液盐（ORS），补充水分和电解质。注意小口慢饮，避免呛咳或呕吐。

6）清洁、消毒

送医后，应对孩子接触过的物品（如餐具、玩具、衣物等）进行彻底的清洁和消毒，以防交叉感染。使用温和的清洁剂和热水清洗，并在阳光下晾晒或使用紫外线进行消毒。

7）后续跟进

治疗后，需严格遵医嘱用药、复查。饮食上先予米汤、粥类等流质食物，逐步恢复常态，避免生冷油腻。同时加强卫生宣教，预防复发。

五、任务评价

从自评、他评和教师评价等角度对任务实施过程进行点评（见表 8-1）。

赛证真题 8-1

表 8-1　任务实施评价表

项目	操作要求		回应性照护要点 / 说明	是否做到
操作准备	自身准备：着装整洁、修剪指甲、去除首饰、洗净双手、仪容仪表符合职业要求		语言流畅，语音标准，态度亲和，陈述完整	□是□否
	环境准备：室内干净、整洁、安全，且温湿度及光线、声音强度适宜			□是□否
	物品准备：物品准备齐全，放置合理			□是□否
	婴幼儿评估：婴幼儿身体状况及精神状态，识别婴幼儿中毒情况（发热、呕吐等），查看进食记录，确认进食的食物和时间		关注婴幼儿，与婴幼儿有效沟通互动	□是□否
操作过程	停止进食，留样待测	立即停止让患儿进食任何食物或饮料，以免加重肠胃负担或影响后续的诊断和治疗。如果晚餐中有剩余食物，应妥善留样并放入冰箱保存，以便供后续食品检测		□是□否
	催吐	若确实怀疑孩子摄入了有毒物质，且时间在 2 小时内，应立即尝试催吐	视情况而定	□是□否

续表

项目		操作要求	回应性照护要点/说明	是否做到
操作过程	采取导泻措施	若食入毒物超过2小时，且精神尚可，则可服用导泻药（如硫酸钠或硫酸镁等），将胃肠道内有毒物体尽快排出体外 若患儿已经出现中毒性腹泻，则不能使用此法		□是□否
	立即送医	若患儿出现高热、呕吐、腹泻及全身无力，提示病情危重，需立即拨打急救电话或送急诊 在送医途中，注意观察患儿的意识状态，保持其呼吸道通畅，并尽量安抚其情绪	紧密关注患儿情况变化	□是□否
	补液	如果患儿能够少量饮水且不引起呕吐，可以尝试给予口服补液盐（ORS），以补充水分和电解质。注意小口慢饮，避免呛咳或呕吐		□是□否
	清洁、消毒	在送医后，应对患儿接触过的物品（如餐具、玩具、衣物等）进行彻底的清洁和消毒，以防交叉感染。使用温和的清洁剂和热水清洗，并在阳光下晾晒或使用紫外线进行消毒		□是□否
	后续跟进	治疗后需严格遵医嘱用药、复查。注意患儿的饮食调整，初期应以清淡、易消化的流质或半流质食物为主，逐步恢复正常饮食 加强卫生宣教，预防复发		□是□否
操作整理		记录救护过程的情况等 整理现场用物，清理呕吐物，清洁环境，洗手 注意：失去意识的婴幼儿不能催吐，避免呕吐物被吸入气道里，造成窒息	操作规范，动作熟练，过程清晰有序	□是□否

任务二　婴幼儿触电的现场救护

一、任务情境

　　3岁的乐乐在奶奶家玩耍，奶奶家的老房子电线有些老化。乐乐在追逐皮球时，不小心将客厅角落一个旧台灯碰倒，台灯电线插头断开，露出金属部分。出于好奇，乐乐伸手去摸，瞬间触电，身体颤抖了几下后摔倒在地，奶奶闻声赶来，发现了这一紧急情况。

　　请问奶奶应如何正确处理乐乐的危险情况？

二、任务目标

　　知识目标：（1）了解并掌握电击伤的常见表现和作用机制。
　　　　　　　　（2）掌握婴幼儿触电的预防措施。
　　技能目标：能迅速实施触电婴幼儿的现场救护处理。
　　素养目标：（1）培养照护者创设良好养育环境的耐心和责任心。
　　　　　　　　（2）培养照护者较强的防范意识。

三、知识储备

（一）婴幼儿触电的常见原因

　　触电是因电流通过人体导致的组织或器官损伤。随着社会现代化程度的加快，婴幼儿在日常生活中与电接触的机会越来越多，触电的原因常常是用手触摸电器、电源插孔或手抓电线的断端，偶有雨天在树下避雨时遭到雷击。婴幼儿触电事故的常见根源归纳如下：

　　（1）不当接触电源插孔及电器设备：婴幼儿可能出于好奇，使用手指或借助金属工具插入电源插孔，或触碰破损的电线、开关、插座等带电设备，导致触电。

　　（2）缺乏安全防护的工业与农业用电环境：工农业临时用电场所中，若电线裸露、电箱未上锁或未安装漏电保护装置，婴幼儿易接触带电部件而触电。

（3）电线断裂与跨步电压风险：断裂电线坠落地面后，婴幼儿若接触到断裂端或绝缘层破损部位，或误入跨步电压区域，均可能遭受电击伤害。

（4）户外活动中的安全隐患：放风筝时，若风筝线缠绕电线，或攀爬电线杆并玩弄电线，均可能导致触电。

（5）雷雨天气下的不当避雨行为：在雷雨天气，婴幼儿若选择在树林、高大建筑物下避雨，或在野外行走，可能用雷电经导体（如树木、金属物）传导而遭雷击。

（二）触电的常见症状与分类

触电对人体的伤害程度与接触时间、电流强度、电压密切相关。症状轻时可出现惊吓、心悸、面色苍白、头晕、乏力；症状重时可出现昏迷、强直性肌肉收缩心律失常、休克、心脏骤停、死亡，可伴有皮肤电灼伤、组织焦化或炭化。

根据临床表现可以分为电击伤、电热灼伤、闪电损伤三种。

（1）电击伤：电流流经人体可导致组织损伤和功能障碍。轻者表现为惊吓、反应迟钝、面色苍白及局部灼痛，可能有头晕、心动过速和全身乏力。重者出现昏迷、持续抽搐、心室颤动，甚至呼吸心脏骤停，若未及时抢救可致死。

（2）电热灼伤：主要表现为电接触烧伤。人体的组织具有不同电阻，电流通过后，产生热能，造成人体烧伤。电压越高，灼烧程度越严重。常有入口和出口两个创面，皮肤入口灼伤比出口灼伤处严重。不能单从体表皮肤损伤范围估计电损伤范围和严重程度。

（3）闪电损伤：当人被闪电击中时，心跳和呼吸常立即停止，伴有心肌损害，皮肤血管收缩呈网状图案，是闪电损伤的特征。其他临床表现与高压电损伤相似。另外，还可能出现骨折、失明、短期精神失常、肢体瘫痪、流产等相关伴随症状。

（三）发生触电受伤的紧急处理

触电受伤的处理原则：

（1）迅速。立即切断电源，保证急救现场的安全。

（2）就地。立刻进行现场评估、救治。

（3）准确。尽快实施心肺复苏，动作、部位准确。

知识链接
低压电源触电后切断电源的方法

（4）坚持。严密观察病情，防治各种并发症，诊断、抢救致命的合并伤，持续抢救至生命体征恢复或由专业医疗人员接手。注：曾有病例通过持续 7 小时抢救成功复苏。

（5）尽早。越早施救，成活率越高。

触电受伤的紧急救治办法主要包括观察情况、现场伤情评估、急救处理、送医救治。

（1）观察情况。当发现有人触电时，救护者必须首先确定，救助行动不会使自己处于触电危险中。因此，先帮助患者脱离电源，待现场安全时（即已经消除触电危险），再实施急救。实施急救措施的同时，可呼救他人协助并立刻拨打 120 电话。

（2）现场伤情评估。通过查体与询问，尽最大可能确定电击伤伤员年龄、性别、意识状态、气道是否畅通，有无呼吸困难，循环体征是否稳定，有无致命性内脏损伤，有无神经系统损伤，受伤位置、程度及面积，有无排尿及尿液色、量变化。

知识拓展

初次评估过程中的处理顺序

A 保持气道畅通及颈椎正常；

B 保持呼吸和通气；

C 循环和控制出血；

D 神经系统损伤评估；

E 暴露和环境（除非有低温的风险，否则完全脱去伤员衣服检查）。

（3）现场急救处理。触电受伤现场急救是救治的关键。如果无自主呼吸或循环，立即开始基础生命支持，包括通知医疗急救服务系统、迅速开始心肺复苏（CPR）。

当医疗人员未到现场时：如果患者尚有自主呼吸，应注意保持气道通畅；如果有头或颈创伤，解救和治疗时要维持脊椎稳定；脱掉烧焦的衣服、鞋子和皮带，可防止进一步热损伤，但也应该注意避免撕扯皮肤或妨碍脊椎稳定；对于心脏骤停患者，单人或多人轮流协作进行心肺复苏（CPR），如果周围有自动体外除颤器（AED）设备，可尝试应用。

（4）送医救治。未恢复自主循环的患者应进行长时间心肺复苏，并根据临床判断来确定心肺复苏应持续多长时间；严密观察患者病情变化，防治各种并发症；对轻症者及心肺复苏成功者，应持续进行心电、呼吸、血压监护和肝肾功能监测，及时发现心律失常和高钾血症，纠正水、电解质和酸碱失衡；预防破伤风；注意创面的卫生，防止感染，有继发感染者，给予抗生素治疗。

（四）触电受伤的预防

触电受伤通常发生在工作或生活中因违反用电操作规范或误操作用电设备而造成的。雷雨天气、地震、火灾、电线老化、电器漏电等环境或设备因素也会造成意外电击伤。因此，对于触电受伤的预防建议如下：

（1）教育婴幼儿不湿手触碰开关和插座。在生活中，有很多人刚洗完手，就去触碰各种电器的开关，这是非常危险的做法。众所周知，水不仅容易导电，而且具有流动性，容易进入到开关插座的缝隙中，引发触电。

（2）不用湿抹布擦洗电器。在打扫卫生的时候，用湿抹布擦电器是一件很常见的事。但是，这和用湿手触碰开关和插座一样，也是一件非常危险的事情，极易造成触电。因此最好用干抹布擦洗电器。

（3）电路故障后，立即报修。在生活和工作中，难免会遇到电路发生故障的情况，比如保险丝断开等。此时不要自己动手修理，毕竟不是专业的人，很容易因为操作不当而触电。因此，遇到这种情况，正确的方法就是报修，请专业人士来帮忙处理，以免发生意外。

四、任务实施

（一）任务分析

依据所学知识，判断乐乐可能受到的是电击伤，观察乐乐的面色、呼吸、心跳等生命体征。若乐乐出现昏迷、呼吸微弱或心脏骤停，表明情况十分危急；若只是惊吓、面色苍白、皮肤有轻微灼伤，相对情况稍好，但仍需重视。

任务：作为照护者，请采取正确的紧急处理措施。

要求：准备 8 分钟，测试时间 8 分钟。

（二）任务操作

教师示范操作，学生分组练习。

1. 准备工作

1）个人准备

自身准备：着装整洁、修剪指甲、去除首饰、洗净双手、仪容仪表符合职业要求。

2）环境准备

室内干净、整洁、安全且温湿度及光线、声音强度适宜。

3）物品准备

实训操作时，需要的用物清单可扫描二维码获取。

触电受伤救护的用物清单

2. 实施步骤

作为在场的照护者，应立即采取以下紧急处理措施。

（1）迅速切断电源：首先，迅速而冷静地观察周围环境，确认安全后，立即拉下最近的电源开关或拔掉电源插头，彻底切断电源，确保乐乐不再受到电流的伤害，并防止自己触电。

（2）观察情况与评估伤情：在确保电源已切断、现场安全后，迅速检查乐乐意识是否清醒、气道是否畅通，以及是否有呼吸困难或循环体征不稳定等紧急情况。同时，初步评估触电部位、程度及面积，注意是否有烧焦的衣物或皮肤损伤。

（3）急救处理：发现乐乐虽受惊吓但意识清醒，呼吸和循环稳定，立即将她移至安全地带，避免进一步伤害。如有衣物烧焦，轻手帮她脱去烧焦的衣物，避免撕扯皮肤。由于乐乐没有出现心脏骤停等严重情况，照护者主要关注她的情绪安抚，并用干净的布轻轻擦拭触电部位的皮肤，保持清洁。

（4）呼救与送医：在进行初步急救处理的同时，应立即拨打 120 急救电话，简要说明情况并请求医疗援助。随后，每 5 分钟检查意识、呼吸、脉搏，通过对话安抚情绪，直到医疗人员到达现场。

（5）持续监护与后续治疗：在医疗人员到达后，详细描述事故经过及已采取的急救措施，并协助医护人员将乐乐安全送往医院接受进一步治疗。

五、任务评价

从自评、他评和教师评价等角度对任务实施过程进行点评（见表 8-2）。

赛证真题 8-2

表 8-2　任务实施评价表

项目		操作要求	回应性照护要点 / 说明	是否做到
操作准备		自身准备：着装整洁、修剪指甲、去除首饰、洗净双手、仪容仪表符合职业要求	语言流畅，语音标准，态度亲和，陈述完整	□是□否
		环境准备：室内干净、整洁、安全，且温湿度及光线、声音强度适宜		□是□否
		物品准备：物品准备齐全，放置合理		□是□否
		婴幼儿评估：检查婴幼儿身体状况及精神状态，以及触电部位、程度及面积，注意是否有烧焦的衣物或皮肤损伤	关注婴幼儿反应，与婴幼儿有效沟通、互动	□是□否
操作过程	迅速切断电源	迅速而冷静地观察周围环境，确认安全后，立即拉下最近的电源开关或拔掉电源插头，彻底切断电源，确保患儿不再受到电流的伤害，并防止自己触电		□是□否
	观察情况与评估伤情	在确保电源已切断、现场安全后，迅速接近患儿，检查意识是否清醒、气道是否畅通，以及是否有呼吸困难或循环体征不稳定等紧急情况。同时，初步评估触电部位、程度及面积，注意是否有烧焦的衣物或皮肤损伤	视情况而定	□是□否
	急救处理	发现患儿意识清醒，呼吸和循环稳定，应立即将其移至安全地带，避免其进一步受到伤害。如果患儿有衣物烧焦，需轻手帮她脱去烧焦的衣物，注意避免撕扯皮肤。鉴于患儿没有出现心脏骤停等严重情况，照护者主要关注她的情绪安抚，并用干净的布轻轻擦拭触电部位的皮肤，保持其清洁		□是□否
	呼救与送医	在进行初步急救处理的同时，应立即拨打 120 急救电话，简要说明情况并请求医疗援助。随后，每 5 分钟检查意识、呼吸、脉搏，通过对话安抚情绪，直到医疗人员到达现场	紧密关注患儿情况变化	□是□否
	持续监护与后续治疗	在医疗人员到达后，详细描述事故经过及已采取的急救措施，并协助医护人员将患儿安全送往医院接受进一步治疗		□是□否

项目	操作要求	回应性照护 要点/说明	是否做到
操作 整理	整理现场用物 记录救护过程的情况等 注意：当医疗人员未到现场时，如果患儿尚有自主呼吸，应注意保持气道通畅；如果有头或颈创伤，解救和治疗时要维持脊椎稳定；脱掉烧焦的衣服、鞋子和皮带，可防止进一步热损伤，但也应该注意避免撕扯皮肤或妨碍脊椎稳定	操作规范，动作熟练，过程清晰有序	□是□否

任务三　婴幼儿高热惊厥的紧急处理

一、任务情境

　　乐乐，2.5岁，平时活泼好动，今天午后在家玩耍时突然显得异常烦躁，不久便开始出现体温升高，妈妈用体温计测量发现已烧至39.2℃。家人正准备给他服用退烧药时，乐乐突然全身僵硬，双眼上翻，四肢开始不自主地抽动，口唇发紫，意识丧失，持续了几十秒至一分钟后停止，但随后又反复出现了两次类似的症状，家人惊慌失措，意识到乐乐可能是发生了高热惊厥。

　　作为照护者请采取正确的紧急处理措施。

二、任务目标

　　知识目标：（1）了解高热惊厥的发病机制及症状表现。

　　　　　　　　（2）掌握高热惊厥的紧急处理步骤。

　　技能目标：（1）能够识别婴幼儿高热惊厥的全身性发作症状和局灶性发作症状。

　　　　　　　　（2）能正确处理高热惊厥婴幼儿的紧急救护。

　　素养目标：（1）在处理高热惊厥婴幼儿时，始终保持关爱、耐心的态度，将患儿的安全和健康放在首位，避免因紧张或慌乱而对患儿造成二次伤害。

　　　　　　　　（2）具备冷静、沉稳的职业素养，在面对紧急情况时，能够迅速做出判断，有条不紊地开展急救工作，不慌乱、不急躁。

三、知识储备

（一）高热惊厥的症状表现及诊断依据

　　高热惊厥，也称为热性惊厥，是指婴幼儿在呼吸道感染或其他感染性疾病早期，体温升高≥39℃时发生的惊厥，并排除颅内感染及其他导致惊厥的器质性或代谢性疾病。简单来说，就是婴幼儿在发烧的时候突然出现抽搐的现象。

1. 高热惊厥的症状表现

全身性发作是高热惊厥中最为常见的发作类型。在发作时，婴幼儿会突然失去意识，这是因为大脑的正常功能受到了惊厥的强烈干扰。同时，头会不受控制地向后仰，呈现出一种强直性的姿态，这是由颈部和背部肌肉的强烈收缩所致。双眼上翻或凝视，眼神空洞无神，仿佛对周围的一切毫无感知。牙关紧闭，这是为了防止舌头咬伤，但也可能导致口腔分泌物积聚，因此需要及时清理，避免窒息风险。口吐白沫也是常见症状之一，这是由于口腔和呼吸道的分泌物增多，在呼吸和肌肉运动的作用下形成泡沫状物质排出体外。四肢会出现强直或阵挛性抽搐，强直时，四肢肌肉僵硬，如同被固定住一般；阵挛时，则表现为快速、有节奏地收缩与放松，像是在剧烈抖动。这种抽搐通常持续数秒至数分钟不等，发作强度和持续时间会因婴幼儿个体差异而有所不同。发作结束后，婴幼儿往往会陷入嗜睡状态，这是因为身体在经历了强烈的应激反应后，需要通过睡眠来恢复体力和调整身体机能。

相较于全身性发作，局限性发作相对少见。它主要表现为身体某一局部的抽搐，比如一侧肢体，可能是手臂或腿部不自主地抖动，或者是面部某一区域，如嘴角、眼睑等部位的肌肉抽搐。在局限性发作时，患儿的意识可能不完全丧失，他们或许还能对周围的声音、触摸等刺激做出一定反应，但因为局部肌肉的异常活动，会显得有些痛苦和不安。这种局限性发作有时可能只是全身性发作的初期表现，如果病情没有得到有效控制，很可能会发展为全身性发作。

2. 高热惊厥的诊断依据

高热惊厥的诊断依据主要基于病史、症状表现、体格检查以及辅助检查等多个方面，具体如下：

（1）发病年龄多为6个月至4岁。

（2）惊厥发生于上呼吸道感染或其他感染性疾病早期，体温升高至≥39℃时。

（3）惊厥持续约10秒钟至数分钟，很少超过10分钟，少数会持续30分钟。多发作1次，两次情况较少。

（4）惊厥为全身性对称发作（婴幼儿可不对称），发作时意识丧失，过后意识恢复快，无中枢神经系统异常。

（5）脑电图于惊厥2周后恢复正常。

（6）预后良好。

（7）既往有高热惊厥史。

（二）高热惊厥的病因

幼儿高热惊厥与神经系统发育不完善、遗传、感染等因素有关。婴幼儿的大脑皮质发育尚未成熟，分析、鉴别和抑制能力较差，在受到高热刺激时，容易使神经细胞异常放电，从而引发惊厥。部分高热惊厥婴幼儿有家族遗传倾向，如果家族中有高热惊厥或癫痫病史，婴幼儿发生高热惊厥的概率会相对增加。多数高热惊厥是由病毒或细菌感染引起的，如常见的上呼吸道感染、肺炎、幼儿急疹等疾病。

（三）高热惊厥的紧急处理

高热惊厥的紧急救治办法可概括为迅速控制、预防窒息、预防外伤、物理降温、密切观察并送医救治、整理记录。

（1）迅速控制：患儿惊厥发作时，保持安静，避免嘈杂的声音和强光刺激，减少外界因素对患儿的不良影响，就地进行抢救。

（2）预防窒息：立即将患儿平卧，头偏向一侧；解开患儿衣领、裤带；用纱布及时清除患儿口腔、鼻腔分泌物和呕吐物，保持呼吸道通畅。

（3）预防外伤：将纱布放于患儿手下或腋下，防止患儿皮肤摩擦受损；移开患儿床上硬物，防止碰伤；床边加设床栏，防止患儿出现外伤或坠床；不要强行用力按压或牵拉其肢体，以防外力造成肢体脱臼或骨折。

（4）物理降温：根据患儿高热情况，在患儿前额、颈部、手心、腋窝、腹股沟等血管丰富部位进行擦拭，擦拭动作均匀、适度，每个部位擦拭时间不少于30秒。

（5）密切观察并送医救治：密切观察患儿生命体征，意识状态、瞳孔的变化，做好记录。发作缓解后，迅速将患儿送医院检查治疗，防止再次发作。

（6）整理记录：处理后，整理用物，洗手，记录病情发作、持续时间和救护过程。

需要注意的是，如果患者出现高热惊厥且意识丧失时，不应强行喂水及药物，避免误吸。保持患儿口腔及皮肤清洁，如患儿出汗较多，应及时更换衣服。操作中动作轻柔，注意保护患儿安全。在送患儿去医院的途中，要保持患儿平稳安静，不要用力摇晃患儿，以免不良刺激加重患儿病情。如已加用药物预防治疗，一定要遵照医嘱按时按量服药，避免自行停服或漏服。

思政专栏

重症病护室里的"临时妈妈"

2020年春节，在万家团圆的时刻，一群最美"逆行者"舍小家、保大家，不畏艰险，用自己的坚守和初心践行着南丁格尔精神。在武汉儿童医院重症患儿病房里，5名精干护士组成的医护团队成为这里的"临时妈妈"。她们轮流值班，24小时监护着患病婴儿的生命体征，不放过任何一点病情变化。曾有一名患儿高烧不退，出现全身抽搐、双眼上翻、口唇青紫等症状，并伴随精神恍惚。护士们迅速判断为高热惊厥，立即解开孩子衣领，使其去枕平卧，头偏向一侧，同时清理口鼻分泌物以防误吸窒息，并给予吸氧以提高血氧浓度，减少脑水肿，改善脑细胞缺氧。得益于及时发现和科学救治，孩子很快脱离了危险。正是这群有责任、有担当、有爱心的婴幼儿照护者的无私奉献，才让爱与希望得以延续，为守护生命健康贡献了温暖力量。

（四）高热惊厥的预防

婴幼儿高热惊厥比较常见，照护者可从日常护理、预防感染、监测体温、预防性用药等方面进行预防。

（1）平时要注意根据气温变化及时为孩子增减衣物，避免孩子过热或受凉。保证孩子有充足的睡眠，合理安排作息时间，增强孩子的免疫力。同时，鼓励孩子适当进行户外活动，多晒太阳，促进钙的吸收，这也有助于提高身体素质。

（2）日常生活管理重在预防发作及发作后的紧急救治，因此在季节交替、气温变化较大时，应格外关注婴幼儿体温，早期识别并积极使用退热药物或物理降温，避免体温上升到38℃以上，可有效预防本病发作。

（3）在传染病流行季节，尽量避免带孩子前往人员密集、空气不流通的场所，如商场、电影院等。如果必须前往，最好佩戴口罩。注意孩子的个人卫生，教导孩子勤洗手，尤其是在饭前便后，防止病菌传播。保持家庭环境的清洁卫生，定期通风换气，减少病菌滋生。

（4）当孩子出现发热症状时，应密切监测体温变化。一旦体温达到38℃，可及时采取物理降温措施，如用温水擦拭孩子的身体，重点擦拭额头、颈部、腋窝、腹股沟等大血管丰富的部位，通过水分蒸发带走热量。如果物理降温效果不佳，可根据医生建议，及时给予退烧药，如对乙酰氨基酚或布洛芬等，将体温控制在38℃以下，以降低惊厥发作的风险。

（5）对于有高热惊厥反复发作史，且发作频繁（每年发作≥5次）的孩子，医生可能会根据具体情况，建议在发热初期预防性使用抗惊厥药物，如地西泮等。但此类药物的使用需严格遵循医嘱，家长不可自行增减药量或停药。

四、任务实施

（一）任务分析

乐乐2.5岁，该阶段孩子神经系统发育不完善，大脑皮质抑制功能差，高热刺激易引发神经细胞异常放电，像2.5岁的乐乐就处于这个高发年龄段。乐乐午后发烧至39.2℃，随后发生惊厥，符合高热惊厥的发热条件。乐乐全身僵硬、双眼上翻、四肢不自主抽动、口唇发紫、意识丧失，与全面性发作症状相符。因此，可判断为热性惊厥，需要做紧急救治处理。

任务：作为照护者，请采取正确的紧急处理措施。

要求：准备8分钟，测试时间8分钟。

（二）任务操作

教师示范操作，学生分组练习。

1. 准备工作

1）个人准备

自身准备：着装整洁、修剪指甲、去除首饰、洗净双手、仪容仪表符合职业要求。

2）环境准备

室内干净、整洁、安全、温湿度及光线、声音强度适宜。

高热惊厥
紧急处理的
用物清单

3）物品准备

实训操作时，需要的用物清单可扫描二维码获取。

2. 实施步骤

面对乐乐的情况，作为照护者，应迅速而冷静地采取以下紧急处理措施：

（1）迅速控制：乐乐在出现惊厥症状时，照护者应保持冷静并迅速判断情况，就地实施抢救，避免移动可能加剧病情。此时，应确保周围环境安全，减少外界刺激。

（2）预防窒息：乐乐惊厥发作时，照护者应立即将他平卧，头偏向一侧，以防止呕吐物或分泌物堵塞呼吸道。同时，解开衣领、裤带，确保呼吸道畅通无阻。如果乐乐口中有分泌物或呕吐物，应使用纱布或干净的布轻轻清除，避免用力过猛。

（3）预防外伤：为防止乐乐在惊厥过程中受伤，照护者应在他的手腕或腋下放置纱布，以减少皮肤摩擦。切记不要强行用力按压或牵拉肢体，以免造成肢体脱臼或骨折。

（4）物理降温：在确认发热后2分钟内，照护者开始用湿毛巾在额头、颈部、腋窝、腹股沟等部位进行擦拭。

（5）密切观察并送医救治：乐乐惊厥缓解后，照护者应密切观察他的生命体征、意识状态和瞳孔变化，并做好记录。一旦发现异常或惊厥再次发作，应立即拨打急救电话或送医治疗。送医途中，继续监测乐乐的状况，并向医生详细描述病情和急救过程。

（6）整理记录：在乐乐得到妥善救治后，照护者应整理好急救过程中使用的物品，保持环境整洁。同时，洗手消毒以防止交叉感染。最后，记录乐乐的病情发作时间、持续时间和救护过程，以便后续治疗和复查时参考。

五、任务评价

从自评、他评和教师评价等角度对任务实施过程进行点评（见表8-3）。

赛证真题
8-3

表8-3 任务实施评价表

项目		操作要求	回应性照护要点/说明	是否做到
操作准备		自身准备：着装整洁、修剪指甲、去除首饰、洗净双手、仪容仪表符合职业要求	语言流畅，语音标准，态度亲和，陈述完整	□是 □否
		环境准备：周围环境安静、光线柔和，避免嘈杂的声音和强光刺激，减少外界因素对患儿的不良影响，让患儿在相对舒适的环境中接受救治	减少环境刺激	□是 □否
		物品准备：物品准备齐全，放置合理	—	□是 □否
		婴幼儿评估：观察婴幼儿生命体征、意识状态及惊厥发作程度和伴随症状、有无发生外伤、窒息的危险	关注婴幼儿，与婴幼儿有效沟通互动	□是 □否
操作过程	迅速控制	患儿在出现惊厥症状时，家人应保持冷静并迅速判断情况，就地进行抢救，避免移动可能加剧病情	—	□是 □否

项目		操作要求	回应性照护要点/说明	是否做到
操作过程	预防窒息	惊厥发生后的 1 分钟内，迅速将患儿轻柔且平稳地放置成平卧状态；随即，将患儿头部准确地偏向一侧，动作需流畅，避免过度晃动患儿头部，确保口腔分泌物能不受阻碍地自然流出，预防误吸情况发生	在整个救治过程中，即便患儿惊厥发作意识不清，也要用温和、轻柔的语气与患儿说话。比如轻声说"宝宝别怕，我们在帮你"，让患儿在潜意识中感受到安抚，减轻其恐惧和不安情绪	□是□否
		在完成体位摆放后的 30 秒内，果断且熟练地解开患儿的衣领、腰带等束缚物，动作要小心，防止刮伤患儿皮肤		□是□否
		若在观察到患儿口腔有分泌物时，能在 1 分钟内，使用干净柔软的纱布或毛巾等物品，轻柔地清理口腔分泌物，保持口腔清洁，避免分泌物堵塞气道		□是□否
	预防外伤	在整个惊厥发作过程中，始终未对患儿抽搐的肢体进行强行按压，理解强行按压可能导致骨折或脱白等严重后果，能克制并采取正确的保护措施		□是□否
		若在患儿牙关未紧闭时，能及时（在发现可操作时机的 30 秒内）、准确地将牙垫或用纱布包裹好的压舌板等合适物品放置在患儿上下牙齿之间，动作轻柔，避免损伤患儿口腔黏膜		□是□否
		在发现患儿惊厥后的 1 分钟内，快速清理患儿周围可能造成伤害的物品，如尖锐物品、硬物等，确保患儿在安全的空间内抽搐，避免碰撞受伤		□是□否
	物理降温	在确认患儿发热后 2 分钟内，在额头、颈部、腋窝、腹股沟等大血管丰富的部位进行擦拭，擦拭动作需均匀、适度，每个部位擦拭时间不少于 30 秒		□是□否
	密切观察并送医救治	患儿惊厥缓解后，应密切观察他的生命体征、意识状态和瞳孔变化，并做好记录。一旦发现异常或惊厥再次发作，应立即拨打急救电话或送医治疗。送医途中，继续监测患儿的状况，并向医生详细描述病情和急救过程	在不影响救治操作的前提下，轻轻握住患儿的手或轻抚其额头，通过肢体接触给予患儿安全感。这种身体上的安抚能让患儿感受到关怀，稳定其情绪	□是□否
操作整理		记录病情发作、持续时间和救护过程，以便后续治疗和复查时参考 整理好急救过程中使用的物品，保持环境整洁 洗手消毒	操作规范，动作熟练，过程清晰有序	□是□否

任务四　海姆立克急救和心肺复苏技术

一、任务情境

　　一个阳光明媚的下午，李女士正在家中独自照顾她1.5岁的儿子小宝。小宝活泼好动，在客厅的地毯上玩耍。李女士正给小宝喂一些切碎的水果作为下午茶。然而，就在李女士转身去取纸巾的短暂瞬间，小宝突然抓起一块较大的苹果块塞进了嘴里。小宝试图咀嚼，但显然苹果块对他来说太大了，他瞬间被噎住，小脸憋得通红，双手乱抓，发出"呜呜"的求救声。李女士见状，立刻意识到小宝被异物卡喉了，她惊慌失措地冲向小宝，试图从背后抱住他进行海姆立克急救，但由于紧张和手法不熟练，几次尝试都未能成功将异物排出。随着时间的推移，小宝的呼吸越来越困难，脸色由红转紫，逐渐失去了意识。李女士意识到情况不妙，她一边继续尝试急救，一边大声呼救。然而，就在这紧要关头，小宝的心跳突然停止，整个人陷入了昏迷状态。如果你在现场作为照护者，请运用相关知识实施急救。

二、任务目标

　　知识目标：（1）掌握婴幼儿异物卡喉和心脏骤停的临床表现。
　　　　　　　　（2）掌握海姆立克急救法和心肺复苏术的原理。
　　技能目标：（1）能识别婴幼儿异物卡喉和心脏骤停的症状，根据临床表现作出判断。
　　　　　　　　（2）能熟练运用婴幼儿海姆立克急救法以及心肺复苏技术。
　　素养目标：（1）培养关爱婴幼儿的人文素养，在急救过程中，动作轻柔、耐心细致，避免对婴幼儿造成二次伤害，事后给予心理关怀和疏导。
　　　　　　　　（2）增强团队协作素养，在急救现场能够与他人有效沟通、协作，合理利用人力、物力资源，共同完成急救任务。

三、知识储备

　　生活中误吞异物卡喉的情况是非常常见的，多数异物会被卡在咽、喉、气管等位置，会导致患者出现呼吸困难，咳嗽等各种不适反应，一旦异物卡喉没有及时排出，会导致气管堵塞，便会有窒息的风险，威胁到生命安全。因此日常中除了防患于未然，掌握一定的急救措施也极为重要。

（一）婴幼儿异物卡喉、心脏骤停的常见原因

1. 婴幼儿异物卡喉的常见原因

异物卡喉咙在生活中并不少见，任何群体都有可能会发生。其中婴幼儿是最容易出现异物卡喉咙的，由于婴幼儿习惯性地把物品塞入口中，一旦卡喉又会哭闹，导致施救更加困难。多数异物会被卡在咽、喉、气管等位置，从而导致婴幼儿出现呼吸困难、剧烈咳嗽、呕吐等不适反应，如果呼吸道内被异物堵塞，又不能及时施救，就会有一定的生命危险。

常见的导致异物卡喉的原因如下：

（1）婴幼儿习惯将小物品放入口中玩耍。婴幼儿口含食物、小玩具或杂物等，惊呼、哭闹、玩耍时，易将异物吸入喉部。

（2）进食时说笑或奔跑，或用口接抛投的食物，易导致食物误入咽喉。

（3）食物性状危险。如果冻、汤圆、瓜子、花生米、豆类等小颗粒食物，易黏附或滑入呼吸道。

2. 婴幼儿心脏骤停的常见原因

心脏骤停是指心脏射血功能突然中止。若不及时处理，会造成脑和全身器官组织的不可逆损害，甚至导致死亡。心脏骤停有很多原因，包括心脏本身疾病、呼吸系统、严重创伤与失血、中毒及电解质紊乱等方面。

（1）首先是心脏本身的疾病，包括冠心病、心肌病、心律失常性心肌病等，还有一些先天性心电紊乱，都会造成心脏骤停。

（2）呼吸系统因素，包括窒息、严重肺部疾病等。婴幼儿气道狭窄且娇嫩，容易发生窒息。另外，新生儿还可能因分娩时羊水吸入、胎粪吸入等导致窒息，影响气体交换，最终引发心脏骤停。一些重症肺炎，炎症会使肺部通气和换气功能障碍，导致机体缺氧和二氧化碳潴留。长期的缺氧和二氧化碳潴留会使心脏负担加重，引起心律失常，严重时可导致心脏骤停。还有呼吸窘迫综合征，常见于早产儿，由于肺表面活性物质缺乏，肺泡难以维持正常扩张，导致气体交换困难，严重缺氧可引发心脏骤停。这是婴幼儿心脏骤停最常见的原因。

（3）严重创伤与失血。多见于1岁以后的幼儿，如颅脑或胸部外伤、烧伤、电击及药物过敏等。

（4）中毒。婴幼儿可能因误食有毒物质而中毒。如误服灭鼠药、农药等，这些毒物进入体内后，会干扰心脏的正常电生理活动和心肌代谢，导致心律失常，严重时会引发心脏骤停。另外，药物中毒也较为常见，如过量服用退烧药、抗生素等，可能对心脏产生毒性作用，影响心脏功能。

（5）电解质紊乱。婴幼儿出现腹泻、呕吐等情况容易导致电解质紊乱。例如严重低钾血症，会使心肌兴奋性增高，容易引发心律失常，严重时可导致心脏骤停。高钾血症同样危险，会使心肌收缩力减弱、心脏传导阻滞，严重时也会引发心脏骤停。此外，低钙血症、低镁血症等也可能影响心脏的正常功能，增加心脏骤停的风险。

（二）婴幼儿异物卡喉、心脏骤停的临床表现

1. 婴幼儿常见异物卡喉的临床表现

（1）气喘。如果婴幼儿在进食的过程中，突然出现呛咳、剧烈的阵咳以及憋气，就会导致婴幼儿出现气喘、声嘶、嘴唇紫绀以及呼吸困难等不良症状。建议照护者发现这种症状时就及时采取应对措施，以免出现窒息或死亡的情况。

（2）轻微咳嗽。如果卡在喉咙中的异物不大，刺激性也比较小，则不会产生太明显的症状，只会出现轻微咳嗽的症状。在正常情况下，如果卡在喉咙中的异物小于2厘米、不尖锐也不含腐蚀性，通常可以通过粪便排出的。因此，一定要明确婴幼儿卡在喉咙中的异物是什么，只有这样才能采取有效的应对措施。如果异物比较硬且尖锐，就需要马上去医院进行手术治疗，以免出现不良后果。

（3）咳痰带血。如果异物长时间被卡在支气管内，就会被肉芽或纤维组织包裹，造成支气管阻塞，引发继发感染，从而出现咳痰带血、肺不张或肺气肿，导致缺氧。

另外根据异物进入身体的不同时期，有如下表现：

异物进入期。表现为细小异物在气管中时，会导致剧烈咳嗽、呼吸困难、口唇发紫。如异物较大，会导致气管阻塞，可立即引起窒息死亡。

安静期。前期表现为剧烈呛咳持续几分钟或十几分钟后，咳嗽缓解、呼吸困难减轻；后期表现为无症状或轻度咳嗽，异物停留在一侧支气管。

炎症期。表现为支气管炎、肺炎、肺脓肿等。

2. 婴幼儿心脏骤停的临床表现

婴幼儿心脏骤停时意识状态、呼吸、脉搏、皮肤、瞳孔等方面都会发生变化，具体如下：

（1）突然意识丧失或伴有短暂抽搐。这是婴幼儿心脏骤停最为显著的表现之一。正常情况下，婴幼儿对外界刺激会有相应的反应，如听到声音会转头、看到熟悉的人会有表情变化等。但在心脏骤停发生时，会突然失去意识，对周围的呼唤、触摸等刺激毫无反应，身体变得松软。比如原本正在玩耍的婴幼儿，会突然停止动作，眼神呆滞，叫其名字也没有回应。部分婴幼儿在心脏骤停初期可能会出现抽搐症状。这是因为心脏骤停导致大脑供血急剧减少，神经细胞异常放电。抽搐表现为全身或局部肌肉的不自主收缩，如四肢抖动、面部肌肉抽搐等，持续时间长短不一，可能从数秒至数分钟不等。

（2）大动脉搏动消失（幼儿以颈动脉和股动脉为准，婴儿以肱动脉为准）。正常情况下，婴幼儿的脉搏可以在一些浅表动脉处触摸到，如颈动脉、股动脉等。当心脏骤停时，心脏停止跳动，无法将血液泵出，这些动脉处也就触摸不到脉搏。例如，在触摸婴幼儿颈动脉时，应将食指和中指并拢，轻轻按压在气管旁的肌肉沟内，正常情况下可以感受到规律的搏动，但心脏骤停时则搏动消失。

（3）呼吸停止或无效呼吸（仅有叹息样呼吸）。心脏骤停后，心脏无法有效泵血，肺部也得不到足够的血液供应，从而导致呼吸停止。此时，观察婴幼儿的胸部和腹部，看不到正常的呼吸起伏动作，将脸颊贴近婴幼儿口鼻处，也感受不到气流。在心脏骤停的早期，部分婴幼儿可能不会立即出现呼吸完全停止，而是表现为呼吸异常微弱，呼吸频率明显减慢，呼吸深度变浅，几乎难以察觉；或者出现叹息样呼吸，即呼吸间隔时间较

长，偶尔出现一次深而缓慢的呼吸，类似叹息的声音。

（4）面色苍白或发绀。心脏骤停后，血液循环停止，身体各部位得不到充足的血液供应，皮肤会迅速失去血色，变得苍白。尤其是面部、口唇等部位，颜色会明显变浅，与正常时的红润肤色形成鲜明对比。随着缺氧时间的延长，皮肤会逐渐出现发绀现象，即皮肤和黏膜呈现青紫色。这是因为血液中还原血红蛋白增多，氧合血红蛋白减少，在口唇、指甲床、耳垂等部位表现得尤为明显。

（5）双侧瞳孔散大，反射消失。心脏骤停后，由于大脑缺氧，神经系统功能受到严重影响，瞳孔会逐渐散大且对光刺激无反应。

（6）血压测不出，心音消失，心电图异常。使用听诊器听诊婴幼儿心脏，正常情况下可以听到清晰、规律的心跳声音，但心脏骤停时，心音完全消失，听不到任何心脏跳动的声音。

临床上，婴幼儿一旦出现意识丧失和大动脉搏动消失，即可诊断为心脏骤停，一旦确定心脏骤停，应立即进行胸外心脏按压。

（三）异物卡喉的紧急处理

发生异物卡喉时，主要采用海姆立克急救法（Heimlich maneuver）进行紧急处理。该方法是一种抢救气道异物梗阻的简便有效操作，其原理是通过快速向上冲击患者上腹部（剑突与脐之间）时，使腹压升高，膈肌抬高，胸腔压力瞬间增大，迫使肺内空气排出，形成人工咳嗽，推动气道内的异物上移或排出（见图 8-1）。

图 8-1　海姆立克急救法原理示意图

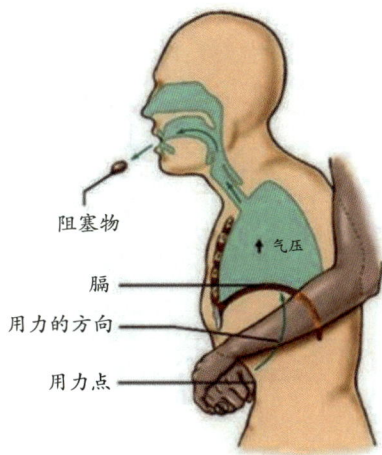

紧急处理按对象的不同，主要分为以下两种。

1. 1 岁以内婴儿发生窒息时的紧急处理

（1）背部拍击：如图 8-2 所示，将婴儿俯卧于一侧手臂上，以大腿为支撑，头低于躯干，一手固定下颌角并打开气道。另一只手掌根在婴儿两肩胛骨中间用力拍击 5 次。

（2）观察异物有没有被吐出，如果已吐出，急救成功；如果仍未吐出，继续（3）步骤。

（3）胸部冲击：如图 8-3 所示，将婴儿翻转为仰卧位，以大腿为支撑，头低于躯干。

一手固定婴儿头颈位置，一手伸出食指和中指，快速压迫婴儿两乳头连线的中点，重复4~6次。交替进行背部拍击和胸部冲击，直至将异物排出。

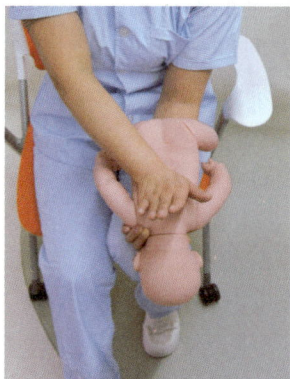 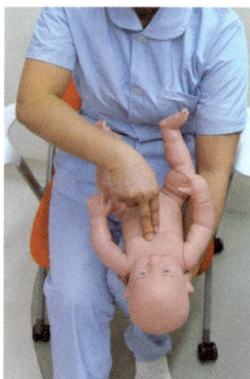

图8-2　背部拍击　　　　　　图8-3　胸部冲击

2. 1岁以上幼儿发生窒息时的紧急处理

（1）照护者站在幼儿身后，两手臂从身后绕过伸到肚脐与肋骨中间的地方，一手握成拳，另一手包住拳头，然后快速有力地向内上方冲击，直至将异物排出。

（2）具体操作有"剪刀、石头、布"三步（见图8-4~图8-6）。

剪刀：幼儿肚脐上2指；

石头：用手握住拳头，顶住2指位置；

布：用另一只手包住"石头"，快速向后上方冲击5次，直到幼儿把异物咳出。

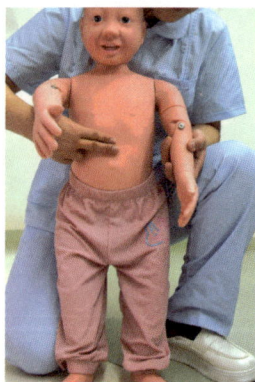 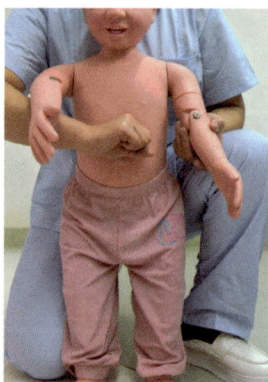 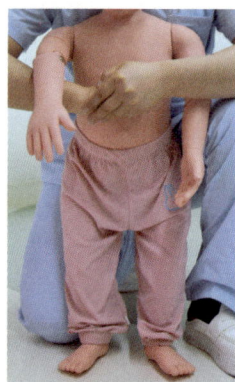

图8-4　"剪刀"　　　　　　图8-5　"石头"　　　　　　图8-6　"布"

（四）心脏骤停的现场判断和紧急救护

心脏骤停的抢救采用心肺复苏技术。心肺复苏术（简称CPR）是指在心跳、呼吸骤停的情况下所采取的一系列急救措施，旨在使心脏、肺脏恢复正常功能，使生命得以维持。

心肺复苏全过程可分为基础生命支持、高级生命支持、延续生命支持3个阶段。基础生命支持（简称BLS）的主要措施为胸外心脏按压（人工循环）、开放气道、口对口人工呼吸。高级生命支持（简称ALS）指在BLS的基础上应用辅助器械与特殊技术、药物等建立有效的通气和血液循环。延续生命支持（简称PLS）即复苏后稳定处理，其目的是保护脑功能，防止继发性器官损害，寻找病因，力争使患儿达到最好的存活状态。

针对案例中的宝宝，出现无意识反应，无呼吸、心跳等表现，需要在现场紧急拨打120急救电话的同时，尽快实施基础生命支持。

心脏骤停的紧急救治办法，可概括为现场评估与判断、急救处理、整理记录。

1. 现场评估与判断

（1）评估现场环境：是否可以实施救护，避免二次伤害。

（2）判断意识和呼吸：救护者俯身轻摇或手拍患儿双肩，在耳边大声呼叫幼儿"宝宝醒醒，宝宝听得见吗？"，同时扫视患儿胸部，判断有无呼吸，若患儿无反应，无呼吸或仅存喘息，救护者应立即大声呼救，请旁边的人帮忙拨打120急救电话（说明发生地点、发生原因、患者和受伤者人数、伤员情况、已做何种处理、联系电话等，并保持通话）并取来自动体外除颤仪（AED）。

（3）判断脉搏：一只手置于前额，保持患儿仰头，用另一只手的食指和中指找到气管，将手指滑到气管和颈侧肌肉之间的沟内，触摸颈动脉。如果10秒内，无法确认触摸到脉搏，或脉搏明显缓慢（≤60次/分钟），需开始胸外按压。非医疗人员可不评估脉搏。

> **知识拓展**
>
> **判断脉搏和呼吸：一听、二看、三感觉**
>
> 一听：面部贴近鼻腔听幼儿是否有气流。
>
> 二看：看幼儿有无胸廓起伏。
>
> 三感觉：食指和中指触摸颈动脉是否有搏动。

2. 急救处理

1）体位

保护颈部，将幼儿放在坚硬的地面上或硬板床上，解开衣扣，松解裤带，暴露按压部位。

2）基础生命支持（BLS）

胸外心脏按压。具体方法包括双掌按压法（适用于8岁以上的儿童）、单掌按压法（适用于幼儿）、双指按压法（适用于婴儿）。救护者位于幼儿的右侧，按压部位为幼儿两乳头连线与胸骨交叉处，用单手掌根部置于按压部位，挤压时，手指不可触及胸壁以免肋骨骨折，放松时手掌不应离开患儿胸骨，以免按压部位变动。肘关节伸直，肩、肘、腕关节成垂直轴面，借助身体重力，以髋关节为轴，垂直用力向下按压，均匀有节律，不能间断，不能冲击式猛压。按压的深度为4~5 cm，约为幼儿胸部前后径的1/3。每次按压后，使胸廓完全回弹，按压与放松一致，时间比为1∶1，按压频率为100~120次/分钟。

气道通畅。呼吸道梗阻是婴幼儿呼吸心搏停止的重要原因，气道不通畅也影响复苏效果，在人工呼吸前先清除患儿口咽分泌物、呕吐物及异物，保持头轻度后仰，使气道平直，并防止舌后坠堵塞气道。在没有头、颈部损伤的情况下，首选仰头抬颏法。具体方法：用一只手按压幼儿的前额，使头部后仰，另一只手的食指、中指将下颌骨处托起，使下颌角与耳垂的连线与地面成60°（见图8-7、图8-8）。注意不要过度上举下颌，以免影响口腔闭合。开放气道后，先将耳贴近患儿口鼻，头部侧向患儿胸部，眼睛观察其胸部有无起伏，面部感觉气道有无气体排出；耳听呼吸道有无气流呼出的声音。若无上述体征，可确定为呼吸停止。判断和评价时间不得超过 10 秒。

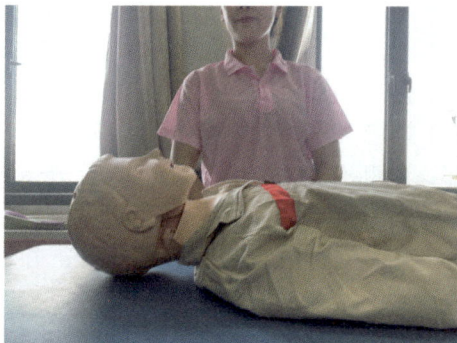

图 8-7　气道闭合　　　　　　　　　　　图 8-8　气道打开

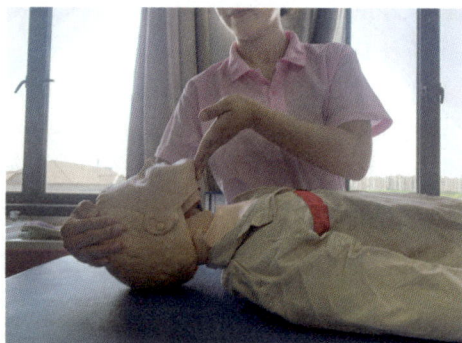

人工呼吸。若患儿无自主呼吸或呼吸不正常时，给予两次人工正压通气。在急救现场口对口人工呼吸是一种快捷有效的通气方法。具体方法：将按于前额一手的拇指与食指捏闭患儿的鼻孔，用另一手的拇指将患儿口部掰开，确保嘴唇完全封闭患儿口腔，在平静呼吸后给予通气，每次送气时间为 1 秒，同时观察患儿胸部是否抬举。如果人工呼吸时胸廓无法抬起，可能是因为气道开放不恰当，应再次尝试开放气道，若再次开放气道后，人工呼吸仍不能使胸廓抬起，应考虑可能有异物堵塞气道，须相应处理并排除异物。停止吹气后，松开鼻孔和嘴唇，使患儿自然呼气，排出肺内气体，观察其胸廓起伏情况。

胸外心脏按压与人工呼吸的单人操作比例为 30∶2，即按压 30 次，做 2 次人工呼吸，双人操作为 15∶2。如此反复操作至少 5 个循环，直至患儿心跳及呼吸恢复且触及大动脉搏动。

3）评估呼吸和大动脉搏动情况

完成 5 个循环或者 2 分钟操作之后，评估呼吸和大动脉搏动情况（评估时间不超过 10 秒）。如恢复大动脉搏动和自主呼吸，应停止心肺复苏，若未恢复继续重复胸外心脏按压和人工呼吸，每 5 个循环或 2 分钟后再次评估，如此交替进行，直到急救人员赶到并将患儿送往医院救治。

> **知识拓展**
>
> **心肺复苏有效指征**
>
> （1）自主心跳恢复，可听到心音，触到大动脉搏动，心电图显示窦性心律，上肢收缩压在 60 mmHg 以上。
>
> （2）瞳孔变化，散大的瞳孔回缩变小，对光反射恢复。
>
> （3）脑功能开始有好转迹象，意识好转，眼睑刺激有反应，肌张力增加，自主呼吸恢复，吞咽动作出现，面色、口唇、耳垂、甲床转红润。

4）使用 AED

患儿大部分心脏骤停由呼吸衰竭引起，然而仍有部分患儿可能发生心室颤动。在这种情况下，单纯进行心肺复苏并不能挽救患儿的生命，尤其是目击患儿突然心脏骤停时，

0—3岁婴幼儿发生心室颤动（含无脉性心室颤动）的可能性较高，此时应快速激活紧急反应系统，获取并使用AED（见图8-9）。

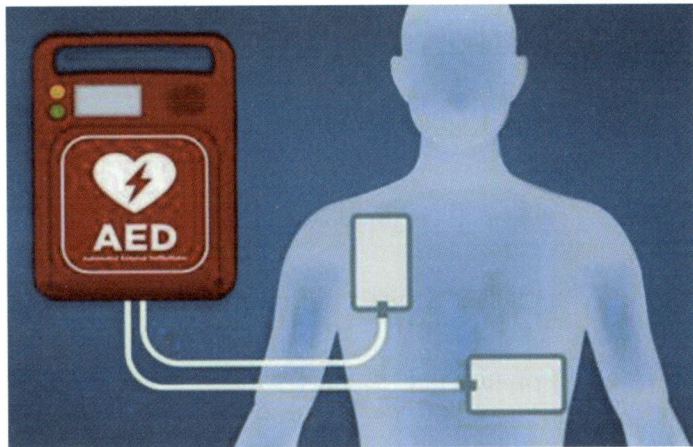

图8-9　AED使用图示

3. 整理记录

处理后，整理用物，洗手并记录心肺复苏抢救的时间和过程。

思政专栏

强化团队协作，彰显人文关怀

　　在婴幼儿遭遇突发意外伤病时，为了确保紧急救助的质量和效率，以及确保其他婴幼儿的安全，照护者应当学会利用现场的人力、物力，通过团队协作等方式应对突发状况。由于突发事件会对婴幼儿造成一定的负面影响，在处理突发事件和救治婴幼儿的过程中，照护者应耐心细致地给予婴幼儿关心与帮助；事件处理完毕后，还应细心观察、了解当事婴幼儿或目睹事件的婴幼儿有无异常情绪和行为，必要时进行心理疏导，彰显人文关怀。

四、任务实施

（一）任务分析

　　小宝在吃苹果时突然被噎住，出现面部憋得通红、双手乱抓、发出"呜呜"求救声等情况，这些是典型的异物卡喉后的表现。在梗阻初期，小宝神志清楚，能通过肢体动作和发出声音来表达自己的不适，表明气道梗阻尚属不完全性，此时急需采用海姆立克急救法来尝试排出异物，恢复气道通畅。

　　随着时间推移，小宝出现呼吸窘迫，继而心跳也停止，意识丧失，符合心肺复苏术的适应证。

　　任务：作为照护者，请采取正确的紧急处理措施。

要求：准备 8 分钟，测试时间 8 分钟。

（二）任务操作

教师演练：请结合任务情境，对所学知识与技能进行总结、示范。

学生演练：

1. 准备工作

1）个人准备

自身准备：着装整洁、修剪指甲、去除首饰、洗净双手、仪容仪表符合职业要求。

2）环境准备

室内干净、整洁、安全、温湿度及光线、声音强度适宜。

3）物品准备

实训操作时，需要的用物清单可以扫描二维码获取。

急救的用物清单

2. 实施步骤

面对小宝的情况，作为照护者，应迅速采取以下紧急处理措施：

1）现场评估与判断

（1）评估现场环境：确保环境安全，无其他潜在危险源。

（2）判断意识和呼吸：发现小宝无意识、无呼吸或仅有喘息声，立即大声呼救，请他人拨打 120 急救电话，并说明详细情况，同时准备进行急救。

（3）判断脉搏：如条件允许，尝试判断脉搏，但在此紧急情况下，应优先进行心肺复苏。

2）实施海姆立克急救法（针对异物卡喉）

由于小宝已失去意识且心跳停止，此时首要任务是确保气道通畅，但在此之前，应再次尝试海姆立克急救法（虽已失败多次，但仍需努力），特别是针对 1 岁以上幼儿的"剪刀、石头、布"三步法：

剪刀：定位在幼儿肚脐上 2 指位置。

石头：用手握成拳，顶住该位置。

布：用另一只手包住"石头"，快速向后上方冲击 5 次，注意力度和速度，持续尝试直到专业人员到达或异物被排出。

3. 转为心肺复苏术（CPR）

由于小宝心跳停止，需立即进行心肺复苏术，具体操作如下：

仰卧体位：将小宝平放在坚硬的地面上，解开衣物，暴露胸腹部。

胸外心脏按压：采用单掌按压法，按压部位为两乳头连线与胸骨交叉处，按压深度为 4～5 cm，频率为 100～120 次 / 分钟，确保每次按压后胸廓完全回弹。

开放气道：清理口腔异物，采用仰头抬颏法开放气道。

人工呼吸：给予 2 次有效的人工呼吸，每次送气时间 1 秒，观察胸廓是否抬起。

按压与呼吸比：单人操作时为 30∶2，双人操作时为 15∶2，持续进行至少 5 个循环或直至患儿心跳呼吸恢复。

4. 使用 AED（自动体外除颤仪）

如现场有 AED，且急救人员未到达，应立即取来使用。按照 AED 的语音提示操作，

先进行电击除颤，随后继续进行 CPR。

5. 持续监测与评估

在进行 CPR 的过程中，每 5 个循环或 2 分钟后评估呼吸和大动脉搏动情况，时间不超过 10 秒。如心跳呼吸恢复，停止 CPR，继续监测并等待专业救援。如未恢复，继续 CPR 直至专业人员到达。

6. 整理记录

急救结束后，整理现场，洗手并记录心肺复苏的时间、过程和结果，为后续医疗救治提供参考。

五、任务评价

赛证真题 8-4

从自评、他评和教师评价等角度对任务实施过程进行点评（见表 8-4）。

表 8-4　任务实施评价表

项目		操作要求	回应性照护要点 / 说明	是否做到
操作准备		自身准备：着装整洁、修剪指甲、去除首饰、洗净双手、仪容仪表符合职业要求	语言流畅，语音标准，态度亲和，陈述完整	□是□否
		环境准备：室内干净、整洁、安全、温湿度及光线、声音强度适宜	—	□是□否
		物品准备：物品准备齐全，放置合理	—	□是□否
		婴幼儿评估：检查婴幼儿生命体征及意识状态	关注婴幼儿，与婴幼儿有效沟通互动	□是□否
操作过程	现场评估与判断	评估现场环境：确认环境安全，无其他潜在危险源 判断意识和呼吸：发现小宝无意识、无呼吸或仅有喘息声，立即大声呼救，请他人拨打 120 急救电话，并说明详细情况，同时准备进行急救 判断脉搏：如条件允许，尝试判断脉搏，但在此紧急情况下，应优先进行心肺复苏	—	□是□否
	海姆立克急救法	再次尝试海姆立克急救法（虽已失败多次，但仍需努力），特别是针对 1 岁以上幼儿的"剪刀、石头、布"三步法： 剪刀：定位在幼儿肚脐上 2 指位置 石头：用手握成拳，顶住该位置 布：用另一只手包住"石头"，快速向后上方冲击 5 次，注意力度和速度，持续尝试直到专业人员到达或异物被排出	视情况而定	□是□否

续表

项目		操作要求	回应性照护 要点 / 说明	是否做到
操作 过程	心肺 复苏术	仰卧体位：将小宝平放在坚硬的地面上，解开衣物，暴露胸腹部 胸外心脏按压：采用单掌按压法，按压部位为两乳头连线与胸骨交叉处，按压深度为 4~5 cm，频率为 100~120 次 / 分钟，确保每次按压后胸廓完全回弹 开放气道：清理口腔异物，采用仰头抬颏法开放气道 人工呼吸：给予 2 次有效的人工呼吸，每次送气时间 1 秒，观察胸廓是否抬起 按压与呼吸比：单人操作时为 30：2，双人操作时为 15：2，持续进行至少 5 个循环或直至患儿心跳呼吸恢复	紧密关注患儿情况变化	□是□否
	使用 AED	如现场有 AED，且急救人员未到达，应立即取来使用。按照 AED 的语音提示操作，先进行电击，随后继续 CPR	—	□是□否
	持续 监测 与评估	在进行 CPR 的过程中，每 5 个循环或 2 分钟后评估呼吸和大动脉搏动情况，时间不超过 10 秒。如心跳呼吸恢复，停止 CPR，继续监测并等待专业救援。如未恢复，继续 CPR 直至专业人员到达	—	□是□否
	后续 跟进	高级生命支持（简称 ALS）指在 BLS 的基础上应用辅助器械与特殊技术、药物等建立有效的通气和血液循环 延续生命支持（简称 PLS）即复苏后稳定处理，其目的是保护脑功能，防止继发性器官损害，寻找病因，力争患儿达到最好的存活状态	—	□是□否
操作 整理		整理现场，洗手 记录心肺复苏的时间、过程和结果，为后续医疗救治提供参考 注意：①胸外按压频率至少 100 次 / 分钟；②按压幅度至少达到胸廓前后径的 1/3，婴儿不少于 4 cm，儿童不少于 5 cm；③每次按压后保证胸廓完全回弹复位；④避免过度通气	操作规范，动作熟练，过程清晰有序	□是□否

参考文献

[1] 丁昀. 育婴员（初级、中级、高级）[M]. 北京：中国劳动社会保障出版社，2013.

[2] 彭英. 幼儿照护职业技能教材（中级）[M]. 1版. 长沙：湖南科学技术出版社，2020.

[3] 张婷婷，刘芳，刘欣. 幼儿营养与膳食管理[M]. 1版. 北京：中国人民大学出版社，2020.

[4] 代晓明，谭文. 学前儿童卫生学[M]. 2版. 上海：复旦大学出版社，2020.

[5] 梁燕. 学前卫生学[M]. 1版. 南京：南京师范大学出版社，2017.

[6] 人力资源社会保障部教材办公室. 育婴员[M]. 北京：中国劳动社会保障出版社，2019.

[7] 李明，王乐. 婴幼儿卫生与保健[M]. 北京：北京出版集团，北京出版社，北京教育出版社，2021.

[8] 奥尔特曼. 美国儿科学会育儿百科[M]. 7版. 唐亚，张彦希，周莉，等，译. 北京：北京科学技术出版社，2020.

[9] 高峰青，龚勋. 大学生问题性社交网络使用与睡眠质量的关系：基于平行潜变量增长模型[J]. 黑龙江高教研究，2022（11）：123-128.

[10] 张斌，毛惠梨，刘静，等. 大学生手机依赖与睡眠质量的关系：反刍思维的中介作用[J]. 教育生物学杂志，2021（5）：173-178.

[11] 黄小莲. 婴幼儿如厕训练的合理性思考[J]. 学前教育研究，2012（6）：53-56.

[12] 李杏，沈彤，文建国，等. 如厕训练发展历史与现状及其对儿童排泄功能的影响[J]. 中华儿科杂志，2018，56（7）：555-557.

[13] 曹方，宋柏林. 小儿便秘的中医外治法应用研究[J]. 中华中医药杂志，2020，35（10）：5219-5222.

[14] 薛丽平，王娜. 婴儿被动操在婴儿早期发育中的重要意义[J]. 中国社区医师. 2020（14）：172+174.

[15] 徐玉英，王雪娜，李佳，等. 婴幼儿回应性照护的研究进展[J]. 中国儿童保健杂志，2023，31（1）：71-75.

[16] 奚秀荣. 提升婴幼儿母亲回应性照护水平的行动研究[D]. 内蒙古师范大学，2024.

[17] 于海燕，王瑞玲，郑硕，等. 回应性照护在母亲反思功能与幼儿社会情绪能力间的中介作用[J]. 中国儿童保健杂志，2024（12）.

[18] 刘潘婷，张蕾，洪琴，等. 婴幼儿回应性照护水平和育儿信心的关系[J]. 中国儿童保健杂志，2024，32（2）：133-137.

[19] 陈伟平，江蕙芸，刘珏君，等. 回应性养育照护对儿童早期发展的研究进展[J]. 内科，2023（3）.

[20] 王瑾. 对婴幼儿养育中回应性照护的观察与思考[J]. 幼儿教育，2023（Z4）：13-16.